国家社科基金后期资助项目研究成果

大规模协同知识管理

朝乐门　著

國家圖書館出版社
National Library of China Publishing House

图书在版编目(CIP)数据

大规模协同知识管理/朝乐门著. --北京:国家图书馆出版社,2014.9
ISBN 978-7-5013-5436-8

Ⅰ.①大… Ⅱ.①朝… Ⅲ.①知识管理—研究 Ⅳ.①G302

中国版本图书馆 CIP 数据核字(2014)第 176663 号

书　　名	大规模协同知识管理
著　　者	朝乐门　著
责任编辑	高　爽

出　　版	国家图书馆出版社(100034　北京市西城区文津街 7 号) (原书目文献出版社　北京图书馆出版社)
发　　行	010-66114536　66126153　66151313　66175620 66121706(传真),66126156(门市部)
E-mail	btsfxb@nlc.gov.cn(邮购)
Website	www.nlcpress.com ——→投稿中心
经　　销	新华书店
印　　装	北京科信印刷有限公司
版　　次	2014 年 9 月第 1 版　2014 年 9 月第 1 次印刷

开　　本	710×1000(毫米)　1/16
印　　张	16
字　　数	280 千字

书　　号	ISBN 978-7-5013-5436-8
定　　价	60.00 元

国家社科基金后期资助项目
出版说明

后期资助项目是国家社科基金设立的一类重要项目，旨在鼓励广大社科研究者潜心治学，支持基础研究多出优秀成果。它是经过严格评审，从接近完成的科研成果中遴选立项的。为扩大后期资助项目的影响，更好地推动学术发展，促进成果转化，全国哲学社会科学规划办公室按照“统一设计、统一标识、统一版式、形成系列”的总体要求，组织出版国家社科基金后期资助项目成果。

全国哲学社会科学规划办公室

目　录

图 目 录

表 目 录

前　言

目前,知识管理理论亟待突破性研究。一方面,随着大规模协同生产方式的出现和大数据时代的到来,新兴知识管理实践的不断出现,导致知识管理实践与理论之间的鸿沟日益扩大,使知识管理实践处于无指导状态,加大了知识管理活动的成本和风险。另一方面,知识管理学科的研究责任与研究边界越来越模糊,导致知识管理学科的研究问题无限泛化和研究理论的不断空洞化,使知识管理研究走进泥潭,降低知识管理学科的核心竞争力。

因此,本书从当前知识管理及其相关领域开创性实践的分析入手,以突破知识管理理论研究困境、重新审视知识管理学科的研究责任和核心竞争力、揭示知识管理相关领域新兴实践内在规律以及为未来知识管理实践提供理论指导为研究目的,综合运用知识工程、软件工程、文献研究、调查分析、系统研究和案例分析等科学研究方法,从大规模人机协同的研究视角,依次研究大规模协同知识管理理论的研究背景、目的、基本思想、理论体系、方法论、方法、原则、流程、实现框架及案例分析,为现代组织知识生态系统的建设和知识处理软件系统的研发提供了一种新的知识管理方法——大规模协同知识管理方法,并探讨其实现框架,对于降低组织知识管理成本与风险和解决知识库建设中的知识形式化程度和规模之间的矛盾具有重要参考价值。本书的主要内容如下:

- 第一部分,知识管理研究现状与挑战(第一章)——从知识处理、基于语义 Web 的知识处理、相关理论研究三方面梳理知识管理领域的研究进展,明确大规模协同知识管理的理论基础及进一步研究空间,确定需要重点研究的三个关键内容:提出大规模协同知识管理理论体系、设计大规模协同知识管理方法以及构建大规模协同知识管理方法的实现框架。
- 第二部分,大规模协同知识管理思想和方法(第二至三章)——结合加拿大 Goldcorp 公司的创新、美国 DARPA XC2V 的研发、亚马逊 Amazon Mechanical Turk 的知识处理、卡内基梅隆大学 Recptcha 项目等新兴知识管理相关实践的分析,识别出知识管理实践的十大转变,并提出大规模协同知识管理的理论体系。在此基础上,探讨大规模协同知识管理方法论,并提出大规模协同知识管理的通用方法、基本原则和主要流程。

- 第三部分,大规模协同知识管理的实现框架(第四章)——以充分发挥人与计算机在知识处理中互补性的优势,为大规模协同知识管理软件系统的研发和大规模协同知识管理知识生态系统的建设提供依据为目的,深入分析人与计算机在知识处理流程中各自的优劣势,借鉴综合集成研讨厅理论,尤其是基于 Internet 的综合集成研讨厅方法论和组织生态系统理论,提出“基于语义 Web 的综合集成研讨厅体系”和“基于语义 Web 的组织知识生态系统建设模型”,并构建“大规模协同知识管理的实现框架”。考虑到大规模协同知识管理方法在组织系统和软件系统中的不同实现方式,在统一顶层设计和保证一致性的前提下,分别提供两个不同的实现框架。
- 第四部分,基于大规模协同知识管理理论的案例分析(第五至六章)——以大规模协同知识管理方法及其实现框架为解释模型,重点分析两种典型的基于语义 Web 的知识处理项目——KiWi 和 DBPedia,揭示各自的知识处理特征、方法及其框架,分别探讨了存在问题及其解决对策。

大规模协同知识管理是作者首次提出的一种知识管理领域的新理论,主要创新点表现在以下五个方面:

- 提出大规模协同知识管理思想及其理论体系。首次提出大规模协同知识管理理念,并给出其研究背景、研究目的、与现有知识管理理论之间的区别与联系以及新的理论体系。比较有代表性的新观点或(和)新发现有:知识管理与数据管理的区别与联系、知识管理理论体系的火炬模型、知识管理实践的十大转变、知识管理实践与理论之间的鸿沟、大规模协同知识管理理论体系等。
- 提出大规模协同知识管理方法及其实现框架。为了进一步深入分析大规模协同知识管理的本质规律和应用实现问题,本书提出大规模协同知识管理方法论、方法、原则、流程和实现框架。比较有代表性的新观点或(和)新发现有:传统知识管理方法论的困境及其原因、大规模协同知识管理方法论、大规模协同知识管理方法、大规模协同知识管理原则(开放、长尾、专业余、小任务、涌现、自组织、人机协同、工程化处理原则)、大规模协同知识管理流程(知识的表示、联网、发现、获取和集成)以及大规模协同知识管理方法的实现框架(知识处理软件系统的实现框架和组织知识生态系统的实现框架)。

- 提出知识管理理论体系的主要特征和概念模型——火炬模型。为了分析大规模协同知识管理理论与现有知识管理理论之间的区别与联系,探讨知识管理理论体系的基本特征,并给出知识管理理论体系的概念模型——火炬模型。比较有代表性的新观点或(和)新发现有:知识管理理论体系的五个基本特征(研究对象的层次性、研究范围的广泛性、研究视角的多样性、研究范式的差异性、研究趋势的统一性)、知识管理理论体系的火炬模型和大规模协同知识管理与现有知识管理理论之间的联系与区别。
- 提出知识管理实践的十大转变及现有知识管理研究的局限性。在深入分析加拿大 Goldcorp 公司的创新、美国 DARPA XC2V 的研发、亚马逊 Amazon Mechanical Turk 的知识处理、卡内基梅隆大学 Recptcha 项目等新兴知识管理相关实践的基础上,提出了知识管理的十大转变和现有知识管理研究的局限性。比较有代表性的新观点或(和)新发现有:知识管理实践的十大转变(从保密到共享、从封闭到开放、从头部到长尾、从专业到专业余、从单一动机到多种动机、从有序到混沌边缘、从小作坊到大工程、从规模增值到利用增值、从安全到信任、从他组织到自组织)、现有知识管理研究的主要局限性(高风险与高成本)等。
- 比较系统地提出语义 Web 与 Web2.0 集成的知识处理模式。从大规模人机协同知识管理视角,以充分利用语义 Web 技术对人机合作完成知识处理任务中的重要作用为目的,在分析基于语义 Web 的知识处理特征和 Web2.0 知识处理方法论的基础上,提出语义 Web 与 Web2.0 集成的知识处理模式和基于语义 Web 的综合集成研讨厅,并选择两个语义 Web 知识管理项目(KiWi 项目和 DBPedia 项目)为案例进行深入分析。比较有代表性的新观点或(和)新发现有:基于语义 Web 的知识处理特征、Web2.0 知识处理方法论、语义 Web 与 Web2.0 集成的知识处理模式、基于语义 Web 的综合集成研讨厅、KiWi 知识处理特征和 DBPedia 项目知识处理特征。

大规模协同知识管理的提出是知识管理理论研究中的重要转折点,突破现有知识管理认识中的基本原则、模式、方法论和方法,重新审视知识管理领域的研究责任和研究本源,分析相关领域中的探索性实践与现有知识管理理论体系之间的鸿沟,实现知识管理理论的继承与创新,对于知识管理理论研究和实践应用具有里程碑性意义。

- 对于重新审视知识管理领域的研究责任与边界,提升知识管理学科的核心竞争力具有重要意义。大规模协同知识管理理论的提出以大规模协同生产方式和大数据时代为研究背景,结合知识管理相关领域的新兴探索性实践,探讨数据管理与知识管理之间的区别与联系以及知识管理实践的十大转变,重新审视知识管理研究责任和研究本源,提出了一种新的知识管理理论——大规模协同知识管理理论,实现知识管理研究的继承与创新。
- 对于促进知识共享,构建更加开放的知识生态系统具有重要的指导价值。大规模协同知识管理的实现框架将知识链长尾纳入组织知识管理范围,改进了传统知识管理的自上而下的封闭式管理思想,克服目前知识处理模式中计算机知识处理的复杂性和人在知识共享和创新中自我保护性的瓶颈,为建设具有开放性、自组织性、综合集成性的组织知识生态系统提供了统一性、可复用性、半成品性和灵活性的顶层知识管理框架,为语义 Web 环境中的知识生态系统的进一步研究奠定理论基础。值得一提的是,本书为组织知识生态系统的建设和知识处理软件系统的研发提供统一的顶层设计框架,改变知识管理中知识处理软件系统研发与知识生态系统建设之间的脱节现状。
- 对于解决目前知识库,尤其是语义 Web 知识库建设中存在的知识形式化程度与知识规模大小之间的矛盾具有较高的指导意义。目前,语义 Web 知识库建设具有如下特点:一方面,采用非形式化方式表示的知识仍占绝大多数,不利于计算机理解和高效处理,影响计算机知识处理的应用范围。另一方面,采用形式化表示的知识规模不够,不能满足计算机自动处理领域知识和跨领域知识完整性的需要,限制计算机形式化知识处理效果。结果是,语义 Web 知识库要么知识规模足够大,但是其形式化程度不够;要么形式化程度较高,但其知识规模不够大。本书提出的大规模协同知识管理方法及其实现框架对于解决这一矛盾具有重要意义。

本书主要探讨大规模协同知识管理的基本思想、主要原则、理论体系、方法论、方法、实现框架等关键问题。但是,对细节问题的讨论不够,需要尽快解决的两个问题是如何激励大规模协同知识处理的参与者和如何度量参与者及其贡献的可信度。一方面,在基于语义 Web 的知识处理方法中，主体的参与动机发生变化，主体的被关注度、兴趣爱好、来自其他用户的评价开始成为知识共享的重要动机。因此，大规模协同知识管理中无法沿用传统的激励理论来推动主体参与的积极性。另一方面，本书提出的大规模协同知识管理的参与者具有长尾性，如何度量参与者及其贡献的可信度是为了需要重点研究的科学问题之一。

本书抱着抛砖引玉的宗旨，根据国内外知识管理及相关领域的理论研究和新兴实践的现状与趋势，并结合本人多年研究积累与实践经验，创造性地提出一种新的知识管理理论——大规模协同知识管理。由于大规模协同知识管理理论与实践仍处于起步阶段，相关问题有待进行深层的探讨，加之作者研究水平的限制，对书中的缺陷和问题，恳请读者批评指正。

朝乐门

2014 年 8 月

1 知识管理研究现状与挑战

现代社会正进入一个前所未有的大众共同参与经济活动的新时代,大规模协同正在全球范围内改变着发明、生产、销售、分配商品和服务的方式①。大数据时代和大规模协同处理模式的到来,促使传统知识管理模式发生新变化:

- 知识型员工的自我保护意识加强。随着组织知识管理活动的不断深入,个人的知识保护意识不断加强,在组织知识管理与个人知识管理之间产生博弈关系,使现代组织继续获取"重要员工"的"核心知识"变得越来越难。
- 知识共享的内容和环境发生变化。一方面,人们虽然不愿意共享自己的核心知识,但是非常愿意共享对自己来说不是非常重要的知识。由于核心知识因人而异,当现代组织的知识链足够长时,可以"更小的代价"获取"更重要的知识"。另一方面,人们虽然不愿意在他组织型利益团体内共享知识,但是非常愿意在自组织型非利益团体,如虚拟团队、网络社区共享自己的知识。基于虚拟开放环境的自组织型虚拟组织开始成为未来知识管理的重要场所。
- 用户参与知识管理活动的动机发生变化。个人的被关注度、兴趣爱好、来自其他用户的评价开始成为知识共享的重要动机。
- 大数据时代的到来凸显两种不同主体——人与计算机在知识管理中的各自局限性。数据和知识的几何式增长和分布式存储,更加凸显人和计算机在知识管理中的可互补性优势,人机协同知识管理成为知识管理的必然趋势。

① Don Tapscott, Anthoney D. Williams. Wikinomics: How Mass Collabration Changes Everything [M]. New York: Penguin Group (USA) Inc. 2006:10－33.

- 对知识管理主体的关注点开始发生变化。众包(Crowdsourcing)①、集体智慧(Collective Intelligence)②和专业余(Pro-Am)③等新理念的提出表明人们对知识管理主体的关注点开始发生新的转变,即从个别“重要员工”转向众多“草根用户”,从“专业人才”转向“专业余”。“专业余”理念认为是“专业余”而不是“专业人才”更适合于跨专业的综合创新,有人甚至提出20世纪是“专家”的世纪,21世纪是“专业余”的世纪④。

值得一提的是,大数据时代的到来更加凸显知识和数据的区别,要求我们重新审视知识管理的本源、特点和作用。一直以来人们在混淆知识管理与数据管理学科之间的研究责任与研究边界,导致知识管理学科的研究问题无限扩大和研究理论的不断空洞化,使知识管理研究走进泥潭,降低知识管理学科的核心竞争力。大数据时代的到来,不仅导致人们生活、工作、学习和思维方式的大变革,而且将会让我们逐渐认清知识管理与数据管理的区别与联系:

- 数据管理更加重视数据处理的“计算结果”,而知识管理重视知识处理的“涌现效果”。在数据管理中,重视的是数据的简单“量”的计算问题,例如,“1+1等于2”。但是,知识管理强调知识的“质”的涌现问题。“1+1等于2”不是知识管理(处理)所关心的问题,而是什么时候“1+1大于2”、什么时候“1+1小于2”以及如何在“1+1大于2”和“1+1小于2”之间的相互转换才是知识管理真正关注的问题。在知识管理中,“涌现”代表着质变、增值、创新和变革。
- 数据管理更加重视数据的“安全性”,而知识管理则重视知识的“可信度”。知识管理更加强调知识的可信、可共享、可利用,而不是关注如何确保其保密性。在数据管理或信息管理中,安全是指数据或信息的机密性、完整性、可用性、不可否认性、可鉴别性、可审计性和可靠性。但是,在知识管理中可信是指知识主体之间的对等性、知识处理活动的透明性、知识版本之间的可回溯,以及

① Anhai Doan, Raghu Ramakrishnan, Alon Y Halevy. Crowdsourcing Systems on the World-Wide Web [J]. Communications of the ACM, 2011, 54(4): 86-96.

② Aaron Weiss. The Power of Collective Intelligence [J]. NetWorker, 2005, 9(3): 16-23.

③ Charles Leadbeater, Paul Miller. The Pro-Am Revolution: How Enthusiasts Are Changing Our Economy and Society [OL]. [2013-04-05]. http://www.demos.co.uk/publications/proameconomy/.

④ 张树人,方美琪. Web2.0与信息系统复杂性变革[M]. 北京:科学出版社,2008:2.

基于行为记录和贡献的可信度。

- 数据，尤其是大数据将成为知识的重要载体。大数据分析不仅可以发现一些人们尚未发现或认知的新知识，而且还可以改变人们的一些常识性知识。例如，大数据时代的到来将会改变人们对数据分析的常识①，包括数据分析中不再采用随机样本，而是全部数据；不再追求精确性，而是混杂性；不再追求因果分析，而是相关分析等。因此，基于数据管理的知识管理将成为一种新的研究范式和方向。
- 相对于数据管理，知识管理更具有复杂性。知识管理中的因果分析更为复杂，重视原因和结果并非是线性关系，小原因可能导致大结果；知识管理中更加强调非称性，任何的一个部分与方面都不能提供充分的信息来实际地或统计地预言其他部分的性质；知识管理更加重视混沌性，而不是完全有序性；知识管理中承认和接受主体的自适应性，认为主体具备了解其所处的环境、预测其变化，并按预定目标采取行动的能力，而且主体的自适应性是影响知识管理的重要影响因素之一；知识管理更加强调层次性，认为不同层次的知识处理任务具有不同的结构和规律，重视跨越不同层次的知识管理与数据管理的区别性。
- 相对于数据管理，知识管理更加强调系统性。一般情况下，数据管理主要考虑数据、应用、服务和平台等底层问题，而在知识管理中，除了考虑上述底层问题之外，更加重视高层问题，包括机制、制度、文化、政策、法律、法规等。因此，知识管理侧重于知识、方法、技术、工具、机制、制度、文化、政策、法律、法规、主体等多个要素的综合集成，而不是片面追求其中的某个(些)要素的控制与优化。

在知识管理研究领域，虽然有一部分专家、学者已觉察到上述变化，但是其研究处于分散状态，尚未进行系统研究。从理论研究角度看，现有的知识管理模式有两种，即以知识管理理论为基础的“人脑知识管理模式”和以人工智能理论为基础的“计算机知识管理模式”。前者侧重于以人为知识管理主体，其研究瓶颈在于如何推动可持续的知识创新和共享；后者以计算机为知识管理的主要主体，其瓶颈在于知识表示的计算机不可理解性。

---

① Mayer-Schönberger V, Cukier K. Big data: A Revolution That Will Transform How We Live, Work, and Think[M]. New York: Houghton Mifflin Harcourt, 2013:1 -241.

在人脑知识管理模式方面，O'Reilly 公司和 MediaLive 公司提出 Web2.0 理念①，为组织知识创新和共享活动提供新思路。人脑知识管理模式的理论基础是知识管理理论。知识管理理论的发展和演变过程可分为"第一代知识管理"和"新一代知识管理"。"新一代知识管理"的典型代表有四个，即 McElroy 的"第二代知识管理理论"②③、Joseph M. Firestone 的"新知识管理"④、Dave Snowden 的"第三代知识管理"⑤⑥、Karl M. Wiig 的"下一代知识管理"⑦⑧。虽然两代知识管理理论在基本特点、研究假设、研究视角、研究对象、研究重点、理论基础、管理手段等方面存在诸多不同。但是，从知识管理层次看，上述知识管理理论均未突破 80/20 知识管理模式的范畴，即 80% 的知识管理工作由组织内部的 20% 的"重要人物"完成⑨。因此，知识管理理论研究至今仍存在两个局限：

一是忽视组织内部"重要人物"共享其"核心知识"的困难。随着个人知识管理意识的增强，管理"重要人物"的"核心知识"的难度会越来越大，知识管理的"代价"也越来越大。

二是忽视"专业余与长尾主体"，包括客户、供应链、志愿者等在组织知识管理中的重要性。Web2.0 是互联网应用理念和架构的一种新变化，而不是指具体的一项新技术。相对于 Web1.0，Web2.0 更加强调草根网民的集体智慧，而不仅仅是领军人物的垄断知识，强调延伸至网络的长尾而不仅仅停留在网络的头部，强调平等、合作和自组织而不是强制、统治、控制和高度集中管理。Web2.0 理论的提出和成功应用为解决现有知识管理方法论的缺陷提供新的思路——知识管理不能仅仅停留在知识链的"头

① Tim O'Reilly. What Is Web 2.0: Design Patterns and Business Models for the Next Generation of Software' O'Reilly[OL]. [2013-11-27]. http://www.oreillynet.com/lpt/a/6228.

② Mark W McElroy. The New Knowledge Management: Complexity Learning and Sustainable Innovation [M]. Boston: Butterworth-Heinemann, 2002: 3-53.

③ Mark W McElroy. Second-Generation KM A White Paper [OL]. [2013-12-30]. http://www.macroinnovation.com/images/Second-Generation%20KM.pdf.

④ Joseph M Firestone. The New Knowledge Management: A Paradigm and Its Problems [OL]. [2013-12-30]. http://www.kmci.org/media/Firestone-tnkmparadigm.pdf.

⑤ Dave Snowden. Complex Acts of Knowing: Paradox and Descriptive Self-awareness [J]. Bulletin of the American Society for Information Science and Technology, 2003: 23-28.

⑥ Dave Snowden. Innovation As an Objective of Knowledge Management. Part I: The Landscape of Management[J]. Knowledge Management Research & Practice, 2003: 113-119.

⑦ Karl M Wiig. People-focussed Knowledge Management: How Effective Decision Making leads to Corporate Success [M]. New York: Butterworth-Heinemann, 2004: 1-220.

⑧ Karl M Wiig. What Future Knowledge Management Users May Expect [J]. Journal of Knowledge Management, 1999(32): 155-165.

⑨ 朝乐门. Web2.0 在组织知识管理中的应用研究[J]. 情报资料工作, 2010(2): 49-52.

部”,而应该重视其“长尾”。

在计算机知识管理模式方面,Tim Berners-Lee 等提出语义 Web 技术①,为解决知识表示方法的计算机不可理解性问题提供了新方法。语义 Web 是对现有 Web 技术增加语义支持,是现有万维网的变革和延伸,其目标是帮助机器在一定程度上理解信息的含义,使高效地信息共享和机器智能协同成为可能②。目前,“计算机知识管理模式”主要依靠人工智能、神经元网络技术、模糊科学、生物科学等学科领域的研究成果,以计算机为主要知识管理工具,实现知识管理的自动化。但是,由于相关基础学科的发展水平不能满足计算机知识管理的实际需要,该模式尚未取得更多的突破性成果。

“计算机知识管理模式”的最大瓶颈来自于目前所采用的知识表示方法的计算机不可理解性。语义 Web 技术采用计算机理解的知识表示方法,对知识表示过程进行严格控制,要求知识表示的正确性和充分性,为计算机知识管理的复杂性——知识表示的计算机不可理解性、知识之间缺少计算机可理解的网络关系、缺少计算机理解的推理系统、知识管理单位的非原子性、对知识管理前端控制的忽视——提供了新的协同处理解决方案③。文献④结合问卷调查方法证明,语义 Web 技术不仅可以克服知识管理系统在知识检索、集成、易操作性、知识质量控制方面的局限性,而且还可以更好地支持 SECI 模型,推动知识转化。

因此,Web2.0 与语义 Web 的集成成为知识管理领域的重要研究课题之一。文献⑤认为 Web3.0 将是语义 Web 与 Web2.0 技术结合的产物;文献⑥认为 Web2.0 和语义 Web 的集成可提升网络效应;文献⑦探讨采用语义 Web 技术连接和再利用 Web2.0 社区数据的问题;文献⑧认为 Web2.0 和语义 Web

---

① Tim Berners-Lee, James Hendler, Ora Lassila. The Semantic Web [OL]. [2013-10-05]. http://www.ryerson.ca/~dgrimsha/courses/cps720_02/resources/Scientific%20American%20The%20Semantic%20Web.htm.

② 金海,袁平鹏. 语义网数据管理技术及应用[M]. 北京:科学出版社,2010:2.

③ 朝乐门. 基于语义 Web 的知识处理流程及其技术框架研究[J]. 中国图书馆学报,2009(35):54-64.

④ Jaehun Joo, Sang M Lee. Adoption of the Semantic Web for Overcoming Technical Limitations of Knowledge Management Systems[J]. Expert Systems with Applications,2009 (9):7318-7327.

⑤ Lassila O, Hendler J. Embracing Web 3.0 [J]. IEEE Internet Computing, 2007 (3):90-93.

⑥ James Hendler, Jennifer Golbeck. Metcalfe's Law, Web 2.0, and the Semantic Web [J]. Journal of Web Sema ntics, 2008(6):14-20.

⑦ U Bojars, J G Breslin, A Finn, et al. Using the Semantic Web for Linking and Reusing Data Across Web 2.0 Communities [J]. Journal of Web Semantics, 2008(6): 21-28.

⑧ Anupriya Ankolekar, Markus Krotzsch, Thanh Tran, et al. The Two Cultures: Mashing Up Web 2.0 and the Semantic Web [J]. Journal of Web Semantics, 2008(6):70-75.

有互补性,并提出结合二者优势的语义网络日志(Semantic Weblog)的设计方案。但是,目前缺少对基于语义 Web 的知识管理特征和模式的系统研究。

1.1 概念界定

1.1.1 知识管理与知识处理的区别与联系

知识处理(Knowledge Processing)是指为了创造或管理知识而采取的各种社会活动①,包括采集、整理、分类、存储、检索、维护、传递、共享、获取和创新等活动。

知识处理(Knowledge Processing)和知识管理(Knowledge Management)是两个不同层次的概念。"知识处理"是改变知识生命期状态的系列活动,而"知识管理"则是一种如何改善"知识处理"活动来实现管理目标的管理学科②。

可见,知识处理是知识管理的一部分,知识管理目标必须通过知识处理来实现。因此,知识管理研究不可避免对知识处理的分析与讨论。

1.1.2 大规模协同知识管理

大规模协同知识管理是本书作者首次提出的新知识管理理论体系。本书提出大规模协同知识管理思想的目的并不在于完全否定现有知识管理理论,而是从"现有知识管理理论无法解释和指导新兴知识管理实践"的现状出发,在重新思考知识及其管理的本质特征的基础上,结合大数据、大智慧和大规模协作生产时代的新需要,提出的一种新的知识管理思想。

大规模协同知识管理是现有知识管理理论的继承与创新,它重视知识管理与数据管理的区别,不仅揭示大数据环境下的大规模协同知识处理实践活动的内在规律,而且引入开放、长尾、专业余、小任务、涌现、自组织和人机协同等新原则,为组织知识生态系统的建设和解决知识形式化程度与规模之间的矛盾提供了一整套新的理论、方法和技术。

大规模协同知识管理理论体系包括:理念、原则、方法论、方法、技术和最佳实践(详细内容见本书第二至六章)。

---

① Mark W McElroy. The New Knowledge Management: Complexity, Learning, and Sustainable Innovation [M]. New York: KMCI Press, 2003: XXVI.

② Mark W McElroy. The New Knowledge Management: Complexity, Learning, and Sustainable Innovation [M]. New York: KMCI Press, 2003:9 - 12.

1.1.3　语义 Web

目前,国内对术语 Semantic Web 的翻译方法有两种:一种译为"语义 Web",另一种译为"语义网"。学术界主要采用第一种翻译方法,而企业界和公众主要采用第二种翻译方法①。值得一提的是,在人工智能领域一直以来把另一个术语 Semantic Net 翻译为"语义网络"②。因此,为了遵循学术惯例和避免引起混淆,本书将术语 Semantic Web 翻译为"语义 Web"。

针对因特网在信息表达、检索等方面的局限性,传统 Web 的缔造者 Tim Berners-Lee 于 2000 年 12 月在 XML2000 会议上,首次提出下一代因特网的概念——语义 Web 的理念,并于 2001 年 5 月在《科学美国人》杂志上发表同名论文"The Semantic Web",为人们勾勒出一幅未来语义 Web 的美好前景③。Tim Berners-Lee 对语义 Web 进行定义:语义 Web 是传统 Web 的一种延伸,其所有数据均被赋予规范的含义,以便于人机合作完成数据处理任务④。

除 Tim Berners-Lee 的定义,不同的学者从不同的研究视角给出不同的定义,比较典型的定义方法有:面向计算机可理解知识表示、消除人与计算机在知识理解方面鸿沟、改进元数据标注、改进知识之间的互联关系、改进知识处理效果、分布式知识处理和智能体视角,如表 1-1 所示。

表 1-1　语义 Web 的不同定义方法

序号	定义视角	典型定义方法
1	面向计算机可理解的知识表示视角	语义 Web 的目标是为因特网的信息提供具有计算机可理解的语义,从而满足 Agent 对 WWW 上异构、分布信息的有效检索和访问,实现网上信息资源在语义层次上的全方位互联,并在此基础上,实现更高层的、基于知识的智能效应⑤ 语义 Web 是一个旨在改进万维网现状的运动,其核心思想是使用机器可理解的网络信息⑥

① 高志强,潘越,马力. 语义 Web 原理及应用[M]. 北京:机械工业出版社,2009:2.

② 马少平,朱小燕. 人工智能[M]. 北京:清华大学出版社,2004:139.

③ 宋炜,张铭. 语义网简明教程[M]. 北京:高等教育出版社,2004:1.

④ Tim Berners-Lee, James Hendler, Ora Lassila. The Semantic Web [OL]. (2001-05-17) [2008-10-05]. http://www.ryerson.ca/~dgrimsha/courses/cps720_02/resources/Scientific%20American%20The%20Semantic%20Web.htm.

⑤ 宋炜,张铭. 语义网简明教程[M]. 北京:高等教育出版社,2004:2.

⑥ Grigoris Antoniou, Frank van Harmelen. A Semantic Web Primer (Second Edition) [M]. London: The MIT Press, 2008:21.

续表

序号	定义视角	典型定义方法
2	消除人与计算机在知识理解方面鸿沟的视角	语义 Web 的主要目的是采用高级知识技术消除人与计算机之间的鸿沟。人与计算机之间存在鸿沟的原因是计算机不了解背景知识① 语义 Web 是传统 Web 的一种延伸,其所有数据均被赋予规范的含义,以便于人机合作完成数据处理任务②
3	改进元数据标注视角	语义 Web 的基本原则是语义元数据的标注和使用。元数据可以分为两种,即文档层次的元数据和文档内容要素的元数据③
4	改进知识之间的互联关系视角	语义 Web 是数据层次的网络。与语义 Web 不同的是,传统 Web 中数据被应用程序所控制,在数据层次缺少联网关系④
5	改进知识处理效果视角	语义 Web 是在可达性方面具有类似于演绎数据库功能——良好的数据定义、运算符定义、条件有效性验证和从已有数据获取新数据——的万维网⑤
6	分布式知识处理视角	语义 Web 是高级知识技术在 Web 和分布式系统中的应用的总称⑥
7	智能体视角	语义 Web 是描述可用资源,使数据具有可访问性,并采用智能体来管理它们的一种技术⑦

① Peter Mika. Social Networks and the Semantic Web[M]. New York: Springer, LLC, 2007:9.

② Tim Berners-Lee, James Hendler, Ora Lassila. The Semantic Web [OL]. (2001-05-17) [2008-10-05]. http://www.ryerson.ca/~dgrimsha/courses/cps720_02resources/Scientific%20American%20The%20Semantic%20Web.htm.

③ John Davies, Rudi Studer, Paul Warren. Semantic Web Technologies Trends and Research in Ontology-based Systems[M]. New Delhi: John Wiley & Sons Ltd, 2006:2-3.

④ W3C. W3C Semantic Web Activity[OL]. (2009-10-15)[2013-10-15]. http://www.w3.org/2001/sw/.

⑤ Steffen Staab, Heiner Stuckenschmidt. Semantic Web and Peer-to-Peer Decentralized Management and Exchange of Knowledge and Information [M]. New York: Springer, 2006:1.

⑥ Peter Mika. Social Networks and the Semantic Web [M]. New York: Springer, 2007:3.

⑦ Bo Leuf. The Semantic Web: Crafting Infrastructure for Agency[M]. New Delhi: John Wiley & Sons Ltd., 2006:35.

深入分析上述定义方法,可以发现两方面的共性:

(1)以 Tim Berners-Lee 的定义为基础,符合语义 Web 概念的基本内涵相对固定的现实。所有定义方法的基础和根源是一样的,即语义 Web 之父——Tim Berners-Lee 对语义 Web 的定义。所有的定义方法都承认一个重要前提,即语义 Web 并不是独立于传统 Web 的另一个全新的独立的网络,而是对传统 Web 的知识表达和知识组织方面的一次变革,进而提高知识处理的效率。不同定义的区别在于强调语义 Web 的不同特征、关键技术或主要功能。

(2)不同的定义方法强调语义 Web 的不同特征和功能,符合语义 Web 概念外延不断演化的现实。

- "面向计算机可理解的知识表示视角"强调语义 Web 与传统 Web 在知识表示方面的重要区别,即语义 Web 的知识表示是面向计算机可理解,而传统 Web 知识表示不具备计算机可理解性;
- "消除人与计算机在知识理解方面鸿沟的视角"则强调语义 Web 的功能层次的特征,认为语义 Web 技术的出现可以提高计算机在知识检索、抽取、集成方面的能力,使计算机更好地帮助人们完成工作;
- "改进元数据标注视角"则强调元数据标注在语义 Web 中的重要性;
- "改进知识之间的互联关系视角"则强调语义 Web 与传统 Web 在知识联网关系的区别;
- "改进知识处理效果视角"强调语义 Web 对提高计算机知识处理效果中的重要性;
- "分布式知识处理视角"强调语义 Web 知识处理在分布式知识处理中的重要性;
- "智能体视角"则强调智能体在语义 Web 中的重要性以及语义 Web 与智能体之间的互动关系。

目前,人们对概念"语义 Web"内涵的理解,已基本达成共识。作为一种新兴知识处理方法和技术,语义 Web 将语义层次上的形式化表达、组织、标注、影射、匹配、检索、推理等语义计算能力引入数据管理,尤其是传统 Web 之中,克服了以语法计算为主的传统知识处理的局限性,并提升了计算机知识处理中的语义计算信度和效度。但是,随着语义 Web 技术的研究和应用,其外延不断发生变化。不同的研究或实践阶段,有语义 Web 的不同特征、技术或功能受到重视,以适应语义 Web 技术和理念的不断演化和发展。

根据基于语义 Web 的知识处理研究的需要,本书对语义 Web 的定义是:语义 Web 并不是独立于传统 Web 的另一个全新独立的网络,而是对传统 Web 的知识表达和知识组织方面的一次变革,进而实现知识表示的计算机可理解性,而且为人机协同知识处理提供新的实现技术平台。

1.1.4 基于语义 Web 的知识处理

基于语义 Web 的知识处理所研究的知识均为采用语义 Web 技术表示和组织的知识,不包含采用非语义 Web 技术表示和组织的知识,例如传统书本知识、Web 知识、数据库知识或头脑中的隐性知识等。

本书主要研究大规模协同知识管理方法及其实现框架,为大规模协同知识处理软件系统开发和知识管理实践提供依据。目前,尚未出现"大规模协同知识管理方法的实现框架"的定义方法。但是,"框架"(Framework)的定义方法有很多种。在上海辞书出版社 1999 年出版的《辞海》中的定义为:"在建筑工程中,由梁或屋架和柱联结而成的结构。节点有铰接活的和刚接的,后者又称为'刚架',框架有多层与单层之分。"在朗文当代高级英语词典(2001 版)中框架(Framework)具有两个基本含义:

- 一是建筑物、车辆、物体的主要支撑部分(the main supporting parts of a building, vehicle, or object);
- 二是用于产生更复杂思想或决策的事实、理念等的集合(a set of facts, ideas etc. from which more complicated ideas are developed, or on which decisions are based)。

根据上述讨论,结合基于语义 Web 的知识处理领域的研究和实践需求,本书对"大规模协同知识管理方法的实现框架"进行如下定义:在大规模协同知识管理中,用于组织管理活动和软件开发中可遵循的各种知识处理技术、流程和要素组成的基本的骨架。大规模协同知识管理方法的实现框架的设计过程具有如下特点:

(1)采用综合集成方法,强调人与计算机的分工与合作以及人对知识处理前端控制,降低计算机知识处理的难度,在人与计算机之间寻找最佳的协同状态,推动在语义 Web 环境中"综合集成知识处理研讨厅"的出现。

(2)借鉴 Web2.0 理念,梳理基于语义 Web 的知识处理流程,改变传统知识管理 80/20 方法论,强调知识管理中的长尾管理、集体智慧和自组织的重要性,为组织知识的转移、积累和建设知识生态系统提供更好的解决方案。

(3)为组织知识管理活动提供基本框架结构以及组织机构如何在语义Web环境中搭建自己的知识处理基础设施提供依据。组织知识管理活动在本书提供的基本框架结构的基础上,根据自身的实际情况,可以进一步设计个性化的知识处理框架。

(4)为知识处理软件系统,尤其是语义Web环境下的知识处理软件系统的设计与开发提供指导,提高知识处理软件系统开发的效率,降低其成本和风险;软件开发商在本书提供的基本框架结构的基础上,根据实际需求,可以进一步设计自己的个性化软件框架。

1.2 知识处理

知识处理是知识管理中的底层问题,深入研究知识处理的本质和规律是推动知识管理研究的重要前提。以方法论为例,知识管理方法论和知识处理方法论之间存在一定的区别和联系。知识管理方法论处于高层,而知识处理方法论处于低层。不同的知识管理方法论可以对应同一个知识处理方法论。目前,知识管理的方法论有很多,文献①中分析与归纳常见知识管理方法。但是,这些知识管理方法论所对应的知识处理方法论是相同或类似的,即基于80/20法则的知识处理方法论②。可见,知识管理研究中不可忽视知识处理问题的研究。

1.2.1 知识处理模式

从发展历史看,知识处理的理论研究和实践活动与科学技术的发展基本保持一致。在知识相对稀缺的时代,知识处理主要靠人脑来完成,可称之为"人脑知识处理模式"。人脑知识处理模式的特点是以人脑作为主要工具进行知识处理工作,适用于知识量有限的知识处理任务。人脑知识处理模式具有如下局限性:

- 存储量有限,存储持续时间短;
- 已长期存储知识的修改和更新难;
- 数据计算的精度低、速度慢、范围有限;
- 逻辑推理的主观性强,具有一定的随意性;

---

① 安小米. 知识管理方法研究概述[J]. 情报资料工作,2004 (S1):43-44.

② 朝乐门. Web2.0在组织知识管理中的应用研究[J]. 情报资料工作,2010(2):49-52.

- 连续工作和并行处理能力有限；
- 知识再现能力有限，可重复性差；
- 计算过程易出错，而且很难识别；
- 个体差别大，很难进行标准化管理①。

"人脑知识处理模式"的最大瓶颈是如何克服人在知识共享和创新中的自我保护性。数字化、网络化时代的到来，尤其是 Internet 技术的广泛应用更加凸显了"人脑知识处理模式"的局限性。Internet 技术为我们提供了多种知识处理和服务新模式，比较典型的是万维网（World Wide Web, WWW）、电子邮件（E-mail）、文件传输（File Transfer Protocol, FTP）、远程登录（Telnet）、新闻与广告类（如 Usenet、BBS 等），等等。其中，万维网是以超文本标记语言（Hypertext Markup Language, HTML）与超文本传输协议（Hypertext Transfer Protocal, HTTP）为基础，能够提供面向 Internet 服务的、一致的用户界面的信息浏览系统②，是传统 Internet 环境中最常用的知识处理模式之一。万维网知识处理具有五个特征：

(1) 从知识表示的方法和技术看，万维网的知识表示以 HTML 和 XML 语言作为基本技术，能够较好地标记知识的语法格式信息，如字体大小、颜色、段落划分等。因此，从人类浏览网页信息的角度看，万维网信息具有较强的可读性。但是，由于万维网中缺少语义信息的明确标注机制，不具备知识表示的计算机可理解性，导致计算机知识处理较为困难。

(2) 从知识获取基本流程看，万维网知识访问采用浏览器/服务器模式和请求/响应知识处理方式，即信息资源以主页形式存储在 Web 服务器中，用户通过自己的浏览器向 Web 服务器提交访问请求，然后由 Web 服务器根据用户请求中的 URL（Uniform Resource Locators，统一资源定位器）信息找到对应的网页，将对应的网页发送给浏览器（如果找不到用户请求对应的网页，Web 服务器向浏览器返回无法找到信息）。最后，由浏览器负责解释和再现 Web 服务器返回的响应信息。

(3) 从知识处理的复杂性看，万维网知识处理可以分为两种，即动态网页和静态网页。动态网页与静态网页的区别在于 Web 服务接受浏览器请求后，如果所请求的网页是静态网页则直接返回静态网页的内容，而所请求的页面是动态网页则必须运行其中的程序代码，并将运行结果以 HTML 语言的形式返回给浏览器。因此，相对于静态网页，动态网页的知识处

① 朝乐门. 基于语义 Web 的人机协同知识处理研究[J]. 图书情报工作，2009(24)：115－119.

② 吴功宜，吴英. 计算机网络应用教程[M]. 北京：清华大学出版社，2002：126.

理更为复杂,在一定程度上可以提供自动、主动、互动、个性化的知识处理服务。

(4)从知识处理的单位看,万维网知识处理一般以网页或构成网页的基本要素,如文本、图像、表格、多媒体和超链接的集合为单位。万维网知识处理基本单位并不是知识元——不可再分的最小的知识单位。

(5)从知识检索的方式看,用户无法通过浏览器访问所有的 Web 服务,实现知识的语义检索。在传统 Web 环境中,搜索引擎可以主动搜集 Web 服务器中的信息并对其进行自动索引,将索引内容存储在数据库中,以备用户的快速检索。搜索引擎的出现虽然提高了用户信息检索的速度,但其查准率和查全率很难得到保证。

随着万维网技术的广泛使用,知识处理任务在数据量、速度、精度方面的要求已经超出人脑的知识处理能力范围,必须由计算机辅助完成。在这种背景之下,人们开始需要知识处理的另一种模式——"计算机知识处理模式"。"计算机知识处理模式"主要依靠人工智能、神经元网络技术、模糊科学、生物科学等学科领域的研究成果,以计算机为主要知识处理技术,实现知识处理的自动化。但是,由于计算机知识处理模式相关基础学科的发展水平不能满足计算机知识处理的实际需要,计算机知识处理模式尚未取得更多的突破性进展。"计算机知识处理模式"的最大瓶颈是目前所采用的知识表示方法的计算机不可理解性。

总之,现有的知识处理模式有两种,即以知识管理理论为基础的"人脑知识处理模式"和以人工智能理论为基础的"计算机知识处理模式"。

- 前者侧重于以人为知识处理手段,其瓶颈在于如何推动可持续的知识创新和共享;
- 后者以计算机为知识处理的主要手段,其瓶颈在于知识表示的计算机可理解性。

两种知识处理模式的优缺点取决于知识处理智能体——人脑和电脑的知识处理特征。知识处理的两大智能体——人脑和计算机具有可互补的优劣势。因此,如何充分发挥人与计算机的不同优势,实现二者的优势互补已成为现阶段知识处理研究的重要课题之一。

1.2.2　知识处理技术

知识处理技术有很多种,鉴于后续章节的研究需要,在此主要讨论语义 Web 技术。自 2000 年 Tim Berners-Lee 等人首次提出语义 Web(Semantic

Web)理念[①]以来,语义 Web 技术的理论研究和实践应用已取得较快的进展。

- 语义 Web 技术受到学术界的广泛关注。文献[②][③][④]对语义 Web 的研究进展进行总结。语义 Web 技术的研究热点集中在知识表示、知识检索、知识挖掘、语义 Web 服务、语义网格、应用集成和社会网络分析等方面。
- 语义 Web 技术开始得到实际应用。Project10x 咨询公司公布了 2008 年度语义 Web 进展研究报告[⑤],对来自 100 多个应用领域的 270 家从事语义产品研发业务的企业进行调研,并从用户体验、社会计算、语义应用、基础设施、软件开发五个方面总结语义 Web 技术主要发展趋势;ReadWriteWeb 网站公布了 2008 年度十大语义 Web 产品[⑥], Yahoo! SearchMonkey、Microsoft Powerset、Open Calais、DapperMashupAds 等产品被列在其中[⑦]。

语义 Web 技术的出现为改进"计算机知识处理"模式提供了新的突破口。语义 Web 技术采用计算机理解的知识表示方法,而且对知识表示过程进行严格控制,要求知识表示的正确性和充分性,为解决当前计算机知识处理的复杂性——知识表示的计算机不可理解性、知识之间缺少计算机可理解的网络关系、缺少计算机理解的推理系统、知识处理单位的非原子性、对知识处理前端控制的忽视,提供新的人机协同知识处理解决方案[⑧]。文献[⑨]结合问卷调查方法证明,语义 Web 技术不仅可以克服知识管理系统在知识检索、集成、操作性及知识质量控制方面的局限性,而且还可以更好地支持 SECI 模型,推动知识转化。随着人类知识处理需求的不断提高

---

① Tim Berners-Lee, James Hendler, Ora Lassila. The Semantic Web [J]. Scientific American, Scientific American, Inc., 2001(5):34-43.

② Jorge Cardoso. The Semantic Web Vision: Where are We [J]. IEEE Intelligent Systems, 2006 (10):22-26.

③ Peter Mika. Social Networks and the Semantic Web [M]. New York: Springer, 2007:13-26.

④ Bo Leuf. The Semantic Web Crafting Infrastructure for Agency [M]. John Wiley & Sons Ltd, 2006:263-320.

⑤ Project10X. SemanticWave 2008 Report: Industry Roadmap to Web 3.0 and Multibillion Dollar Market Opportunities[R/OL]. (2009-09-01)[2009-06-12]. http://www.project10x.com/.

⑥ Richard MacManus. Top 10 Semantic Web Products of 2008[R/OL]. (2008-12-02) [2009-03-19]. http://www.readwriteweb.com/archives/top_10_semantic_web_products_2008.php.

⑦ 朝乐门. 语义 Web 知识处理技术的标准化进展[J]. 标准科学,2009(12):12-18.

⑧ 朝乐门. 基于语义 Web 的知识处理流程及其技术框架研究[J]. 中国图书馆学报,2009 (35):54-64.

⑨ Jaehun Joo, Sang M Lee. Adoption of the Semantic Web for overcoming technical limitations of knowledge management systems[J]. Expert Systems with Applications,2009 (9):7318-7327.

以及语义 Web 技术本身的快速发展,语义 Web 技术已成为未来知识管理实践和知识处理软件开发活动中的关键技术,不同学者从不同视角研究基于语义 Web 的知识表示、检索、集成和服务等基本课题。

但是,目前的语义 Web 知识处理研究仍然处于起步阶段,尚未系统研究基于语义 Web 知识处理的技术、特征、模式和框架等关键问题,使基于语义 Web 的知识管理实践和大规模协同知识处理软件系统研发活动缺少统一的顶层设计,导致基于语义 Web 的知识管理实践和知识处理软件系统研发活动的低效率、高成本和高风险。因此,大规模协同知识处理软件系统的标准化研发和组织知识管理活动向语义 Web 技术平台的顺利过渡均需要基于语义 Web 知识处理框架的顶层设计。

目前,从事知识处理研究的学者主要来自于两个领域,即人工智能领域和知识管理领域。

1.2.3 人工智能中的知识处理

从实用观点看,人工智能是一门知识工程学,以知识为对象,研究知识的获取、知识的表示方法和知识的使用①。人工智能对知识处理的研究可分为两个层次,即理论研究和应用研究。

(1)理论研究侧重对人工智能的基础理论的研究,包括知识表示(一阶谓词逻辑表示法、产生式表示法、语义网络表示法、框架表示法、面向对象表示法、脚本表示法、过程表示法、状态空间表示法和与/或树表示法等)、搜索(盲目搜索、启发式搜索、博弈树搜索、遗传算法、模拟退火算法等)、推理(确定性推理、不确定性推理等)、机器学习(机械学习、传授式学习、类比学习、归纳学习、解释学习和 ID3 学习等)。

(2)应用研究侧重于将人工智能的基础理论应用于特定问题的求解过程中,包括专家系统、数据挖掘、自然语言理解、语义 Web、Agent 技术、机器人、模式识别和计算智能(如神经网络、感知机、Hopfield 网络、遗传算法、人工生命)等②。

目前,人工智能领域的主要研究学派有三种,即符号主义学派、连接主义学派和行为主义学派。符号主义认为人工智能源于数理逻辑,其原理主要为物理符号系统假设和有限合理性假设;连接主义认为人工智能源于仿生学,特别是人脑模型的研究,其主要原理为神经网络及神经网络间的连

① 钟义信.智能科学技术导论[M].北京:北京邮电大学出版社,2006:207.

② 蔡自兴,徐光祐.人工智能及其应用[M].北京:清华大学出版社,2004:10-21.

接机制与学习算法;行为主义学派认为人工智能源于控制论,其原理为控制论及"感知—动作"型控制系统①。

但是,人工智能技术的现有研究不能满足计算机系统独立完成较复杂的知识处理任务的需求。文献②以人工智能发展历程为线索,从人工智能不同时代的研究目标、代表性工作、主要特点和启示来说明人工智能学科成长的艰难过程,如表 1 - 2 所示。

目前,人工智能研究的热点是智能接口、数据挖掘、主体及多主体系统③。智能接口技术是研究如何使人们能够方便自然地与计算机交流。为了实现这一目标,要求计算机能够看懂文字、听懂语言、说话表达,甚至能够进行不同语言之间的翻译,而这些功能的实现又依赖于知识表示方法的研究。因此,智能接口技术的研究既有巨大的应用价值,又有基础的理论意义。目前,智能接口技术已经取得了显著成果,文字识别、语音识别、语音合成、图像识别、机器翻译以及自然语言理解等技术已经开始实用化④。

表 1 - 2　人工智能发展的时代划分

时代	研究目标	代表性工作	主要特点	启示
史前时代(1940 ~ 1956)	理想的机器智能——自主系统	MuCulloch & Pitts 的神经逻辑计算研究;Turing 的机器智能描述;Shannon 的信息论等	方法论采用还原论;追求"自主"系统;微世界策略等	智能的体现不只是技术问题;基于"还原论"的"自主"系统的构建不仅仅是时间问题,还是对思维本质简单化的表现
普适理论时代(1956 ~ 1969)	建立像物理学那样的关于人工智能的一般理论体系	LISP 语言作为人工智能的支持语言;启发式信息与感知机作为智能行为的基本规律被提出;基于符号的表示、推理与搜索作为计算机表现智能行为的途径等	从还原论角度着眼于人类思维规律与智能行为规律的研究;符号与搜索被当作人工智能的两大支柱	无法建立类似物理学的人工智能的普适理论;基于还原论的符号与搜索并不是人工智能的全部

① 蔡自兴. 人工智能基础[M]. 北京:高等教育出版社,2005:6.

② 操龙兵,戴汝为. 开放复杂智能系统——基础、概念、分析、设计与实施[M]. 北京:人民邮电出版社, 2008:2 - 3.

③ 张妮,徐文尚,王文文. 人工智能技术发展及应用研究综述[J]. 煤矿机械,2009 (2):4 - 7.

④ 毛毅. 人工智能研究热点及其发展方向[J]. 技术与市场(上半月),2008(3):4.

续表

时代	研究目标	代表性工作	主要特点	启示
“个性”设计时代（1969～1983）	满足社会需求的专家系统的理论与技术	Newell-Simon 的 GPS 与物理符号系统；不确定性表示与推理；知识工程与专家系统设计等	人工智能系统成败的关键在于系统包含的专家私有知识；符号机制时代	专家系统理论与技术研究超越了以前人工智能理论的复杂性；专家常识的重要性
人工智能的综合集成时代(1983 至今)	综合集成（包括综合与集成）路线下的人工智能的理论与实践	反响传播算法；连接机制；巨型智能系统研究兴起；智能系统的综合集成等	集成人工智能的多种理论与方法；多学科理论与方法向人工智能的渗透；人工协作与人机结合的智能系统设计策略	人工智能的基本理论是众多“小理论”的集成——“互补策略”；从定性到定量的综合集成方法是开放巨型智能系统的研究路线

来源：操龙兵，戴汝为. 开放复杂智能系统——基础、概念、分析、设计与实施[M]. 北京：人民邮电出版社，2008：2－3.

人工智能技术的研究不能满足计算机系统独立完成知识处理任务的主要原因在于知识表示的计算机不可理解性。人工智能的知识处理效率除了受心理学、生理学和脑科学等基础学科发展制约外，主要瓶颈是知识表示的计算机不可理解性。例如，人工智能中的产生式知识表示系统一般由综合数据库、规则库和推理机组成，其问题求解过程是按一定的策略从规则库中选择规则与数据库中已知事实进行相似性匹配。在这种匹配过程中，计算机并不理解所处理知识对象的真正含义。

1.2.4 知识管理中的知识处理

随着理论研究和实践应用的深入，知识管理学的成果越来越多。其中，代表性理论和国家级标准是知识管理领域的标志性成果。图 1－1 给出知识管理领域的代表性理论和标准。

1.2.4.1 知识管理理论

就目前而言，知识管理的代表性理论有以下六种：

(1) 第一代知识管理（First Generation Knowledge Management，FGKM）。第一代知识管理的主要特点有：

- 知识管理与数据管理的界限不清；

图 1-1　知识管理领域的代表性理论与标准

- 过分强调信息技术在知识管理中的作用，而忽略人在知识管理中的重要地位；
- 过分强调供应导向的知识管理，而忽略需求导向的知识管理；
- 过分强调现有知识的开发利用，而忽略新知识的创造。

（2）Elroy 的第二代知识管理（Second Generation Knowledge Management, SGKM）。Mark W. McElroy 是第二代知识管理的主要提出者和倡导者①，将生命周期理论和复杂性理论思想应用于知识管理领域，比较有代表性的观点有：

- 需求导向知识管理；

① Mark W McElroy. The Second Generation of Knowledge Management[OL].[2013-10-20]. http://www.learning-org.com/docs/McElroy2ndGenKM.pdf.

- 知识生命周期理论；
- 知识处理过程；
- 知识结构；
- 嵌入式知识域；
- 知识管理中的组织学习；
- 知识管理中的复杂性。

(3)Firestone 和 Elroy 的新知识管理(The New Knowledge Management, TNKM)。Joseph M. Firestone 与 Mark W. McElroy 提出了新知识管理的理念,他们是新知识管理的主要倡导者。新知识管理的主要议题包括:

- 知识的定义方法；
- 知识处理的本质；
- 知识管理与信息管理的区别；
- 知识管理理论的演变、知识评估、知识生命周期框架的应用、最佳实践、知识管理与战略管理的关系、组织文化、智力资本等①。

与第二代知识管理类似,新知识管理主要强调三点②:知识管理的复杂性、知识管理中的组织学习和知识管理中的可持续创新。

(4)Snowden 的第三代知识管理(Third Generation Knowledge Management, TGKM)。David Snowden 和 Charles A. Tryon Jr 是第三代知识管理的主要提出者和提倡者,第三代知识管理的主要特点是强调面向未来、强调组织的应变能力、自组织、意义建构和知识创新。相对于第二代知识管理,第三代知识管理的研究范围和重点发生一定的变化,主要涉及③:

- 知识资产；
- 知识鸿沟；
- 知识机会；
- 投资回报；
- 知识信念；
- 知识流程；
- 组织知识的定义与识别；
- 知识保留策略；

① Firestone J M, McElroy M W. Key Issues in the New Knowledge Management[M]. New York: Butterworth-Heinemann, 2003:xxi - xxv.

② McElroy M. The New Knowledge Management: Complexity, Learning, and Sustainable Innovation[M]. Routledge, 2003.

③ Tryon C A. Managing Organizational Knowledge: 3rd Generation Knowledge Management and Beyond[M]. CRC Press, 2012:1 - 125.

- KIPPAR 模型;
- 知识管理实现策略等。

(5)Wiig 的下一代知识管理(Next Generation Knowledge Management ,NGKM)。Karl M. Wiig 是下一代知识管理思想的主要提出者和倡导者之一,他提出的比较有代表性的知识管理理论有:

- 知识管理理论框架①;
- 综合知识管理(Comprehensive Knowledge Management,CKM)②等。

(6)Nonaka 的知识创造理论(Knowledge-creating Theory)。Ikujiro Nonaka 是日本著名的知识管理学者,他与 Hirotaka Takeuchi 等日本学者提出了一套知识转移与知识创造理论,比较有代表性的理论有:

- 知识转化模型(SECI 模型)③④;
- 场(Ba)理论⑤;
- 知识创造螺旋模型⑥等。

本书在上述知识管理理论的基础上,结合知识管理实践的新变化和大数据环境下的大规模协同生产时代的新需求,创新性地提出了一种新的知识管理理论——大规模协同知识管理理论(详见本书第二至四章)。

1.2.4.2 知识管理标准

标准往往是特定领域的最佳实践的指导方案,同时也代表着对应领域的实践工作的基准要求。就目前而言,比较有代表性的知识管理标准有:

(1)英国知识管理标准(Knowledge Management: A Guide to Good practice ,BS PAS 2001—2001)⑦是由英国标准组织(British Standards Institution, BSI)于 2001 年制定并公布,是知识管理领域第一个国家级标准。该标准的主要内容有:社区实践、知识内容管理、知识共享和创新、智力资本管理等。该标准的主要特点是:

---

① Wiig Karl. Knowledge Management Foundations(Vol 1)[M]. Texas: Schema Press,1993.

② Karl M. Wiig. What Future Knowledge Management users may expect[J]. Journal of Knowledge Management,1999,3(2):155 – 165.

③ Nonaka I, Takeuchi H. The Knowledge Creating Company: How Japanese Companies Create the Dynamics of Innovation[M]. Oxford University Press, 1995.

④ Nonaka I, Toyama R, Konno N. SECI, Ba and Leadership,a Unified Model of Dynamic Knowledge creation [J]. Long Range Planning, 2000,33(1): 5 – 34.

⑤ Nonaka Ikjurio. The Concept of "Ba": Building a Foundation for Knowledge Creation[J]. California Management Review,1998,40(3): 40 – 54.

⑥ Nonaka I, Takeuchi H. The Knowledge Creating Company: How Japanese Companies Create the Dynamics of Innovation[M]. Oxford University Press, 1995.

⑦ BS PAS 2001—2001. Knowledge Management: A Guide to Good Practice[S]. British Standards Institution, 2001.

- 采用知识生命周期的理念，提出知识生命周期的六个主要阶段：创造（Create）、捕获/收集（Capture/Harvest）、准备（Prepare）、共享（Share）、维护（Maintain）和净化（Purge）；
- 讨论知识管理的五个要素：客户、员工、文化、组织结构和技术；
- 强调组织文化对知识管理的重要性。

（2）欧洲知识管理标准（European Guide to good Practice in Knowledge Management，CWA 14924—2004）①是由欧洲标准化委员会（the European Committee for Standardization）于2004年颁布，主要涉及知识管理框架、知识管理文化、中小企业知识管理实施、知识管理评估、知识管理术语等内容。该标准的主要特点是：

- 引入知识资产管理的思想，将知识作为一种组织，尤其是对中小企业的重要的资产进行管理；
- 强调评估和增值处理（Value-adding Process）在知识管理中的重要性；
- 采用知识生命周期的思想，将知识管理分为五种活动：识别（Identify）、创造（Create）、存储（Store）、共享（Share）和利用（Use）；
- 重视知识管理的层次性，将知识管理能力分为个人层次的知识管理能力和组织层次的知识管理能力；
- 提出一种以业务活动为中心的知识管理框架，将客户、供应商和合作伙伴纳入组织知识管理范畴，并强调知识管理的支撑要素，如文化、结构、流程、技术、技能、激励和管理等。

（3）澳大利亚知识管理标准（Knowledge Management—A Guide，AS 5037—2005）②是由澳大利亚标准协会于2005年颁布的知识管理标准，主要内容涉及组织知识管理相关的基本概念、组织环境、组织文化、经验、关联、活动、能力、支撑要素、评估与测量、反思等。该标准的主要特点如下：

- 提出组织机构知识管理的全新视角——“知识视角”，并强调在组织机构知识管理实践活动中从“知识视角”分析问题的重要性；
- 提出知识生态系统的概念，并承认和接受知识管理的复杂性，将复杂性理论引入知识管理领域；
- 引入连续体理论，明确知识管理的支撑要素（人员、流程、技术和

① CWA 14924—2004. European Guide to Good Practice in Knowledge Management[S]. the European Committee for Standardization，2004.

② AS 5037—2005. Knowledge Management—A Guide[S]. Standards Australia，2005.

内容),并给出知识连续体的四个状态:孤立(Standalone)、连接(Connected)、网络化(Networked)和适应(Adaptive);

- 提供知识生态系统的建设框架结构,即分析、设计、实施环(Map、Build、Operationalize Cycle);
- 较全面描述知识管理中常用工具,包括反思、流程设计和再造、榜样的力量、变更管理、内容管理、实践团体、应急处理、文件管理在内的34种工具。

(4)中国知识管理标准(GB/T 23703)①是由中国国家质量监督检验检疫总局和中国国家标准化管理委员会于2011年正式公布,包括六个组成部分:框架、术语,组织文化、知识活动、实施指南、评价。该标准的主要特点是:

- 充分吸收国外知识管理理论与实践经验,尤其是英国、欧洲、澳大利亚知识管理标准;
- 描述知识管理中的六项关键活动:知识的鉴别、创造、获取、存储、共享和应用;
- 给出知识管理模型的两种模型,即概念模型和过程模型;
- 强调组织文化在知识管理中的重要性;
- 提出知识管理活动的实施原则、实施准备和实施阶段;
- 给出知识管理的评价原则,并提出两种不同的评价方法:结果态评价和中间态评价。

1.2.4.3 知识管理范式

知识管理的主要研究范式有两种,即组织管理范式和信息技术范式②(见表1-3)。

- 组织管理范式以人的隐性知识共享和转化为主要研究对象,以组织行为理论和战略管理理论为理论基础,以提高组织核心竞争力为目标;
- 信息技术范式则以计算机中的显性知识为研究对象,以人工智能理论为主要理论基础,以实现知识组织和发现为目标。

可见,知识管理研究的信息技术范式是人工智能技术在知识管理领域的进一步拓展和延伸,侧重于显性知识的管理。因此,知识管理研究的组织管理范式采用另一种技术路线,即通过人的管理来实现知识的管理。

---

① GB/T 23703. 知识管理[S]. 中国国家质量监督检验检疫总局;中国国家标准化管理委员会,2011.

② 马费成. IRM-KM范式与情报学发展研究[M]. 武汉:武汉大学出版社,2008:73-79.

表 1-3 知识管理范式比较

	知识形态	知识存储	知识获取	知识转换	知识共享手段	管理目标	主要理论基础
组织管理范式	隐性知识	人的头脑	学习、组织学习	SECI 模型	组织文化	竞争优势	组织行为理论、战略管理理论
信息技术范式	显性知识	知识库	数据、信息挖掘	智能技术	网络信息平台	知识组织与发现	人工智能理论

来源：马费成. IRM-KM 范式与情报学发展研究[M]. 武汉：武汉大学出版社，2008：223.

1.2.4.4 知识管理模型

从知识管理模型角度看，模型是现实系统的替代物，模型反映出系统的主要组成部分、各部分之间的相互作用，以及在运用条件下的因果关系作用及相互关系①。文献②③中比较系统地总结典型的知识管理模型。目前，模型构建方法有概念方法、符号方法、形象方法、类比方法和仿真方法五种④；模型构建的主要内容有模式、要素、应用、评估和综合。

本书从知识管理模型的构建方法和主要内容两个纬度归纳和比较典型知识管理模型，如表 1-4 所示。

表 1-4 知识管理模型比较

方法＼模型	概念模型	符号模型	形象模型
基于知识处理流程	4I 模型⑤； SECI 模型； N-Form Organization 知识管理技术纵向集成模型⑥	知识价值链的知识管理模型⑦； 集成情境的知识管理模型⑧	知识管理双轨道模型

① 汪应洛. 系统工程[M]. 北京：机械工业出版社，2004：4.

② M Begoña Lloria. A Review of the Main Approaches to Knowledge Management [J]. Knowledge Management Research & Practice，2008(3)：77-89.

③ Meliha Handzic，Amila Lagumdzija，Amer Celjo. Auditing Knowledge Management Practices：Model and Application[J]. Knowledge Management Research & Practice，2008(3)：90-99.

④ 安德鲁 P. 赛奇. 系统工程导论[M]. 胡保生，译. 西安：西安交通大学出版社，2006：9.

⑤ 梁哨辉，宋鲁. 基于过程和能力的知识管理模型研究[J]. 管理世界，2007(1)：162-163.

⑥ 朝乐门. 知识技术的综合集成视角研究[J]. 图书情报工作，2008(10)：37-40.

⑦ 王瑞敏，刘险峰. 基于知识价值链的知识管理模型研究[J]. 情报杂志，2006(8)：94-96.

⑧ 潘旭伟，顾新建，程耀东，等. 集成情境的知识管理模型[J]. 计算机集成制造系统-CIMS，2006(2)：225-230，263.

续表

模型 方法	概念模型	符号模型	形象模型
基于知识管理的要素或内容	Knowledge Management system conceptual model①; holistic Knowledge Management model②; three-layer KM reference model③; 知识管理技术横向集成模型④	ACKM 模型⑤; 基于契约网络的虚拟企业知识管理模型⑥	Knowledge Management Strategies to Improve Business Performance; 知识管理的灯笼模型⑦
基于知识管理应用	知识管理成熟度模型	虚拟企业知识管理模型⑧; 基于本体的软件测试知识管理模型⑨; 基于 Super2P2P 的分布式知识管理模型⑩ The "MATE" model⑪	

① Denise Lustri, Irene Miura, Sérgio Takahashi. Knowledge Management Model: Practical Application for Competency Development[J]. The Learning Organization,2007(14):186 -202.

② Ioannis E Diakoulakis,Nikolaos B Georgopoulos,Dimitrious E Koulouriotis,et al. Towards a Holistic Knowledge Management Model[J]. Journal of Knowledge Management, 2004(8):32 -46.

③ El-Sayed Abou - Zeid. A Knowledge Management Reference Model [J]. Journal of Knowledge Management, 2002(6):486 -499.

④ 朝乐门. 知识技术的综合集成视角研究[J]. 图书情报工作,2008(10):37 -40.

⑤ 胡华,倪顺坚,徐斌. 基于应用情景的知识管理模型[J]. 计算机工程与设计,2007(4):963 -965.

⑥ 何华,王明. 一种基于契约网络的虚拟企业知识管理模型[J]. 科技进步与对策,2005(12):117 -119.

⑦ 左美云. 知识转移与企业信息化[M]. 北京:科学出版社,2006:6 -10.

⑧ 葛新权,周秀玲. 虚拟企业知识管理模型研究[J]. 工业技术经济,2007(12):99 -102.

⑨ 赫建营,晏海华,刘超. 基于本体的软件测试知识管理模型研究[J]. 计算机科学,2007(10):281 -289.

⑩ 李志国,冯永,钟将,等. 基于 Super-P2P 的分布式知识管理模型[J]. 计算机科学,2007(7):184 -186,196.

⑪ Tatiana Sotirakou,Mary Zeppou . The " MATE" Model: a Strategic Knowledge Management Technique on the Chessboard of Public-sector Modernization[J]. Management Decision,2004(42):69 -88.

续表

方法＼模型	概念模型	符号模型	形象模型
基于知识管理评估		基于知识平衡计分卡的知识管理模型①	
综合方法		APQC 综合模型 知识管理整体模型②	知识管理框架模型③

1.2.4.5 知识管理趋势

虽然知识管理理论研究尚未与知识管理实践的变化保持同步，但是知识管理理论本身也在缓慢变化之中。从知识管理的研究进展看，现有的知识管理理论可以分为两大类，即“第一代知识管理”和“新一代知识管理”。“新一代知识管理”的典型代表有四个，即 McElroy 的“第二代知识管理理论”④⑤、Joseph M. Firestone 的“新知识管理”⑥、Dave Snowden 的“第三代知识管理”⑦⑧、Karl M. Wiig 的“下一代知识管理”⑨⑩。“新一代知识管理”理论不仅是第一代知识管理理论的重要调整，而且充分体现知识管理研究的发展趋势。根据对“新一代知识管理”与“第一代知识管理”的比较（见表 1－5），知识管理研究的主要发展趋势如下：

---

① 刘松博，王凤彬. 基于知识平衡计分卡的知识管理模型[J]. 科学学研究，2005(1)：123－129.

② Ioannis E Diakoulakis, Nikolaos B Georgopoulos, Dimitrious E Koulouriotis, et al. Towards a holistic Knowledge Management Model [J]. Journal of Knowledge Management, 2004(8)：32－46.

③ 奉继承. 知识管理理论、技术与运营[M]. 北京：中国经济出版社，2006：129.

④ Mark W McElroy. The New Knowledge Management: Complexity Learning and Sustainable Innovation[M]. Boston: Butterworth-Heinemann, 2002：3－53.

⑤ Mark W McElroy. Second-Generation KM A White Paper [OL]. (2000－05－11)[2013－03－30]. http://www. macroinnovation. com/images/Second-Generation%20KM. pdf.

⑥ Joseph M Firestone. The New Knowledge Management: A Paradigm and Its Problems [OL]. (2003－08－06) [2013－03－30]. http://www. kmci. org/media/Firestone-tnkmparadigm. pdf.

⑦ Dave Snowden. Complex Acts of Knowing: Paradox and Descriptive Self－awareness [J]. Bulletin of the American Society for Information Science and Technology, 2003：23－28.

⑧ Dave Snowden. Innovation as an Objective of Knowledge Management. Part I: The Landscape of Management [J]. Knowledge Management Research & Practice, 2003：113－119.

⑨ Karl M Wiig. People－focussed Knowledge Management: How Effective Decision Making Leads to Corporate Success [M]. New York: Butterworth-Heinemann, 2004：1－220.

⑩ Karl M Wiig. What Future Knowledge Management Users may Expect [J]. Journal of Knowledge Management, 1999(32)：155－165.

- 强调人在知识管理中的主要作用,但不否认计算机技术的重要作用。人在新知识的创新中具有不可替代的作用,而计算机技术在已有知识的共享和转移中具有胜过人的能力。因此,人和计算机是未来知识管理的两个重要手段,缺一不可。
- 强调创造新知识的重要性,但不否认共享和利用已有知识的必要性。人是创造新知识的最重要的主体,而计算机是管理已有知识的最主要工具。因此,已有知识的充分利用和新知识的积极创造是未来知识管理重要任务。
- 强调通过改变知识处理流程实现知识管理的目的,但不否认管理知识本身或知识载体的重要性。因此,知识流程的优化和改造是知识管理的重要任务。
- 强调个人知识向组织知识转化,但不否认隐性知识显性化的重要性。相对于隐性知识的显性化,个体知识的组织化更具有操作性。
- 强调知识管理的复杂性。知识管理的目标在于保证组织知识管理处于一种“混沌边缘”状态,完全无序和完全有序的知识管理都将是失败的知识管理。

表1-5　第一代知识管理与新一代知识管理的比较

	第一代知识管理	新一代知识管理
基本特点	以“技术”为中心	以“人”为中心
研究假设	认为有价值的知识已经存在。因此,知识管理的任务是捕获、编码和共享已有知识	认为真正有价值的知识不一定存在。因此,知识管理的任务是加快或方便创造新知识
研究视角	供应方	需求方
研究对象	知识生命周期的一部分——知识集成部分	知识生命周期(KLC)的全部,包括知识的创新、验证和集成
研究重点	已有知识的捕获和共享	新知识的创造
理论基础	人工智能	自组织与复杂性理论
知识管理手段	信息技术	组织学习
知识域的划分	隐性知识、显性知识	个人知识、团队知识和组织知识

但是,知识管理,尤其是新一代知识管理的研究中也存在一种瓶颈,即组织如何鼓励员工创造新知识和如何让“领军员工”共享出自己的“核心知识”,进而将“员工知识”转换为组织知识。虽然绩效考核、学习型组织、

组织文化等多种方法已被证明有助于员工知识向组织知识转化,但是,由于员工与组织之间存在一定的知识管理博弈关系,随着员工的知识管理意识增强,“领军员工”共享自己“核心知识”的成本会越来越高。

1.2.5 人工智能与知识管理的比较分析

1.2.5.1 差异性分析

从以上分析可以看出,人工智能领域和知识管理领域对知识处理的研究有所不同(见表1-6)。

表1-6 人工智能和知识管理的比较

	人工智能	知识管理
研究视角	计算机的知识处理	人的知识处理
研究对象	存储在计算机中的知识	存储在人脑中的知识
研究内容	知识的表示、搜索、推理和机器学习	知识的共享、转移、创新
研究方法	符号主义、连接主义、行为主义	第一代知识处理、第二代知识处理
研究目的	计算机的特定问题求解	组织效率提高

(1)从研究视角看,人工智能从理论与技术视角提高计算机,包括Agent的知识处理能力;知识管理则从管理学、自组织和复杂性理论等方面提高人,尤其是组织知识处理能力。

(2)从研究对象看,人工智能领域中研究的知识以计算机载体的知识为主;知识管理领域中研究的知识以人脑为载体的知识为主。

(3)从研究内容看,人工智能领域对知识处理的研究主要侧重于知识的表示、搜索、推理和机器学习;知识管理领域对知识处理的研究侧重于知识的共享、转移和创新。

(4)从研究方法看,人工智能领域对知识处理的研究方法有三种,即符号主义方法、连接主义方法和行为主义方法;知识管理领域对知识处理的研究方法是复杂性理论和自组织理论。

(5)从研究目的看,人工智能领域对知识处理的研究目的一般仅限于计算机的特定问题求解,比较具体、直接;知识管理领域对知识处理的研究目的则是知识的共享、转移和创新,比较抽象和间接。

1.2.5.2 共性分析

(1)采用面向计算机可理解的知识表示方法,降低人工智能知识处理的难度。面向计算机可理解的知识表示方法应同时满足三个要求：

- 知识处理必须以知识元(Knowledge Element)为基本单位。知识元是知识处理的最小单位；
- 知识元可以被计算机理解和处理,在给定上下文条件下,可以避免"一词多义"或"多词一义"的现象；
- 知识元之间的互联关系可被计算机理解和处理。

(2)通过知识生态系统的建设,实现知识共享和知识创新,突破知识管理理论与实践的瓶颈。知识生态系统的建设必须符合三个基本要求：

- 充分利用集体智慧,使知识管理的范围延伸至知识链的长尾,鼓励内部普通员工、供应商、客户以及访客共享自己的"非核心知识",扩大知识共享和创新的范围,降低知识共享和创新的成本；
- 实现知识管理的自组织,强调"合作"而非"控制",保证知识共享和创新的可持续发展；
- 保证知识生态系统的集成性,在问题求解过程中,采用综合集成研讨厅[①②]的方法,实现人与计算机协同的知识处理,充分发挥知识生态系统的整体优势。

综上所述,在知识处理过程中,人与计算机具有可互补的优劣势。但是,目前的知识处理研究中缺少人机协同视角的研究。由于以人工智能为核心技术的计算机信息技术的效率远不及期望,人们开始怀疑计算机的知识管理能力,甚至出现认为只有人才能进行知识管理的论断,进而促使知识管理理论从"以信息技术为中心"的第一代知识管理向"以人为中心"的新一代知识管理的转移。除了人工智能等相关基础学科领域的发展相对缓慢之外,计算机知识处理模式的主要瓶颈是知识表示的计算机不可理解性、知识孤岛的存在、领域知识规则系统的缺失、知识处理单位的不合理性和对知识处理前端控制的缺失。

1.3 基于语义 Web 的知识处理

深入分析基于语义 Web 的知识处理特征是进一步研究大规模协同知

① 崔霞,戴汝为. 以人为中心的综合集成研讨厅体系——人工社会(一)[J]. 复杂系统与复杂性科学, 2006(6):1－8.

② 崔霞,戴汝为. 以人为中心的综合集成研讨厅体系——人工社会(二)[J]. 复杂系统与复杂性科学, 2006(6):9－20.

识管理方法及其实现框架的重要前提。目前对语义 Web 技术本身及其在特定知识处理领域（如知识检索、知识挖掘等）中的应用研究比较多，但缺少对语义 Web 知识处理特征的系统研究。语义 Web 技术本身的特殊性及其发展趋势决定了基于语义 Web 的知识处理的主要特征。因此，本节首先通过对基于语义 Web 的知识处理技术及其标准化趋势的梳理，分析语义 Web 技术的特殊性；其次，结合语义 Web 技术的特殊性及其发展趋势、国内外文献研究以及典型案例调研，归纳基于语义 Web 的知识处理特征，为后续章节的研究提供基础。

1.3.1　语义 Web 技术

1998 年，Tim Berners-Lee 等人首次提出语义 Web 的理念①。他认为，语义 Web 是传统 Web 的一种延伸，其所有数据均被赋予规范的含义，以便于人机合作完成数据处理任务②。根据 Tim Berners-Lee 的观点，语义 Web 分层体系结构自下而上依次为 XML、RDF(S)、本体、逻辑、证明和信任，如图 1－2 所示。

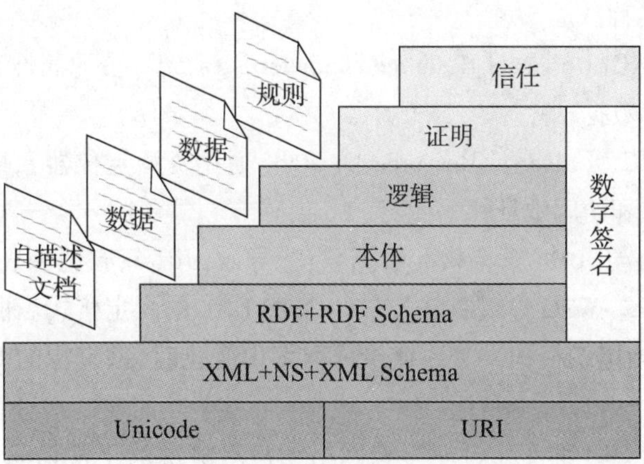

图 1－2　语义 Web 分层体系结构

来源：Tim Berners-Lee, James Hendler, Ora Lassila. The Semantic Web [J]. Scientific American, 2001(5):34－43.

语义 Web 分层体系结构中的不同层次之间遵守两个重要原则：

① Tim Berners-Lee, James Hendler, Ora Lassila. The Semantic Web [J]. Scientific American, 2001(5):34－43.

② Tim Berners-Lee, James Hendler, Ora Lassila. The Semantic Web [OL]. (2001－05－17) [2008－10－05]. http://www.ryerson.ca/~dgrimsha/courses/cps720_02/resources/Scientific%20American%20The%20Semantic%20Web.htm.

- 向下具有兼容性，即位于某一层的代理能够解释和适用底层的信息；
- 向上具有可理解性，即位于某一层的代理能够部分地使用更高层次的信息。

下文结合该体系结构探讨语义 Web 技术的研究进展。

(1) Unicode 和 URI 层：Unicode（统一编码）是一种采用数字 0—0x10FFFF 为世界不同语言中的每个字符设定统一的唯一的二进制编码的计算机编码机制，可以满足跨语言、跨平台进行文本映射、转换和存储的需要。Unicode 标准是一种不断更新的标准体系。根据需求环境的变化，可以对其进行增加新字符、扩展字符属性或更正字符属性。随着 Unicode 标准的升级，其稳定性不断提高。2009 年 10 月，Unicode 联盟（Unicode Consortium）发布 Unicode 5.2.0 版本标准①，使 Unicode 编码体制更加完善。

URI（Universal Resource Identifier，通用资源标识符）是网络资源的统一标识符体系。起初，URI 的表现形式有三种：

- URN（Universal Resource Name，统一资源名），即资源的逻辑名称；
- URC（Universal Resource characterrisics，统一资源属性），即资源的元数据；
- URL（Universal Resource Locator，通用资源定位器），即资源的定位和访问地址。

但是，由于 URC 逐渐被元数据替代，导致 URI 只有两种表现形式，即 RUN 和 RUL。W3C 等组织已公布 URN 和 URL 的固定格式。根据 RUL 的格式规定，当组织机构或文件存储位置发生变化时，该资源的 URI 也随之发生变化。

考虑到 RUI 的变化可能影响网络用户对资源的正常访问，W3C 还提出 CoolURI 的理念——通过采用虚拟目录、省略文件的扩展名、使用日期作为文件或目录名等手段保证 URI 的相对固定性。2008 年，Leo Sauermann，Richard Cyganiak 等人在 CoolURI 理念的基础上提出两种更适应语义 Web 资源统一标识需要的 URI，即哈希 URI（Hash URI）和 303URI②。

- 哈希 URI 主要用于标识和定位到文档内部的特定元素，元素与文

① The Unicode Consortium, Unicode 5.2.0[OL].(2009-10-22)[2013-11-10]. http://www.unicode.org/ versions/Unicode5.2.0/.

② Leo Sauermann, Richard Cyganiak. Cool URIs for the Semantic Web[OL].(2008-12-03)[2013-10-20]. http://www.w3.org/TR/cooluris/#solutions.

档资源之间一般用哈希符号“#”分割，如标识文档 about 中的元素 Beijing 的哈希 URI 可以标识为 http://www.example.com/about#Beijing；

- 303URI 则采用 HTTP 协议的状态标记来标记被访问资源的重定向关系。哈希 URI（Hash URI）和 303URI 理念的出现，语义 Web 中的资源标识技术走向成熟。

（2）XML、NS + XML Schema 层：XML 及 XML Schema 是语义 Web 技术的语法基础。RDF（S）是一种采用由“对象/属性/值”组成的三元组陈述（Statement）来描述知识的数据模型，可以采用二元谓词逻辑公式、基于图的语义网络（Semantic Net）图等多种方式表示。为了保证 RDF 模型的计算机可理解性，语义 Web 中采用 XML、NS + XML Schema 作为 RDF（S）的知识表示方法。因此，XML、NS + XML Schema 成为语义 Web 技术的语法表示的基本技术。

目前，XML、NS 和 XML Schema 技术的发展已趋于基本成熟。为了使 SGML（Standard Generalized Markup Language，通用标记语言）的强大功能和 HTML 的易用性得到更好的结合，从而克服 SGML 语言的复杂性，W3C 等组织在 1992 年 2 月发布 XML1.0 标准，接着在 2004 年 2 月推出 XML1.1 标准，克服了 XML1.0 对特定 Unicode 版本的依赖性①。

同时，为了区分相同名称且具有不同含义的 XML 元素，W3C 组织分别在 1999 年 1 月和 2006 年 8 月发布了 XML Namespace 规范，即“Namespaces in XML 1.0”的第一版和第二版②。此外，XML 文档的解析技术（如 DOM、SAX、JAXP）、转换技术（XSL）等辅助技术已经广泛应用于实际工作中，初步证明 XML 技术的科学性。

因此，相对于语义 Web 的其他技术，XML、NS 和 XML Schema 层技术的发展更成熟，更完整，为其他层次技术提供良好的基础。

（3）RDF + RDF Schema 层：RDF（S）是语义 Web 知识表示的最基本模型。RDF（S）层建立在 XML（S）层之上，具有领域独立性。RDF 文档可通过所对应的 RDF Schema（RDFS）文档，定义所包含词汇的语义信息。RDF Schema 则采用类或属性之间的关系，如继承、关联、包含、参见等，描述特定领域知识，支持基于 XML 的 RDF 文档的语义解释。

---

① W3C. XML Core Working Group Public Page[OL]. (2009-10-20)[2013-10-22]. http://www.w3.org/XML/Core/#Publications.

② W3C. Namespaces in XML 1.0 (Second Edition) [OL]. (2006-08-16)[2013-10-10]. http://www.w3.org/TR/REC-xml-names/.

W3C 在 1996 年发布了 RDF 模型和 RDF Schema 的推荐标准，并在 2004 年 2 月发布修订版的基于 XML 的 RDF 语法规范（RDF/XML Syntax Specification）、RDF Schema 规范（RDF Vocabulary Description Language 1.0：RDF Schema）、RDF 概念和简要语法［Resource Description Framework（RDF）：Concepts and Abstract Syntax］、RDF 语义（RDF Semantic）、RDF 测试用例（RDF Test Cases）等推荐性技术文档①，规范 RDF（S）的核心技术。同时，RQL 语言（RDF Query Language，RDF 查询语言）②、SPARQL 语言（Simple Protocol and RDF Query Language，简单协议及 RDF 查询语言）③等相关技术的出现，推动 RDF（S）技术的进一步成熟和广泛应用。

但是，RDF（S）的知识表达能力具有一定的局限性，主要表现在两个方面：

- 局限于二元谓词，如果表示对陈述的陈述，必须采用较复杂的具体化机制（Reification Mechanism）；
- 仅限于表示类（或属性）之间的继承关系和属性的定义域和值域的限定，不能表达更复杂的语义关联信息，例如类之间的交叉关系、逻辑运算等。

为此，人们设计另一种语义 Web 知识表示技术——OWL 语言（Ontology Web Language），较好解决 RDF（S）在知识表达能力方面的局限性。

（4）本体词汇层。本体词汇层不仅为多个知识处理主体提供对特定领域概念术语的共识，消除不同主体对同一概念的不同解释，而且以继承的方式重新定义 RDFS 的部分元素（如 rdfs：Class、rdf：Property 等），并新增诸多语义元素（如 <owl：inverseOf> <owl：equivalentProperty> <owl：Restriction> <owl：complementOf> <owl：unionOf> <owl：intersectionOf>等），加强了语义 Web 技术的语义表达能力。

从语义表示能力的角度看，OWL 语言可以进一步分为 OWL Full 、OWL DL 和 OWL Lite 三层子语言。不同层次的 OWL 子语言对语义表示进行不同程度的限制，以便于解决语义层次知识表示的丰富性和计算机处理的复杂性之间的矛盾。

2001 年，W3C 在 DAML 本体语言 DAML-ONT 的基础上制定并公布

① W3C. Resource Description Framework (RDF) [OL]. (2009-08-29) [2013-10-10]. http://www.w3.org/RDF/.

② RQL v2.1 User Manual[OL]. (2003-07-17) [2013-03-19]. http://139.91.183.30:9090/RDF/RQL/Manual.html.

③ W3C. SPARQL Query Language for RDF[OL]. (2008-01-15) [2013-03-19]. http://www.w3.org/TR/rdf-sparql-query/.

DAML + OIL 语义标记语言标准，合并 OIL(Ontology Inference Layer)中的多个语言组成部分[①]。

2004 年，W3C 又发布 DAML + OIL 语言的修订版本——OWL 语言的推荐标准或技术文档，包括 OWL Web 本体概述(OWL Web Ontology Language Overview)、OWL Web 本体语言指南(OWL Web Ontology Language Guide)、OWL Web 本体语言参考(OWL Web Ontology Language Reference)、OWL Web 本体语言语义和简要语法(OWL Web Ontology Language Semantics and Abstract Syntax)、OWL Web 本体语言测试用例(OWL Web Ontology Language Test Cases)、OWL Web 本体语言用例及要求(OWL Web Ontology Language Use Cases and Requirements)[②]。

同时，OWL-QL(OWL Query Language，OWL 查询语言)[③]和 OWL SAIQL[④]等相关技术的出现，推动 OWL 语言技术的广泛应用。OWL 语言规范的发布，标志着 W3C 工作组在本体方面的工作已基本成熟[⑤]。

(5)逻辑层。逻辑层提供计算机可理解的规则系统，为语义 Web 知识推理和验证提供支持，是计算机自动完成知识处理任务的另一种前提条件。逻辑层作为本体层的扩展，为计算机自动推理和验证提供依据。如果缺少逻辑层中的规则系统，仅靠本体层的知识表示方法，计算机无法完成知识的自动处理任务。

2000 年 11 月，规则标记组织(The Rule Markup Initiative)公布了以 XML、RDF、XSLT 和 OWL 为基础的规则语言规范——RuleML(Rule Markup Language，规则标记语言)[⑥]。RuleML 语言的内核采用基于 Horn 逻辑的子集 Datalog 规则。Datalog 规则作为一种基于逻辑的数据查询语言，不仅可以表达关系代数的所有查询功能，而且还具有比关系代数更强的演绎推理能力。2005 年 5 月，该组织发布题为“RuleML Tutorial”的技术报告，比

① W3C. DAML + OIL (March 2001) Reference Description[OL]. (2001 - 10 - 18)[2013 - 03 - 19]. http://www. w3. org/TR/daml + oil-reference.

② W3C. Web Ontology Language (OWL) [OL]. (2007 - 09 - 06) [2013 - 03 - 19]. http://www. w3. org/2004/OWL/.

③ Richard Fikes, Patrick Hayes, Ian Horrocks. OWL-QL—A Language for Deductive Query Answering on the Semantic Web [J]. Journal of Web Semantics, 2005, 2(1):19 - 29.

④ Alexander Kubias, Simon Schenk, Steffen Staab, et al. OWL SAIQL—An OWL DL Query Language for Ontology Extraction[OL]. (2007 - 05 - 03) [2013 - 03 - 19]. http://www. uni-koblenz. de/ ~ kubias /publications/saiql. pdf.

⑤ Miller, Eric. The W3C's Semantic Web Activity: An Update[J]. IEEE Intelligent Systems, 2004(5):95 - 97.

⑥ The Rule Markup Initiative. The Rule Markup Initiative [OL]. [2014 - 01 - 15]. http:// ruleml. org/.

较详细地介绍 RuleML 语言,推动 RuleML 语言的广泛研究和应用。

2004 年 5 月,W3C 组织发布语义 Web 规则语言(Semantic Web Rule Language,SWRL),较好地整合 RuleML 和 OWL 语言的功能①。

(6)证明层。证明层提供认证机制,通过执行逻辑层的规则,并结合信任层的应用机制来评定是否能够信赖给定的证明。验证包括数据的证明和规则的证明。

- 数据验证通过数字签名完成;
- 规则验证则通过数字签名和 Proof 交换共同完成。Proof 交换是代理之间相互交换数据时所提供的一段规则信息,用来证明其数据来源的可靠性,其基本思想是:我所提供的数据和推理是正确的,因为被包含在 Proof 字段中的许多可信信息都认为我是可以依赖的②。

(7)信任层。信任层在基于语义 Web 的知识处理主体间提供信任机制,以确保 Agent 在网上进行个性化服务和彼此之间交互合作时,更安全与可靠。目前,信任层的研究有待进一步深入。

文献③认为,正在研究或广泛应用的可以作为语义 Web 的信任机制有三种,即基于声誉的信任机制、基于背景的信任机制和基于内容的信任机制。国内外文献研究揭示,基于本体的信任计算已经成为语义 Web 信任计算的研究热点之一。

但是,语义 Web 信任层的研究仍处于初级阶段,尚未达成共识或发现行之有效的解决方案。信任层是语义 Web 技术的最高层次,也是语义 Web 技术发展的高级目标,需要深入研究。

(8)数字签名。数字签名技术提供验证语义 Web 文档是否被篡改过,以证明其真实可靠性。数字签名的概念最初由 Diffie 和 Hellman 提出,其基本思想是让每一个用户公布一个公钥用于验证签名,同时还保存一个私钥用于产生签名,用户对消息的签名取决于消息本身和用户的私钥,而利用用户的公钥则可对签名进行验证。

数字签名的实现方法有很多种,目前常用的数字签名中一般采用公钥加密技术,如基于 RSA Date Security 公司的 PKCS(Public Key Cryptography Standards)、Digital Signature Algorithm、X. 509、PGP(Pretty Good Privacy)。

---

① W3C. SWRL: A Semantic Web Rule Language Combining OWL and RuleML[OL]. (2012-10-20)[2014-01-15]. http://www.w3.org/Submission/SWRL/.

② 戴维民. 语义网信息组织技术与方法[M]. 上海:学林出版社,2008:67.

③ 王玉媛. 语义网的信任模型与信任体系结构[J]. 数字图书馆论坛,2009(4):47-50.

1994 年,美国标准与技术协会公布数字签名标准(DSS),使得公钥加密技术广泛应用。

XML 数字签名技术是最主要的语义 Web 签名技术。W3C 认为 XML 签名(XML Signature)是"一种与 XML 语法兼容的数字签名语法描述规范,描述数字签名本身和签名的生成与验证过程"。W3C 组织先后分别在 1999 年 10 月、2002 年 11 月、2002 年 12 月、2008 年 6 月,依次发布 XML 签名要求(XML-Signature Requirements)、XML 签名 XPath 过滤器 2.0(XML-Signature XPath Filter 2.0)、XML 签名译码转换(Decryption Transform for XML Signature)、XML 签名语法和处理(第二版)[XML Signature Syntax and Processing (Second Edition)]等相关标准,基本规范了 XML 数字签名需求。XML 签名最佳实践(XML Signature Best Practices)、XML 签名语法和处理 1.1 版(XML Signature Syntax and Processing Version 1.1)、XML 签名转换简化:要求与设计(XML Signature Transform Simplification: Requirements and Design)、XML 安全算法交叉引证(XML Security Algorithm Cross - Reference)、XML 安全通用双套密码(XML Security Generic Hybrid Ciphers)、XML 签名属性(XML Signature Properties)、XML 安全用例和要求(XML Security Use Cases and Requirements)等规范或技术文档正处于起草阶段①。可见,作为语义 Web 数字签名的核心技术之一的 XML 签名技术正趋于成熟状态。

在语义 Web 的实践方面,语义 Web 技术得到了越来越广泛的应用。从 ReadWriteWeb 网站公布的 2008 年度十大语义 Web 产品②——Yahoo! SearchMonkey、Powerset、Open Calais、Dapper MashupAds、Hakia、TripIt、Blue-Organizer (AdaptiveBlue)、Zemanta、UpTake 等的主题来看,语义 Web 技术在信息检索、自然语言处理、Web 服务、语义标注、社会网络分析、博客等领域的应用渐趋成熟。

Project10x 咨询公司发布 2008 年度语义 Web 进展研究报告③,对 100 多个应用领域的 270 家从事语义产品研发业务的企业进行了调研,并从五个方面总结语义 Web 主要发展趋势:

---

① W3C. XML Signature Current Status[OL]. (2009 - 10 - 10)[2013 - 10 - 13]. http://www.w3.org/standards/ techs/xmlsig.

② Richard MacManus. Top 10 Semantic Web Products of 2008[OL]. (2008 - 12 - 02)[2013 - 03 - 19]. http:// www.readwriteweb.com/archives/top_10_semantic_web_products_2008.php.

③ Project10X. Semantic Wave 2008 Report: Industry Roadmap to Web 3.0 and Multibillion Dollar Market Opportunities[OL]. (2008 - 09 - 01)[2013 - 03 - 19]. http://www.project10x.com/.

- 在用户体验方面,智能化的用户界面可以提供用户的工作效率和满意度;
- 在语义应用方面,不断向新的知识表示形式、流程、处理方式发展;
- 在社会计算方面,协同式知识系统即将成为语义 Web 的主流应用;
- 在基础设施方面,知识空间的出现可以解决规模、复杂性和安全性的问题;
- 在软件开发方面,语义建模可以降低语义软件的研发时间、风险和成本。

W3C 是从事基于语义 Web 的知识处理标准制订的最主要的国际组织。W3C 的语义 Web 技术标准制定的工作流程非常严格,需要经过成员提案(Submission)、登记(Notes)、成立工作组(Working Group)、发布工作组草案(Working Draft)、发布候选方案(Candidate Recommendations)、发布推荐方案(Proposed Recommendation)和发布最终规范(Recommendation)等主要阶段。W3C 网站上公布的技术规范文档均标有对应的成熟度等级。W3C 技术文档的成熟度是指技术报告在 W3C 文档处理流程中所处的状态,主要状态如下①:

- "工作草案"(Working Draft,WD):正在征求来自 W3C 成员、公众以及其他技术组织的意见;
- "候选方案"(Candidate Recommendation,CR):已征求过各方意见,并达到工作组的技术要求。W3C 发布"候选方案"的主要目的是收集实施性经验(Implementation Experience);
- "建议方案"(Proposed Recommendation ,PR):已达到成熟状态,通过征求各方意见,准备提交至 W3C 顾问团最终签署意见;
- "W3C 推荐方案"(W3C Recommendation,REC):已通过 W3C 成员以及主席的同意。W3C 发布的 W3C 推荐文档相当于其他组织发布的标准。

目前,W3C 成立多个工作组,分别侧重不同的语义 Web 技术标准②,表 1 - 7 对比列举了 W3C 语义 Web 领域的主要工作组。

① W3C. W3C Process Document[OL]. (2005 - 10 - 14) [2013 - 10 - 15]. http://www.w3.org/2005/10/Process-20051014/tr.html#maturity-levels.

② W3C. W3C Semantic Web Activity[OL]. (2009 - 09 - 10) [2013 - 02 - 19]. http://www.w3.org/2001/sw/.

表1-7 W3C 语义 Web 标准化工作组

序号	工作组	主要工作
1	语义 Web 协调组(Semantic Web Coordination Group)	为从事语义 Web 标准和技术研究的各工作组提供管理相互合作和沟通的平台,避免各工作组的重复劳动,保证各工作组研究的一致性,扮演一定的领导与协同角色 URL 地址:http://www.w3.org/2001/sw/CG/
2	规则交换格式工作组(Rules Interchange Format Working Group)	为 W3C 提供规则交换格式相关的各种推荐标准 URL 地址:http://www.w3.org/2005/rules/wiki/RIF_Working_Group
3	OWL 工作组(OWL Working Group)	目的是升级更新 2004 版 OWL 语言标准 URL 地址:http://www.w3.org/2007/OWL/wiki/OWL_Working_Group
4	RDB2RDF 工作组(RDB2RDF Working Group)	从事制定一种映射关系数据库到 RDF(或 OWL)的标准化语言——RDB2RDF 映射语言(the RDB2RDF Mapping Language, R2RML)标准化工作 URL 地址:http://www.w3.org/2007/OWL/wiki/OWL_Working_Group
5	SPARQL 工作组(SPARQL Working Group)	其前身是 RDF 数据访问工作组(RDF Data Access Working Group),主要从事 SPARQL 语言的标准化研究工作 URL 地址:http://www.w3.org/2009/sparql/wiki/Main_Page
6	语义 Web 部署工作组(Semantic Web Deployment Working Group)	负责为在词汇发布、OWL 的使用、RDF 与 HTML 的合并等领域的 RDF 开发与实施实践活动提供技术文档;负责 SKOS 和 RDFa 的标准化工作 URL 地址:http://www.w3.org/TR/rdfa-syntax/

续表

序号	工作组	主要工作
7	语义 Web 兴趣组(Semantic Web Interest Group)	为语义 Web 技术的使用和发展相关问题的探讨提供公共平台 URL 地址:http://www.w3.org/2001/sw/interest/
8	语义 Web 保健与生命科学工作组(Semantic Web Health Care and Life Sciences Interest Group)	从事语义 Web 技术在生物科学、转化医学和公共卫生领域的应用研究 URL 地址:http://www.w3.org/2001/sw/hcls/

在上述各组织及相关领域专家学者的努力下,W3C 组织已经公布多部与语义 Web 技术相关的技术标准。从基于语义 Web 的知识处理的需求视角分析,这些标准可以分为知识表示技术标准、知识查询技术标准、知识推理技术标准和知识维护技术标准四大类。

1.3.1.1 知识表示技术

与传统 Web 不同的是,语义 Web 知识表示以"机器可理解"为主要目的,兼顾知识的"人可理解性"[①]。传统 Web 的面向人类的数据表示方法不能满足计算机知识处理需求,加大了计算机知识处理的难度。为了实现知识的"机器可理解性",语义 Web 采用 XML、RDF(S)、OWL 等知识表示技术。

(1)XML 语言。根据 W3C 发布的 XML1.1(第二版)推荐标准[②]可以看出,相对于 HTML 语言,XML 语言具有三个特点:

- XML 语言实现知识内容与显示方式的分离,XML 文档负责描述知识的内容和结构,而具体显示任务由 CSS(Cascading Style Sheets,层叠样式表)或 XSL(Extensible Style Language,可扩展样式语言)实现;
- XML 语言具有很好的跨平台性;
- XML 语言实现了知识的"机器可读性"(Machine Readablility),XML Schema(或 DTD 技术)支持用户自定义 XML 文档的结构模

① Grigoris Antoniou ,Frank van Harmelen. A Semantic Web Primer (Second Edition) [M]. Cambridge: The MIT Press, 2008:1 -3.

② W3C. Extensible Markup Language (XML) 1.1 (Second Edition) [OL]. (2006 -08 -16) [2013 -02 -19]. http://www.w3.org/TR/2006/REC-xml11-20060816/.

式信息,例如某一个元素出现的次数、内容类型、可用属性等。根据 XML Schema 信息,计算机可自动判断 XML 文档的有效性。

XML 语言本身并不支持知识的“机器可理解性”,计算机只能判断 XML 文档在语法上是否有效,不能理解其语义信息,更无法进行语义推理等智能操作。但是,XML 语言却成为语义 Web 知识表示语言的语法基础。XML 语言不仅是描述 RDF 语义模型的最常用手段之一,而且也是 OWL 语言的语法基础。

(2)RDF(S)模型。与 XML 语言不同的是,RDF(Resource Description Framework)模型和 RDFS(RDF Schema)模式提供了规范描述语义信息的基本思路。RDF 模型采用由“对象—属性—值”组成的三元组(Triple)陈述(statement)对知识元(Knowledge Element)进行规范表示;RDF Schema 则通过类(或属性)间的继承机制和限定属性值的方法进一步表示知识元之间的语义联系。

从 RDF(S)制定的推荐标准①可看出,RDF(S)模型本身并不是计算机语言,不具备知识表示的“计算机可读性”。基于 XML 的 RDF(S)模型的提出实现了 RDF(S)知识描述的“计算机可读性”具体表现在两个方面:

- RDF 文档采用 <rdf:Description> 元素标记知识元;采用 <rdf:Description> 元素的嵌套关系或 rdf:resource 属性表示知识元之间的横向联系;<rdf:Bag> <rdf:Seq> <rdf:Alt> 等容器元素表示知识元之间的包含关系;通过修改 <rdf:type> 元素的 rdf:resource 属性为知识元指定所对应 RDF Schema。RDFS 模式提供规范描述 RDF 文档中的用户自定义词汇的方法。
- RDFS 采用 <rdfs:Resouce> <rdfs:Class> <rdfs:Literal> <rdf:Property> <rdf:Statement> 分别表示资源、类、文字、属性、陈述的概念;rdfs:subClassOf 和 rdfs:subPropertyOf 属性表示类或属性之间的继承关系;通过 rdfs:Domain 和 rdfs:Range 属性对每个属性进行定义域和值域的有效性限制,建立属性和类之间的对应关系;采用 <rdfs:seeAlso> 可以表示类之间的关联关系。

但是,基于 XML 语言的 RDF(S)的语义表达能力和推理能力是有限的。RDF 局限于二元谓词,如果表示对陈述的陈述,必须采用较复杂的具体化机制;RDFS 仅限于表示类(或属性)之间的继承关系和属性的定义域

① W3C. Resource Description Framework (RDF): Concepts and Abstract Syntax[OL]. (2004-02-10)[2013-02-19]. http://www.w3.org/TR/2004/REC-rdf-concepts-20040210/.

和值域的限定,不能表达更复杂的语义关联信息,例如类之间的交叉关系、逻辑运算等。

(3)OWL 语言。OWL 语言(Ontology Web Language)是对 RDF 语义表达能力的进一步扩展,它建立在人工智能知识表达领域对描述逻辑(Description Logic)50 多年研究的基础上,为进一步规范和明确描述 Web 资源的语义提供基础①。从 W3C 公布的 OWL 标准②可以看出,OWL 语言不仅以继承的方式重新定义 RDFS 的部分元素,而且新增诸多语义元素,具体表现在以下几个方面:

- 继承。OWL 语言的 <owl:Class>类继承 RDFS 的 <rdfs:Class>,继承后的 <owl:Class>类中可通过元素 <owl:disjointWith>表示类之间的不可交叉性,元素 <owl:equivalentClass>表示类之间的等同关系;owl:ObjectProperty 和 owl:DatatypeProperty 属性继承 RDF 中的 rdf:Property 元素。
- 新增元素或属性。新增元素 <owl:inverseOf>和 <owl:equivalentProperty>分别定义特定属性的逆属性和等价属性;通过设置属性的 <rdf:type>元素中的 rdf:resource 属性值为 owl:TransitiveProperty、owl:SymmetricProperty、owl:Functional Property 或 owl:InverseFunctionalProperty,设定属性的传递性、对称性、函数性和互逆性;通过 <owl:Restriction>可以对类进行进步限定,产生新的匿名类;新增元素 <owl:complementOf> <owl:unionOf> <owl:intersectionOf>表示类之间的布尔逻辑关系。

从语义表示能力的角度看,OWL 语言可以进一步分为 OWL Full、OWL DL 和 OWL Lite 三层子语言③。不同层次的 OWL 子语言对语义表示进行不同程度的限制,以便于解决语义层次知识表示的丰富性和计算机处理的复杂性之间的矛盾。

- OWL Full 语言的表达能力最强,任何合法的 RDF 语句都可以作为合法的 OWL Full。
- OWL DL 语言以降低 OWL 文档的计算机处理的复杂性为目的,对 OWL Full 进行一定的限制,即资源类型的唯一性、显式定义资

① 吴朝晖,陈华钧. 语义网格:模型、方法与应用[M]. 杭州:浙江大学出版社,2008:8.

② W3C. OWL Web Ontology Language Guide[OL]. (2004-02-10)[2013-02-19]. htp://www.w3.org/TR/ 2004/REC-owl-guide-20040210/.

③ W3C. OWL Web Ontology Language Overview[OL]. (2004-02-10)[2013-03-19]. htp://www.w3.org/TR /2004/REC-owl-features-20040210/.

源类型、对象属性与数据属性的分离、基数限制的无传递性以及有限使用匿名类等。

- OWL Lite 语言对 OWL DL 语言进行进一步的限制，主要表现在禁止使用 owl:oneOf、owl:disjointWith、owl:unionOf、owl:complementOf 和 owl:hasValue 等构造；最大值、最小值等基数限制只能取 0 或 1，不能是任意的非负值；owl:equivalentClass 只能用于类标识符中，不能用于匿名类中；等等。OWL DL 和 OWL Lite 中支持计算机自动推理功能，包括自动计算类之间的继承关系和进行一致性检验等。

根据上述分析，语义 Web 知识表示技术是以 XML 语言为基本语法，以 RDF(S) 为基本建模技术，以 OWL 语言为主的多种知识表示技术的集合。为了方便语义 Web 知识表示活动，软件开发商提供多种符合上述标准规范的语义 Web 知识表示工具。根据文献①的调查结果，较常用的语义 Web 知识表示有 Protégé (68.2%)、SWOOP (13.6%)、OntoEdit (12.2%)、SemanticWorks (10.3%)、OilEd (7.3%)、OntoStudio (5.5%)、IsaViz (4.9%)、webODE (3.7%)、OntoBuilder (3.7%) 等。知识表示工具一般都提供对所输入和编辑的语义 Web 知识进行语法检查、一致性检查等功能，支持语义 Web 知识语言代码的自动生成，提高知识表示的效率②。

1.3.1.2 知识查询技术

语义 Web 知识查询技术解决了传统关键词检索中的"一词多义、多词一义"的问题，使概念检索成为可能。常见的语义文档检索语言有 XML 文档查询语言、RDF 文档查询语言和 OWL 文档查询语言三种。

(1) XML 文档查询语言。XPath、XLink、XPointer、XML-QL、XQuery 是常用于 XML 文档的查询语言标准。

- XPath 是一种查询特定 XML 文档的通用语言标准③；
- XLink (XML Linking Language, XML 链接语言)④与 HTML 超链接相似，但是在功能上更强大，更灵活；

---

① Jorge Cardoso. The Semantic Web Vision: Where are We [J]. IEEE Intelligent Systems, 2006 (10):22-26.

② 朝乐门. 语义 Web 知识处理技术的标准化进展[J]. 标准科学, 2009(12):12-18.

③ W3C. XML Path Language (XPath) 2.0[OL]. (2007-01-23)[2013-03-19]. http://www.w3.org/TR/2007/REC-xpath20-20070123/.

④ W3C. XML Linking Language (XLink) Version 1.0 [OL]. (2001-06-27)[2013-03-19]. http://www.w3.org/TR/2001/REC-xlink-20010627/.

- XPointer(XML Pointer Language,XML 指针语言)是基于 XPath① 语言的一种用来指向 XML 文档的特定区域或者特定部分的语言;
- XML-QL 提供类似于访问层次型数据库和关系型数据库的查询技术;
- XQuery② 语言标准采用一种精炼且容易理解的查询方式,支持对多种类型 XML 信息资源的检索。XQuery 语言源自 XML 查询语言 Quilt,同时继承 Xpath、XML-QL、SQL、OQL 等查询语言的基本特征。

(2)RDF 文档查询语言。从理论上看,XML 查询语言可直接用于基于 XML 的 RDF 文档的查询。但是,XML 查询语言是基于 XML 语法的查询,无法实现语义查询。因此,人们提出专用于 RDF 文档的查询语言,比较典型的有 RQL 和 SPARQL 两种。

- RQL 语言(RDF Query Language,RDF 查询语言)③采用 topClass 和 topProperty 语句分别用于根类和根属性的查询;subClassOf、superClassOf、superPropertyOf、subPropertyOf 等语句可用于检索类(或属性)之间的继承关系;class 查询语句可以检索出某个特定类的全部实例;函数 domain 和 range 可用于计算特定属性的定义域和值域;可以使用类似于 SQL 语言的 select-from-where 结构进行复杂组合检索,方便查询代码的编写。
- SPARQL 语言(Simple Protocol and RDF Query Language,简单协议及 RDF 查询语言)④是 W3C 推荐的 RDF 查询语言。相对于其他 RDF 查询语言,SPARQL 对 RDF 文档的查询能力较强,并可以在多种 RDF 查询工具中直接运行。SPARQL 语言中采用类似于 RDF 文档三元组的模式,采用三个变量来替代 RDF 中的“对象—属性—值”。在 SPARQL 语言中,可以采用类似于 SQL 语言的 select-from-where 结构对 RDF 进行查询,操作方便。

---

① W3C. XPointer Framework[OL]. (2003-03-25)[2013-03-19]. http://www.w3.org/TR/2003/REC-xptr-framework-20030325/.

② XQuery 1.0: An XML Query Language[OL]. (2007-01-23) [2013-03-19]. http://www.w3.org/TR/2007/ REC-xquery-20070123/.

③ RQL v2.1 User Manual[OL]. (2003-07-17) [2013-03-19]. http://139.91.183.30:9090/RDF/RQL/Manual.html.

④ SPARQL Query Language for RDF[OL]. (2008-01-15) [2013-03-19]. http://www.w3.org/TR/rdf-sparql-query/.

(3)OWL 文档查询语言。OWL-QL(OWL Query Language, OWL 查询语言)[①]和 OWL SAIQL[②] 是典型的 OWL 查询语言。

- OWL-QL 作为一种演绎式的问答语言,较准确地描述问题、答案和知识库之间的语义联系。OWL-QL 语言标准的主要特点如下:不依赖于具体形式的知识库,可以在多个知识库的基础上进行检索;为用户提供预选的集合,对用户在检索过程中提供的限制条件的重要性加以区分,通过用户对话来最终确定所需的服务;使用语义信息精确地表达语义之间的逻辑信息;更高层次上的抽象,与接口的语法无关[③]。
- OWL SAIQL 是一种基于 OWL DL 查询语言,可用于 OWL DL 文档的查询操作。

从以上分析看,由于语法表示方法和语义表达能力不同,XML 查询语言对 RDF 或 OWL 文档的查询效率并不高。同样,对 OWL 文档进行查询时,RDF 查询语言的查询效率低于 OWL-QL 查询语言。另外,Swoogle、SemSearch、XSEarth 等多种语义 Web 知识检索工具的出现,将用户检索请求自动转换为语义 Web 查询语言,方便用户进行语义查询[④]。

1.3.1.3 知识推理技术

与传统 Web 不同,语义 Web 中增加计算机可理解的规则系统。计算机可理解的规则系统可以分为单调规则(Monotonic Rules)和非单调规则(Nonmonotonic Rules)两种,分别用于不完全信息情况和完全信息情况下的逻辑推理。通过逻辑推理,不仅可以对语义 Web 的正确性和一致性进行检查,而且还可以推理出新知识[⑤]。

影响语义 Web 知识不一致性的主要因素有知识表示的失误、歧义性,知识迁移、知识来源的多样性[⑥]。语义 Web 规则推理机制为语义 Web 知识挖掘、推理和验证操作奠定基础,进一步加强知识的"机器可理解性"。

---

① Richard Fikes, Patrick Hayes, Ian Horrocks. OWL-QL—A Language for Deductive Query Answering on the Semantic Web [J]. Journal of Web Semantics, 2005, 2(1):19-29.

② Alexander Kubias, Simon Schenk, Steffen Staab, et al. OWL SAIQL—An OWL DL Query Language for Ontology Extraction[OL]. (2007-05-03) [2013-03-19]. http://www.uni-koblenz.de/~kubias/publications/saiql.pdf.

③ 宋炜,张铭. 语义网简明教程[M]. 北京:高等教育出版社,2004:151.

④ 朝乐门. 语义 Web 知识处理技术的标准化进展[J]. 标准科学,2009(12):12-18.

⑤ Thomas B. Passin. Explorer's Guide to the Semantic Web [M]. New York: Manning Publications Co., 2004:15.

⑥ John Davies, Rudl Studer, Paul Warren. Semantic Web Technologies Trends and Research in Ontology-based Systems [M]. New Delhi: John Wiley & Sons Ltd., 2006:77-78.

从目前的研究和应用进展看,常用于描述语义 Web 规则系统的语言标准有 DLP、RuleML 和 SWRL 三种。

(1)DLP(Description Logic Programs,描述逻辑程序),是谓词逻辑和 OWL 的结合,主要由 OWL 语言和谓词逻辑的交叉部分组成[1]。因此,DLP 只能表示部分谓词逻辑或部分 OWL 语言的概念,规则表达和推理能力有限。

(2)RuleML(Rule Markup Language,规则标记语言),是一种致力于在万维网上共享和发布规则的标记语言。它以 XML、RDF、XSLT 和 OWL 为基础,建立规则语言系统。

RuleML 语言内核是基于 Horn 逻辑的子集 Datalog 规则[2]。Datalog 规则作为一种基于逻辑的数据查询语言,不仅可以表达关系代数的所有查询功能,而且还具有比关系代数更强的演绎推理能力。RuleML 语言采用 XML Schema 和 Herbrand 模型分别定义其语法和语义,其语法和词汇相对简单。在具体标记的选择上,分别采用 < head > < body > < Atom > <Rel> <Var> <Ind>代表规则前件、后件、原子、谓词、变量和常量。近年来,RuleML 语言发展比较快,2008 年 10 月,国际 RuleML 语言论坛在佛罗里达州 Orlando 举行,会议主要讨论分布式规则技术和基于规则的应用系统。2009 年,探讨网络的规则和以规则为基础的事件处理技术及其应用[3]。

(3)SWRL(Semantic Web Rule Language,语义 Web 规则语言),是结合 RuleML 和 OWL 语言的语义 Web 规则语言[4]。SWRL 语言通过有效整合 OWL DL、OWL Lite 语言与 RuleML 语言中的一元 Datalog、二元 Datalog,将 Horn 逻辑放入 OWL 公理中。

在 SWRL 语言中,规则由前件(antecedent 或 head)和后件(consequent 或 body)两部分组成,表示二者之间的蕴涵关系。前件和后件均由多个(可以为 0 个)原子组成。后件中的多个原子之间存在逻辑"and"关系。

---

① Grigoris Antoniou, Frank van Harmelen. A Semantic Web Primer (Second Edition)[M]. London: The MIT Press, 2008:1-3.

② Harold Boley, Benjamin Grosof, Said Tabet. RuleML Tutorial[OL]. (2005-05-13)[2013-03-19]. http://www. ruleml. org/papers/tutorial-ruleml-20050513. html.

③ The Rule Markup Initiative. News-Events[OL]. (2009-03-10) [2013-03-19]. http://www. ruleml. org/.

④ Ian Horrocks, Peter F Patel-Schneider, Harold Boley, et al. SWRL: A Semantic Web Rule Language Combining OWL and RuleML[OL]. (2003-11-19)[2013-03-19]. http://www. w3. org/Submission/SWRL/.

原子常以 C(x)、P(x,y)、sameAs(x,y),或 differentFrom(x,y),或 builtin(r,x,y...)的形式出现。其中,C 和 P 分别代表 OWL 描述和 OWL 属性,x、y 是变量、OWL 实例或 OWL 数据值,r 表示内置联系。swrl. rdf 和 swrl. owl 分别提供 SWRL 的 RDF 模式和 OWL 本体,但是表示能力均受限制。

SWRL 语言采用元素 <swrlx:ontology> <rule:imp> <ruleml:_head> <ruleml_body> <swrl:classAtom> <swrl:atom> <ruleml:var>分别表示本体、蕴涵、前件、后件、类原子、原子和变量。此外,为了提供可扩展性和互操作性,SWRL 还提供多种插件(Built-Ins),如:比较插件(如 <swrlb:equal> <swrlb:notEqual> <swrl:lessThan> <swrl:greaterThan> 等),数学插件(如 <swrlb:add> <swrlb:substract> <swrlb:mutiply> <swrlb:devide>等),字符串处理插件(如 <swrlb:stringConcat> <swrlb:stringLength> <swrlb:normalizeSpace>等),日期处理插件(如 <swrlb:yearMonthDuration> <swrlb:dayTimeDuration> <swrlb:dateTime> <swrlb:date>等)和 URI 处理插件(<swrlb:resolveURI> <swrlb:anyURI>)等。

从以上分析可以看出,DLP、RuleML 和 SWRL 等语义 Web 知识推理技术的出现,将规则系统以计算机可理解的方式放入语义 Web 中,为语义 Web 知识的挖掘、推理和集成提供基础。目前已有多种软件工具,方便人在语义 Web 进行知识推理。根据文献①的调查结果,常用的符合上述标准的知识推理工具及其使用率依次为 Jena(53.6%)、Racer(28.2%)、Pellet(23.4%)、Fact++(12.4%)、OWL JessKB(8.1%)、Ontobroker(5.7%)、JTP(5.7%)、KAON2(4.5%)、TRIPLE(4.3%)等。在一般情况下,这些知识处理工具均提供可扩展的 API 接口②。

1.3.1.4 知识更新技术

除了上述三种语义 Web 知识处理技术之外,还有一种知识处理技术,即语义 Web 知识更新技术。最典型的语义 Web 知识更新技术是 SPARQL/Update 语言技术③。SPARQL/Update 语言规范由 HP(惠普)公司起草,并于 2008 年 7 月提交至 W3C 组织进入 W3C 技术规范的处理流程。该规范在语义 Web 开发中广泛使用的 Jena 接口中已得到使用。SPARQL/Update 语言规范为基于语义 Web 的知识更新技术标准的制定提供重要

① Jorge Cardoso. The Semantic Web Vision: Where are We[J]. IEEE Intelligent Systems, 2006(10):22-26.

② 朝乐门. 语义 Web 知识处理技术的标准化进展[J]. 标准科学,2009(12):12-18.

③ Andy Seaborne, Geetha Manjunath. SPARQL Update, A Language for Updating RDF Graphssep[OL]. (2008-07-15)[2013-03-19]. http://www.w3.org/Submission/2008/SUBM-SPARQL-Update-20080715/.

基础。

SPARQL/Update 语言规范采用类似于语义 Web 知识更新中采用的 SPARQL 语言和关系数据中的 SQL 语言的语法，降低用户的学习和编程成本。SPARQL/Update 语言提供如下功能：

- 向 RDF 图（RDF Graph）插入指定的三元组；
- 从 RDF 图删除指定的三元组；
- 批量更新操作；
- 在 RDF（RDF Graph Store）库中新建 RDF 图；
- 在 RDF 库中删除 RDF 图①。

在 SPARQL/Update 语言技术中，RDF 库由多个（包括零个）RDF 图组成，这些 RDF 图既可以是匿名的，也可以是已命名的。SPARQL/Update 更新命令是一种由多个操作符组成的操作序列：

- 操作符 INSERT DATA 用于向 RDF 图添加一个或多个三元组；
- 操作符 DELETE DATA 用于从 RDF 图中删除一个或多个三元组；
- 操作符 MODIFY 用于 RDF 图的修改操作；
- 操作符 INSERT 和 DELETE 作为运算符 MODIFY 的特例（分别为 MODIFY 操作的 INSERT 空模板和 DELETE 空模板），分别用于 RDF 图的插入和删除操作；MODIFY 中的 INSERT、DELETE 与 INSERT DATA 与 DELETE DATA 的区别在于前者中需要特定的模板（Template）和模式（Pattern），后者要求提供具体的三元组数据，而不能是变量；
- 操作符 LOAD 将 RDF 文档内容读入 RDF 库中的特定 RDF 图中；运算符 CLEAR 的功能是清除特定 RDF 图中的内容，但不支持从 RDF 库中删除 RDF 图本身；
- 操作符 CREATE 可以在 RDF 库中创建一个 RDF 图；操作符 DROP 支持从 RDF 库删除指定的 RDF 图。

但是，SPARQL/Update 语言对 RDF 更新操作中可能产生的安全和异常的探讨不够，需要进一步具体制定相关规定。虽然 SPARQL/Update 语言技术尚未以 W3C 官方公布的标准知识更新技术标准，但是在实际应用中却成为一种事实技术标准。Jena 支持基于 SPARQL/Update 语言的语义知识更新操作，更好地方便用户对语义 Web 知识的更新操作。

---

① Andy Seaborne, Geetha Manjunath. SPARQL Update, A Language for Updating RDF Graphssep[OL].(2008 - 07 - 15)[2013 - 03 - 19]. http://www.w3.org/Submission/2008/SUBM-SPARQL-Update-20080715/.

语义 Web 知识处理技术是一种新兴的、不断发展中的技术，今后发展趋势主要体现在：

（1）技术标准内容的动态更新。随着理论研究及实践应用的不断推进，人们对语义 Web 技术的认识将更加深入，语义 Web 知识处理技术将得到不断更新。以 W3C 为例，已开始起草或征求意见制定 OWL、XQuery、XPath 等语义 Web 知识处理技术的新版标准①。

（2）从语义 Web 知识处理技术的体系结构的角度看，有待建立语义 Web 知识处理技术标准的体系结构，系统化是语义 Web 知识处理技术发展最主要的趋势之一。从知识处理流程看，语义 Web 知识处理技术框架分为知识表示层技术、知识联网层技术、知识发现层技术、知识获取层技术和知识集成层技术六个层次②。从上述分析可以看出，该框架的低层，即知识表示联网层的知识处理技术标准化工作已取得较好的进展，今后的研究将逐渐涉及基于语义 Web 的知识发现、知识获取和知识集成层次技术的标准化工作。

（3）人机协同是语义 Web 知识处理技术可持续发展的根本动力。由于信息和知识的爆炸式增长，更加凸现人与计算机在知识处理过程中的不同劣势，故要求二者的优势互补。如何充分发挥二者的不同优势，并且使它们处于最优协同状态是知识处理领域亟待解决的问题之一。语义 Web 的出现能够对人和计算机在知识处理流程中的角色进行合理定位，使人机协同处理知识成为可能。因此，计算机和人的知识处理能力的集成与优化将是语义 Web 知识处理技术的重要发展趋势。目前的语义 Web 知识处理技术侧重于人的知识表示和计算机的知识检索和推理等低层技术，缺少对知识处理流程中的人机协同和人机交互问题的标准化工作。

综上所述，语义 Web 知识处理技术具有如下特点：

- 在知识表示方面，采用以 XML 语言为基本语法，以 RDF(S) 为基本建模方法，以 OWL 语言为主的知识表示技术；
- 在知识查询方面，RQL、SPARQL、OWL-QL、OWL SAIQL 等知识查询技术能够解决传统关键字检索中的“一词多义、多词一义”难题，可以实现概念检索；
- 在知识推理方面，采用 DLP、RuleML 和 SWRL 等语义推理技术标

① W3C. W3C Technical Reports and Publications[OL].(2009-09-10)[2013-09-11]. http://www.w3.org/TR/.

② 朝乐门. 基于语义 Web 的知识处理流程及其技术框架研究[J]. 中国图书馆学报，2009(35)：54-64.

准,将规则系统以计算机理解的形式放入语义 Web 中,提高计算机对语义 Web 知识的挖掘、推理和验证能力;

- 在知识更新方面,采用类似于 SPARQL 语言和 SQL 语言的语法的 SPARQL/Update 语言技术实现对语义 Web 知识的修改、插入和删除操作;
- 在知识处理方式方面,采用人机协同知识处理,语义 Web 知识处理技术具有标准内容的不断更新、标准体系的不断完善和知识处理方式的人机协同三种主要发展趋势,语义 Web 知识处理技术标准的发展不仅降低计算机知识处理的难度,而且也为充分发挥人和计算机在知识处理过程中的不同优势,为人机协同完成知识处理任务提供新的解决方案①。

1.3.2 基于语义 Web 的知识处理特征

语义 Web 技术的应用范围非常广泛,包括智能检索、Web 服务、企业集成、数字图书馆、地球信息系统、门户网站、在线学习、多媒体索引、在线购物和设备可共用性等。

知识处理作为语义 Web 的重要基础应用领域之一,成为多个项目的研究重点。KMi 组织的主页②列举了语义 Web 与知识服务有关的项目共 26 项,涉及基于语义 Web 的知识处理的理论研究、实践应用和软件开发活动。表 1-8 中比较分析了几个典型的基于语义 Web 的知识处理研究项目。

表 1-8 基于语义 Web 的知识处理研究典型项目

序号	项目名称	项目简介
1	AKT 项目(英国阿伯丁大学,爱丁堡大学,开放大学等,2000～2006)	(1)主要研究目的是为组织知识管理活动提供下一代知识技术 (2)研究成果有多种知识处理工具(如语义门户 OntoPortal、本体 Web 编辑器 WebOnto 等)以及 AKT 精选论文集(AKT Selected papers, 2003, 2004, 2005, 2006—2007)等 (3)项目 URL:http://www.aktors.org/akt/

① 朝乐门. 语义 Web 知识处理技术的标准化进展[J]. 标准科学,2009(12):12-18.

② Knowledge Media Institute. Projects[OL]. (2009-10-10)[2013-10-19]. http://kmi.open.ac.uk/projects/theme/semantic-web-and-knowledge-services.

续表

序号	项目名称	项目简介
2	KnowledgeWeb 项目(英国公开大学,2004 ~2007)	(1)主要研究如何将本体理论研究成果应用于实践活动的问题 (2)主要研究成果有:语义 Web 浏览器 Magpie、语义 Web 过滤器 Magpie/ASPL 等软件以及相关学术论文 (3)项目 URL:http://kmi.open.ac.uk/projects/kweb/
3	On-To-Knowledge 项目(1999 ~2002)	(1)主要研究基于可共享和重用性本体的知识管理工具和方法 (2)项目研究成果有 OIL(Ontology Inference Layer)、语义 Web 知识管理体系结构等 (3)项目 URL:http://www.ontoknowledge.org/index.shtml
4	Service Web3.0 项目(The Knowledge Media Institute,2006 ~2015)	(1)主要从事基于语义 Web 和 Web 服务的未来 Internet(Future Internet)方面的基础性研究 (2)研究成果有与未来 Internet 研究有关的书 *Future Internet: FIS* 2008、*Towards the Future Internet—A European Research Perspective*(2009)以及相关学术论文等 (3)项目 URL:http://projects.kmi.open.ac.uk/serviceweb30/
5	NeOn 项目(The Knowledge Media Institute,2006 ~2010)	(1)主要研究语义 Web 应用中的联网本体的全生命周期 (2)研究成果有本体工程软件 NeOn toolkit 以及系列学术论文 (3)项目 URL:http://www.neon-project.org
6	Revyu 项目(The Knowledge Media Institute)	(1)主要开发基于 RDF/XML 技术的用户可以直接进行评论和投票的网站 (2)主要研究成果:http://revyu.com/ (3)项目 URL:http://revyu.com/
7	SIMILE(Semantic Interoperability of Metadata and Information in unLike Environments,2003 ~2008)	(1)由 MIT 图书馆和 MIT 计算机科学与人工智能实验室联合负责执行;项目研究侧重于数字资产、图解(schemata)、词汇、本体、元数据与服务的互操作性 (2) 项目 URL:http://simile.mit.edu/

结合以上项目以及国内外研究现状,可以发现基于语义 Web 的知识处理在以下几个方面已经或将会取得较大的进展:

(1)知识组织。基于语义 Web 的知识组织与传统网络知识组织方法,如分类法和叙词法等的区别体现在五个方面:

- 直接体现语义的网络信息组织;
- 分布式共享;
- 多维、网状的信息组织方式;
- 对推理的支持;
- 网络服务的自动化与智能化①。

基于语义 Web 的知识组织语言技术、面向语义的本体工程和语义标注是现阶段研究的热点问题。XML、基于 XML 的 RDF(S)和 OWL 是语义 Web 知识组织语言的三大核心技术:

- XML 语言为语义 Web 知识组织提供语法基础,不管是 RDF(S)模型还是 OWL 语言,均采用 XML 为基本语法;
- RDF(S)为语义 Web 知识组织提供最基本的语义模型,由于 RDF(S)是知识组织模型,并不是计算机可理解的语言,所以在语义 Web 中一般采用基于 XML 语法的 RDF(S)知识表示方法;
- OWL 则对基于 XML 语法的 RDF(S)的语义表达能力进一步扩展,成为语义 Web 知识表示中最常用的语言技术。目前,XML、基于 XML 的 RDF(S)和 OWL 等语义 Web 知识组织语言的标准化工作基本完成,知识更新、推理等相关技术的标准化工作正在进行之中②。

常见的面向语义 Web 的本体工程方法有本体描述捕获方法(Ontology Description Capture Method)③、知识工程方法④等。从本体描述语法看,面向语义 Web 的本体工程一般采用 OWL 语言或基于 XML 语法的 RDF(S)模型;面向语义 Web 的本体构建工具有很多,比较常见的有 Protégé、SWOOP、OntoEdit、SemanticWorks、OilEd、OntoStudio、IsaViz、webODE、Onto-

---

① 戴维民. 语义网信息组织技术与方法[M]. 上海:学林出版社,2008:41-43.

② W3C. Semantic Web[OL]. (2009-10-02)[2013-10-23]. http://www.w3.org/standards/semanticweb/.

③ Knowledge Based Systems, Inc. IDEF5 Overview[OL]. [2013-10-23]. http://www.idef.com/IDEF5.html.

④ Natalya F Noy, Deborah L McGuinness. Ontology Development 101: A Guide to Creating Your First Ontology[OL]. (2007-05-08)[2013-10-23]. http://protege.stanford.edu/publications/ontology_development/ ontology101-noy-mcguinness.html.

Builder 等[1]。除了语义 Web 本体的构建方法和工具的研究之外,语义本体映射和重用问题成为语义 Web 本体工程研究热点问题之一。

语义 Web 标注(Semantic Web Annotation)是语义 Web 知识表示的一种形式。目前,语义 Web 标注的研究主要有三个方面:

- 语义标注的过程,包括知识抽取、自动分类和语义标注;
- 语义标注的方式,包括嵌入式标注和独立标注;
- 本体构建及调用。典型的语义 Web 标注软件工具有:Amaya[2]、SHOE[3]、SMAORE[4]、KIM 语义标注工具[5]等。

语义 Web 标注的方法有人工标注、半自动化标注和全自动化标注,多数语义标注工具都支持人工标注方法或半自动化方法。语义 Web 标注工具的研发需要满足七个基本要求:

- 标注格式的标准化;
- 以用户为中心或协同处理的设计模式;
- 对多个本体及其演化的支持;
- 对不同文档格式的支持,如网页、文本、图片、邮件、声音、多媒体等格式;
- 对文档演化的支持,即文档与标注保持一致性;
- 标注信息的存储方式的多样性,如独立存储和与文档一起存储;
- 标注工作的自动化[6]。

语义标注的主要发展趋势是格式标准化、业务集成、对不同文档格式的支持、与文档同步更新、自动化和人机协同。

(2)知识检索:近年来,语义 Web 技术在知识检索,尤其是概念检索领域的应用研究越来越多。语义 Web 技术在知识检索领域中的应用可以克服传统知识检索中解决"一词多义、多词一义"的困难,使概念检索成为可

① Jorge Cardoso. The Semantic Web Vision: Where are We[J]. IEEE Intelligent Systems, 2006(10):22-26.

② INRIA, W3C. Welcome to Amaya[OL]. [2013-10-23]. http://www.w3.org/Amaya/.

③ Parallel Understanding Systems Group . The SHOE Knowledge Annotator[OL]. [2013-10-23]. http://www.cs.umd.edu/projects/plus/SHOE/KnowledgeAnnotator.html.

④ Mindswap. SMORE-Create OWL Markup for HTML Web Pages[OL]. (2005-08-04)[2013-10-23]. http://www.mindswap.org/2005/SMORE/.

⑤ Ontotext AD. The KIM Platform: Knowledge & Information Management[OL]. [2013-10-23]. http://www.ontotext.com/kim/index.html.

⑥ Victoria Uren, Philipp Cimiano, Jose Iria, et al. Semantic Annotation for Knowledge Management: Requirements and a Survey of the State of the Art[J]. Web Semantics: Science, Services and Agents on the World Wide Web, 2006(4):14-28.

能。典型的语义检索软件产品有:Swoogle、Hakia、SenseBot、Powerset、DeepDyve 和 Cognition 等①。

从目前的研究现状看,基于语义 Web 可以使用在知识检索的不同阶段,包括知识库建设、知识标引、用户提问的构造与解释、提问与知识库的匹配与选择、结果显示。同时,语义 Web 与人工智能结合还在数据挖掘和知识发现领域的研究中得到广泛应用。

(3)知识集成。语义 Web 技术的出现为知识集成,尤其是概念集成,提供重要的实现技术。目前,基于语义 Web 的知识集成的表现形式有很多种,包括虚拟视图、公共数据仓库、语义门户、语义 Web 服务集成等。文献②对 Esperonto、OntoWeb、Espolis K42 和 Mondeca ITM 四个典型的语义门户从基础技术、信息处理、信息获取三个层次进行比较研究,并得出结论:语义 Web 技术的采用不仅提高传统门户信息的一致性,而且还可以提高信息处理的质量;语义门户在本体版本控制、知识检索效果、不同语义门户间的互操作性方面有待进一步加强;语义门户提供的"功能"有待进一步提炼和转换成具有可被查找、组合、调用和互操作的"服务"。

文献③分别采用 CS Active 和 Piggy Bank 等典型案例分析比较语义 Web 第一代应用和下一代应用的主要区别,如表 1-9 所示。

表 1-9 语义 Web 第一代应用与下一代应用的区别

	第一代应用	下一代应用
语义 Web 应用与语义信息库之间的耦合关系(耦合性)	紧密,只能访问自己预先配置的本地语义信息库	松散,不仅可以访问自己的本地语义信息库,而且还可以访问整个语义 Web 中的语义信息库
单本体或多本体性(并发性)	一次只能调用一个本体	可以同时调用多个本体
对异构语义资源的开放性(可移植性)	弱,必须经过预配置和人工转换操作	强,可以直接访问异构语义资源

① Pandia. Top 5 Semantic Search Engines[OL]. (2008-12-01)[2013-10-23]. http://www.pandia.com/sew/1262-top-5-semantic-search-engines.html.

② Holger Lausen, Ying Ding, Michael Stollberg, et al. Semantic Web Portals: State-of-the-art Survey[J]. Journal of Knowledge Management, 2005(9):40-49.

③ Enrico Motta, Marta Sabou. Next Generation Semantic Web Applications[OL]. (2006-06-26)[2013-10-24]. http://people.kmi.open.ac.uk/marta/papers/aswc2006.pdf.

续表

	第一代应用	下一代应用
语义 Web 应用的效率与所处理资源规模的相关性	随着所处理资源规模的加大,语义 Web 应用的推理、搜索等能力下降	语义 Web 应用的推理、搜索能力不受所处理资源规模的影响
对传统 Web 知识的处理能力(兼容性)	一般不能自动处理非语义的传统 Web 知识	具备自动语义标注的功能,能够自动处理传统 Web 知识
与 Web2.0 理念的集成能力	一般不符合 Web2.0 理念指导下的知识处理模式	遵循 Web2.0 理念指导下的知识处理模式
对 Web 服务技术的集成性	一般不提供 Web 服务的功能或不访问其他系统提供的语义 Web 服务	将 Web 服务作为下一代应用的框架重要组成部分,实现与 Web 服务的集成

从表 1 -9 可以看出,语义 Web 应用的未来发展趋势是:

- 语义 Web 应用与语义信息库之间的耦合关系将更加松散;
- 语义 Web 应用的并发处理能力将得到进一步增强,将支持同时访问和处理多个不同的本体;
- 语义 Web 应用的可移植性得到增强,可以直接访问异构的语义资源;
- 语义 Web 应用系统的效率与所处理资源的规模无关,可以处理大规模的语义资源,语义资源的规模一般情况下不会造成语义 Web 应用系统效率的明显下降;
- 语义 Web 应用的发展不仅限于语义 Web 知识的处理能力的提高,而且还可以兼容对传统 Web 的语义处理操作;
- 语义 Web 应用的知识处理必须采用 Web2.0 模式,强调群众智慧、自组织和对等关系;
- 语义 Web 应用必须集成 Web 服务技术提高与其他应用之间的集成能力。

目前,该技术的研究热点集中在知识表示、知识检索、知识挖掘、语义 Web Services、语义网格、应用集成和社会网络分析等方面;另一方面,语义 Web 技术开始进入实际应用。Project10x 咨询公司发布了 2008 年度语义

Web 进展研究报告[①]，对来自 100 多个应用领域的 270 家从事语义产品研发业务的企业进行调研，并从用户体验、社会计算、语义应用、基础设施、软件开发五个方面总结了语义 Web 技术主要发展趋势；ReadWriteWeb 网站公布了 2008—2010 期间每年年度十大语义 Web 产品[②]，Google、Facebook、BBC、Yahoo！SearchMonkey、Microsoft Powerset、Open Calais、DapperMashupAds 等产品被列其中。根据语义 Web 知识处理技术和语义 Web 产品的共性特征看，基于语义 Web 的知识处理具有如下基本特征。

1.3.2.1 计算机可理解的知识表示

传统 Web 内容的表示主要采用以 HTML 为核心的知识表示技术，强调知识的人可阅读和可理解性。HTML 语言是一种用于表示知识在 Web 中的显示格式[如字体（<font>）、段落（<p>）等标记]、布局[如 <table>、<layer> 标记]或跳转关系[如超链接]等语法信息的标记语言。HTML 语言的功能仅限于标记知识的语法信息，不能提供知识的语义信息或语用信息。因此，HTML 语言虽然较好地满足人浏览 Web 信息的需求，但忽略了知识的计算机可理解性，加大了计算机智能处理的难度，导致基于传统 Web 知识处理的复杂性。

与传统 Web 不同，语义 Web 中的知识表示以“机器可理解”为主要目的，兼顾知识的“人可理解性”[③]。为了实现知识表示的“机器可理解性”，语义 Web 知识表示采用以 XML 语言为基本语法，以 RDF(S) 为基本建模技术的 OWL 语言为主的全新的知识表示技术。

计算机可以根据 XML 文档的结构模式信息，自动判断 XML 文档的有效性。但是，计算机只能判断 XML 文档在语法上是否有效，并不能理解其语义信息，更不能进行语义推理等智能操作。因此，RDF 模型，尤其是基于 XML 的 RDF 知识表示方法在一定程度上弥补了 XML 语言在知识表示方面的缺陷，主要表现在 RDF 模型采用由“对象—属性—值”组成的三元陈述对知识元进行规范表示，以及 RDF Schema 通过类（或属性）间的继承机制和限定属性值的方法进一步表示知识元之间的语义联系。

但是，RDF(S) 的语义表达能力也有一定的局限性，如 RDFS 仅限于表

---

① Project10X. Semantic Wave 2008 Report: Industry Roadmap to Web 3.0 and Multibillion Dollar Market Opportunities[R/OL]. (2008-09-01) [2013-03-19]. http://www.project10x.com/.

② Richard MacManus. Top 10 Semantic Web Products of 2010[R/OL]. (2010-12-29) [2013-03-19]. http://readwrite.com/2010/12/29/top_10_semantic_web_products_of_2010.

③ Grigoris Antoniou, Frank van Harmelen. A Semantic Web Primer (Second Edition) [M]. London: The MIT Press, 2008: 1-3.

示类（或属性）之间的继承关系和属性的定义域和值域的限定，不能表达复杂的语义关联信息，例如类之间的交叉关系、逻辑运算等。

OWL 语言（Ontology Web Language）较好地吸收了人工智能知识表达领域对描述逻辑的研究积累，并进一步优化和拓展了 RDF(S)的语义表达能力，为规范表达和形式化描述 Web 内容等数据资源的语义信息提供了新的方法和技术。为了加强语义表达能力，OWL 语言不仅以继承的方式重新定义了 RDFS 的部分元素，例如，OWL 语言的 <owl:Class>类继承了 RDFS 的<rdfs:Class>，继承后的<owl:Class>类中可通过元素<owl:disjointWith>表示类之间的不可交叉性，元素<owl:equivalentClass>表示类之间的等同关系，而且新增诸多新的语义元素，例如，元素<owl:complementOf> <owl:unionOf> <owl:intersectionOf>表示类之间的布尔逻辑关系。

1.3.2.2　计算机可理解的知识联网

超链接是传统 Web 知识连接的主要方式。超链接的主要功能是方便用户的浏览行为，主要面向人的使用。由于超链接中缺少必要的语义信息，计算机无法理解传统 Web 中的知识联网关系。传统 Web 知识往往被应用程序所控制，在数据之间缺少计算机可理解的联网关系。除了使知识具备“计算机可理解性”，语义 Web 知识表示的另一个目的是在知识之间建立计算机可理解的联网关系。

语义 Web 中知识元之间的相互关系可被计算机理解。计算机理解知识元是计算机知识处理的必要条件，而不是充分条件。计算机知识处理的另一个必要条件是计算机对知识元之间相互关系的理解。知识之间的联系可能有多种，如继承、等同、交叉、属于、传递、对称、函数、反函数、集合关系和时间关系等。假设有另一个知识元 20131881（类型为 Student），与例 1－2 中的知识元“20130808”具有师生关系，其 RDF 代码为例 1－1 所示。

例 1－1　语义 Web 表示知识联网

```
<? xml version = "1.0"  encoding = "UTF - 8"? >
<rdf:RDF xmlns:owl = "http://www.w3.org/2002/07/owl#"
   xmlns:rdf = "http://www.w3.org/1999/02/22 - rdf - syntax - ns#"
   xmlns:rdfs = "http://www.w3.org/2000/01/rdf - schema#"
   xmlns:my = "http://www.chaolemen.com/University#"  >
<rdf:Description rdf:about = "20130808" >
     <rdf:type rdf:resource =  "&my;Teacher"/>
```

```
        <my:name>张三</my:name>
        <my:isSupervisorOf rdf:resource="20131881"/>
    </rdf:Description>
    </rdf:RDF>
```

文献①将语义 Web 环境下的知识联网关系分为互联、互通和互操作三个层次。其中,语义互联是语义联网的基础,语义互通是手段,语义互操作是语义 Web 的最终目的之一。在语义 Web 中采用命名空间(Namespace)、URI(Universal Resource Identifier)、元素之间的嵌套关系、指定元素(如 <rdfs:subclassOf> <owl:equivalentClass> <owl:disjointWith>等)实现知识的语义互联;采用网络协议、领域本体的方法实现知识的互通;Agent 技术,尤其是智能 Agent 是语义互操作的主要技术。

1.3.2.3 计算机可理解的知识规则系统

与传统 Web 不同,语义 Web 中增加"计算机可理解的规则系统"。规则系统可分为单调规则和非单调规则两种,分别用于不完全信息情况和完全信息情况下的语义推理。

语义 Web 的规则推理机制为基于语义 Web 的知识挖掘、推理和验证操作奠定基础,进一步推动知识的"机器可理解"化进程。通过逻辑推理,不仅可以对语义 Web 的正确性和一致性进行检查,而且还可以推理出新知识②。造成语义 Web 知识不一致性的主要原因有:知识表示失误、歧义性、知识迁移、知识来源的多样性③。

1.3.2.4 基本知识处理单位的原子性

传统 Web 的知识处理是以整个网页或网页中的某个部位(如标签、文本框、框架、层等)为单位进行新增、修改、删除等操作。而语义 Web 中知识处理的单位发生了根本性变化——语义 Web 支持以"知识原子"(Knowledge Atom)为单位进行表示、检索、推理和抽取知识。知识原子被认为是知识的最小构成的单位,是不可再细分的知识元素④。语义 Web 采用"对象—属性名称—属性值"组成的一个三元组陈述来描述一个知识原

---

① 朝乐门. 基于语义 Web 的知识处理流程及其技术框架研究[J]. 中国图书馆学报,2009(35):54-64.

② Thomas B. Passin. Explorer's Guide to the Semantic Web [M]. Greenwich: Manning Publications Co., 2004:15.

③ John Davies, Rudl Studer, Paul Warren. Semantic Web Technologies Trends and Research in Ontology-based Systems [M]. John Wiley & Sons Ltd., 2006:77-78.

④ 温有奎,徐国华,赖伯年,等. 知识元挖掘[M]. 西安:西安电子科技大学出版社,2005:30.

子。在有些学术论文中，知识原子又被称之为知识元。

语义 Web 的知识表示方法使语义 Web 以知识原子为最小单位进行知识处理成为可能。语义 Web 中的知识表示方法有两种，一种是基于 XML 语言的 RDF(S)语法，另一种是 OWL 语言语法。二者在知识表示的基本思路是一致的，即采用一个由"对象—属性—值"三元组来描述一个知识原子，并采用具体化机制(Reification Mechanism)将非三元组知识转换为三元组。以知识原子"20130808 的姓名是张三"为例，基于 XML 的 RDF 语法可以表示为例 1-2。

例 1-2 语义 Web 表示知识原子

```
<? xml version = "1.0" encoding = "UTF-8"? >
<rdf:RDF xmlns:owl = "http://www.w3.org/2002/07/owl#"
      xmlns:rdf = "http://www.w3.org/1999/02/22-rdf-syntax-ns#"
      xmlns:rdfs = "http://www.w3.org/2000/01/rdf-schema#"
      xmlns:my = "http://www.chaolemen.com/ University#" >
      <rdf:Description rdf:about = "20130808" >
            <my:name>张三</my:name>
      </rdf:Description>
</rdf:RDF>
```

语义 Web 中的知识原子可以被计算机理解，而且知识原子的语义与应用系统独立。如果缺少足够的领域知识，计算机并不能理解知识原子。如果知识原子的语义与应用系统之间的耦合度太大，领域知识并非共享，那么不同的计算机系统对同一个知识原子的理解可能不一致，导致"一词多义"或"多词一义"的现象出现。为此，语义 Web 采用 RDFS 或 OWL 语言作为领域知识建模方法，形成领域本体(Ontology)，实现本体的共享。在例 2 中，计算机并不理解资源"20130808"指的是什么，也不理解属性 name 的含义。为此，必须向计算机提供对应的领域本体。在 RDF 语言中，采用标记 <rdf:type> 指定知识原子所对应的领域本体。假如资源"20130808"是一名老师，那么对应的 RDF 代码应为例 1-3 所示。

例 1-3 语义 Web 表示知识原子的方法

```
<? xml version = "1.0" encoding = "UTF-8"? >
```

```
<rdf:RDF xmlns:owl="http://www.w3.org/2002/07/owl#"
  xmlns:rdf="http://www.w3.org/1999/02/22-rdf-syntax-ns#"
  xmlns:rdfs="http://www.w3.org/2000/01/rdf-schema#"
  xmlns:my="http://www.chaolemen.com/University#" >
    <rdf:Description rdf:about="20130808" >
        <rdf:type rdf:resource= "&my;Teacher"/>
        <my:name>张三</my:name>
    </rdf:Description>
</rdf:RDF>
```

因此,语义 Web 中知识的结构是可以被计算机理解的,知识的检索、推理、抽取和发现等操作既可以知识原子为单位,也可以知识原子组成的知识片段为单位。语义 Web 知识处理单位的改变,从根本上解决传统计算机关键字匹配技术的查准率和查全率低的问题,使计算机进行语义检索和语义推理成为可能。

1.3.2.5 知识处理的前端控制

在其他条件相同的情况下,基于传统 Web 的计算机知识处理的难度高于基于语义 Web 的知识处理。除传统 Web 知识表示的计算机不可理解性之外,还有一个更重要的原因在于,传统 Web 知识处理流程中对"前端控制"的忽略——将知识以"信息"的形式存放到计算机系统中,缺少必要的语义信息的提供和一致性检验,导致传统 Web 中知识本身的质量过低和计算机智能处理成本的过高。

语义 Web 的出现不仅强调计算机知识处理过程中的"前端控制"的重要性,还重视人在知识表示过程中的重要性,加强知识表示的规范性、计算机可理解性、一致性和正确性,减少垃圾信息被输入到计算机的可能,从根本上降低计算机知识处理的难度。

语义 Web 知识处理的基本特点符合前端控制思想。"前端控制"是指针对电子文件的管理,要从文件形成之时甚至形成之前(即电子文件管理系统设计阶段)就对文件形成一直到归档的整个过程给予通盘规划,把可能预先设定的管理功能纳入系统之中,并在文件形成和维护阶段进行监督①。电子文件管理中的前端控制思想认为:对电子文件的管理要"从信息系统源头做起",在系统设计阶段即考虑作为档案保管的要求,把可能

① 刘越男.从一个新的视角审视"前端控制"思维[J].浙江档案,2001(7):22-24.

预先设定的管理功能纳入系统之中，如果待系统应用后再做改动往往费钱又复杂，而且有时不可能实现①。基于语义 Web 的知识处理前端控制主要表现在三个方面：

- 语义 Web 技术本身的设计目的之一就是加强知识处理前端控制。传统 Web 知识处理复杂性的根源在于对知识处理前端——知识表示过程的失控，即知识表达具有随意性、模糊性、计算机不可理解性和缺乏有效性检验机制。语义 Web 技术通过计算机可理解的知识表示方法，规范知识表示方法和过程，从根本上降低计算机知识处理的复杂性。
- 在基于语义 Web 的知识处理流程的前端——知识表示过程中采用人机协同的方式，将知识以计算机可理解的方式放入语义 Web 中，并较好地避免垃圾信息或错误知识的进入。
- 基于语义 Web 的知识处理过程是一种人机协同相互监督、相互合作、不断完善和更新已有知识的过程。

在语义 Web 环境中，不仅重视知识处理的前端控制，而且还重视知识的全生命期管理，遵循前端控制思想的重要内容——不仅强调前端控制，而且也强调全生命期管理。

1.3.2.6 与 Web2.0 集成的知识处理

语义 Web 与 Web2.0 的集成是 Web2.0 领域的重要研究课题之一。文献②认为 Web3.0 将会是语义 Web 与 Web2.0 技术的结合产物；文献③认为，Web2.0 和语义 Web 的集成可提升网络效应；文献④探讨了如何采用语义 Web 技术连接和再利用 Web2.0 社区数据的问题；文献⑤认为 Web2.0 和语义 Web 具有互补性，并提出结合二者优势的语义网络日志(Semantic Weblog)的设计方案。可见，Web2.0 为语义 Web 知识处理提供了新模式基础。但是，目前的学术研究中缺少对集成语义 Web 与 Web2.0 进行知识处理的方法、模式和体系结构研究。

---

① 冯惠玲. 电子文件时代新思维《拥有新记忆——电子文件管理研究》摘要之六[J]. 档案学通讯,1998 (6):45-49.

② Ora Lassila, James Hendle. Embracing Web 3.0 [J]. IEEE Internet Computing, 2007(3):90-93.

③ James Hendler, Jennifer Golbeck. Metcalfe's law, Web 2.0, and the Semantic Web [J]. Journal of Web Semantics, 2008(6):14-20.

④ U Bojars, J G Breslin, A Finn, et al. Using the Semantic Web for linking and reusing data across Web 2.0 communities [J]. Journal of Web Semantics, 2008(6):21-28.

⑤ Anupriya Ankolekar, Markus Krotzsch, Thanh Tran, et al. The two cultures: Mashing up Web 2.0 and the Semantic Web [J]. Journal of Web Semantics, 2008(6):70-75.

1.3.2.7 未来发展的分形特征

分形特征是语义 Web 的发展趋势,也是未来语义 Web 的重要特征。2008 年,Time Berners-Lee 和 Lalana Kagal 比较系统地分析语义 Web 的分形特征①——语义 Web 应具备自相似性、琐碎性等分形特征。根据他们的研究,语义 Web 的分形特征具有如下含义:

- 人类社会的语言和文化的分形特征是语义 Web 分形的重要基础;
- 语义 Web 技术在 Web 系统中支持类似于人类社会的分形特征;
- 在本体开发中不仅可以继承已有本体,而且还可以根据自己的特定需求增加自己的本体;本体可以分布在不同的地方,可由不同的用户负责管理;
- 语义 Web 可以通过利用分形式分布、全球化标识以及已有本体的重用和扩展来降低全球分布式信息系统的成本。

同时,他们还提出为了实现语义 Web 技术的分形特征,需要满足如下条件:

- 资源的全球唯一标识;
- 资源之间的兼容性;
- 资源的可扩展性;
- 局部资源与全局资源之间的相对独立性;
- 不同资源之间的映射机制。

因此,分形不仅是语义 Web 的发展目标之一,而且是语义 Web 的重要特征。从以上分析可以看出,语义 Web 的面向计算机可理解的知识表示以及语义 Web 知识处理流程中对前端控制的重视,降低计算机知识处理的难度,使现有的知识工程领域的研究成果基本满足计算机知识处理的需要,为人和计算机协同完成知识管理提供思路和平台。

1.4 其他相关研究

1.4.1 Web2.0

2004 年,O'Reilly 公司和 MediaLive 公司采用头脑风暴法,在总结 Web1.0

① Tim Berners-Lee, Lalana Kagal. The Fractal Nature of the Semantic Web[J]. AI Magazine, 2008(29):29-34.

的经验教训基础上提出 Web2.0 理念[①]。Web2.0 是互联网应用理念和架构的一种新的变化,而不是指具体的一项新技术。相对于 Web1.0,Web2.0 更加:

- 强调草根网民的集体智慧和参与,而不仅仅是领军人物的垄断知识;
- 强调延伸至网络的长尾而不仅仅停留在网络的头部;
- 强调基于数据管理和服务的核心竞争能力而不是基于软件产品的核心竞争力;
- 强调个性化的丰富的交互式用户体验而不是大众化无差别信息发布;
- 强调平等、合作和自组织而不是强制、统治、控制和高度集中管理[②]。

近年来,Web2.0 理论研究和实践应用得到快速发展,可以分为理论研究和实践应用两个不同层次:

- 从理论研究看,在 Web2.0 的理论基础、设计原则、主要特征等方面已经达成基本的共识:Web2.0 的理论基础是长尾理论、社会性软件和社会网络、六度分离理论[③];Web2.0 的设计原则有七种(见表 1-10),即互联网作为平台、充分利用集体智慧、数据是下一个 Intel Inside、永远的测试版、软件独立于设备、丰富的用户体验[④];Web2.0 的基本特征有自助网站、丰富的用户体验和轻量级编程模型[⑤]。从目前的研究总体现状看,Web2.0 的研究集中在 Web2.0 的应用和技术实现,而欠缺对 Web2.0 理论本身的深入研究。
- 从实践应用看,Blog、RSS、Wiki、Tag、SNS、P2P 和 IM 等成为 Web2.0 的典型应用。文献⑥在深入分析 Web2.0 成功案例的基础上,提出 Web 2.0 的成功在于用户创造价值、网络倍增效应、社会网络关系、投资竞争力、新旧重组和业务集成策略。

① Tim O'Reilly. What Is Web 2.0: Design Patterns and Business Models for the Next Generation of Software' O'Reilly[OL]. (2005-09-30)[2013-08-27]. http://www.oreillynet.com/lpt/a/6228.

② 朝乐门. Web2.0 在组织知识管理中的应用研究[J]. 情报资料工作,2010(2):49-52.

③ 王伟军,孙晶. Web2.0 的研究与应用综述[J]. 情报科学,2007(12):1907-1913.

④ Tim O'Reilly. What Is Web 2.0: Design Patterns and Business Models for the Next Generation of Software[OL]. (2005-09-30) [2013-08-11]. http://oreilly.com/web2/archive/what-is-web-20.html.

⑤ Colin White. The Impact of Web 2.0[J]. DM Review, 2007(8):14.

⑥ Amy Shuen. Web 2.0: A Strategy Guide[M]. Sebastopol: O'Reilly Media Inc., 2008:1-266.

表 1-10 Web2.0 基本原则

序号	原则	含义
1	以 Web 作为平台	通过用户的自服务活动发挥“长尾”的力量，将 Web2.0 的范围延伸至“长尾”而不仅仅是“头部”
2	利用集体智慧	鼓励“用户添加价值”，通过大量用户提交、编辑、使用和评价数据而获得价值，发挥“群众智慧”
3	数据是下一个 Intel Inside	重视创建和维护自己的核心竞争力数据资源库，尤其是带有用户评注的数据资源库
4	永远的测试版	软件以服务的形式“早发布并常发布”，用户以共同开发者的身份参与软件设计、开发、测试和维护工作，实现 Web2.0 服务的不断完善
5	轻量级编程	软件系统的设计与开发必须遵循松散耦合性、末端到末端法则（End-to-End Principle）、可再编程性（Hackability）和可重组性（Remixability）
6	软件独立于设备	同一个应用程序可以运行在多个不同设备之上，不仅保证应用程序的跨设备性，而且将更多的设备连接到 Web2.0 平台之中，扩展 Web2.0 的范围
7	丰富的用户体验	重视合作而不是控制，实现“自组织”

来源：朝乐门. Web2.0 在组织知识管理中的应用研究[J]. 情报资料工作，2010(2)：49-52.

Web2.0 参考体系结构如图 1-3 所示[①]，由资源层、服务层、标准技术和模型、客户应用层以及设计、开发和治理工具五个要素组成。

（1）资源层：资源层处于 Web2.0 参考体系结构的最底层，主要为服务层提供内容、数据和功能。资源层的实现方法有多种，如企业信息系统（Enterprise Information System，EIS）、数据库、目录、企业内容管理库（Enterprise Content Management Repository，ECM Repository）、消息队列（Message Queues）、遗留系统（Legacy System）。

（2）服务层：服务层位于资源层之上，将功能包装成服务，以便向上一层提供各种服务。服务层的核心是服务容器，负责服务调用请求的处理、服务调度和响应服务请求等工作。除了服务容器，服务层还包括以下元素：服务调用层（Service Invocation Layer）、业务规则和流程（Business Rules

① James Governor, Dion Hinchcliffe, Dunane Nikull. Web 2.0 Architecures[M]. Sebastopol: Adobe Developer Library, 2009: 1-271.

and Workflow)、注册器/存储器(Registry/ Repository)和服务提供接口(Service Provider Interface,SPI)。

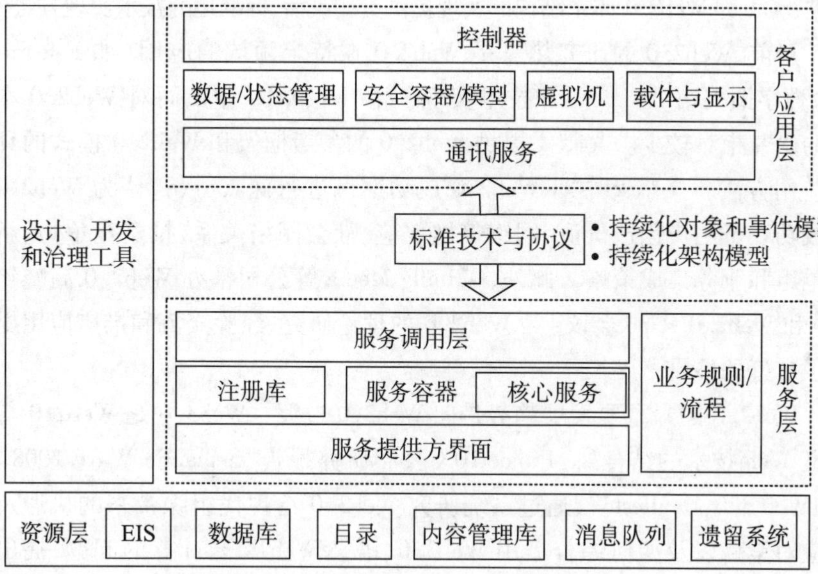

图1-3 Web2.0 体系结构

来源:James Governor, Dion Hinchcliffe, Dunane Nikull. Web 2.0 Architectures[M]. Adobe Developer Library,2009:1-271.

(3)客户应用层:客户端应用层的主要功能是服务层提供的服务调用与图形显示。Web 浏览器、Flash 播放器、微软 Silverlight、Acrobat、iTunes 等是常见的客户应用层工具。客户应用层包含的组件有控制器、数据/状态管理、安全容器/模型、虚拟机、载体与显示、通讯。

(4)设计、开发和治理工具:指用于客户端应用层和服务层上的各种组件的设计、开发和治理时采用的工具或集成开发环境,例如 Rational Rose、Dreamweaver、Visual Studio. NET、JBuilder、Eclipse、NetBeans 等。

(5)标准技术和协议:主要负责连通客户应用层和服务层,常用的标准技术和协议有 XML 技术、HTTP 协议、SOAP 协议等。

图1-3所示的 Web2.0 体系结构描述了 Web2.0 体系结构的五个要素及其联系,突破了面向具体应用的体系结构的局限性,为 Web2.0 的未来发展提供蓝图。在 Web2.0 软件开发具体实践中,可以选择和组合不同的技术或工具实现该框架。但是,为了保证客户应用层和服务层之间的无缝连接,二者应采用同类的设计原则和技术。从目前的发展现状及趋势看,MVC(Model-View-Controller)和 SOA(Service-Oriented Architecture,面向服务的体系

结构)已成为Web2.0的核心架构模型。MVC是Java Web开发中采用的经典模型,为Web2.0开发中实现数据层、视图层和应用逻辑层的相互独立性提供依据;SOA为Web2.0体系结构的实现提供更加灵活、标准化的技术实现方法。

目前,Web2.0的研究热点是Web2.0在特定领域的应用(如E-learning、数字图书馆、Blog等)和技术实现(如Ajax、XML等),而对Web2.0本身的研究相对较少。文献①提供Web2.0的参考框架和Web2.0模式的具体应用方法。文献②中对Web2.0成功案例进行深入分析,认为Web2.0的成功在于用户创造价值、网络倍增效应、社会网络关系、投资竞争力、新旧重组和业务集成策略。此外,O'Reilly Media等公司举办Web2.0高峰年会③和Web2.0 Expo会议④为Web2.0的理论研究、经验交流和推广应用提供了良好的平台⑤。

Web2.0的最重要发展趋势是向Web3.0过渡。Web3.0是Web2.0与语义Web技术的结合⑥。Project10X公布研究报告"Semantic Wave 2008"和"Web 3.0 Manifesto",通过系统研究Web3.0给现代组织带来的机遇及其应对策略以及如何综合运用Web3.0、语义Web和云计算的问题,提出一些重要观点⑦:

- 知识计算不仅可以推动新价值创造,而且可以解决由于规模和复杂性导致的问题;
- 在Web3.0时代,集成社会网络和语义Web技术不仅可以降低知识或数据创造的成本,而且可以提高知识或数据收集活动的效率;
- Web3.0将连接知识(数据)、服务和应用;
- Web3.0共享知识的来源不仅包括人,而且包括计算机;
- 计算机系统可以与人一样,进行知识的存储、学习和推理;

① Duane Nickull, Dion Hinchcliffe, James Governor. Web 2.0 Architectures[M]. Adobe Developer Library, 2009:1 -271.

② Amy Shuen. Web 2.0: A Strategy Guide[M]. O'Reilly Media, Inc. ,2008:1 -266.

③ O'Reilly Media, Inc. , TechWeb. Web 2.0 Summit 2009 [OL]. (2013 -02 -19)[2013 -11 -20]. http:// www. web2summit. com/web2009.

④ TechWeb, O'Reilly Media, Inc. Web 2.0 Expo[OL]. (2009 -09 -18)[2013 -11 -20]. http://www. we b2expo. com/.

⑤ 朝乐门. Web2.0在组织知识管理中的应用研究[J]. 情报资料工作,2010(2):49 -52.

⑥ Ora Lassila,James Hendle. Embracing Web 3.0 [J]. IEEE Internet Computing, 2007 (3):90 -93.

⑦ Project10X. Project10X's Semantic Wave 2008 Report: Industry Roadmap to Web 3.0 & Multibillion Dollar Market Opportunities[OL]. (2008 -09 -01)[2013 -10 -15]. http:// project10x. com/prods/xdvpusx/exsum_ sw2008. pdf.

- 通过人和计算机使用的多种语言形式的相互关联，对知识进行编码、共享思想和互联知识；
- 通过知识建模的方法实现知识增加和推动学习。

Web2.0理论的成功应用对知识处理，尤其是知识管理领域的知识处理具有三方面的启示。

（1）在将非组织知识，包括员工知识和外部知识，转化为组织知识的过程中，知识管理的范围必须延伸至知识链的“长尾”，而不能仅仅停留在其“头部”。目前，组织知识管理仅限于组织内部的知识员工，尤其是仅仅强调少数知识型员工（“头部分”）的知识共享和创新行为，而忽略来自组织外部（如来自客户、供应链和志愿者等）或组织内部的普通员工（“长尾部分”）的知识管理。知识共享的难易程度往往取决于该项知识对员工本身的重要性以及知识员工之间的博弈关系。对于知识型员工来说，越是对自己重要的知识，越不愿意变成组织知识。在特定组织内部，由于利益冲突的存在，很难对知识型员工的核心知识进行管理。现有的这种“头部”导向的知识管理的效率较低，知识管理必须延伸至组织知识链的“长尾”部分，包括客户、供应链、志愿者以及组织非核心知识员工。

（2）在深度挖掘和充分利用组织知识的过程中，应强调基于数据库管理和挖掘的核心竞争能力而不是来自基于软硬件设施的核心竞争力。长时间以来，组织知识管理的重点放在知识管理基础设施的建设和组织知识库的建设上，而忽略知识内容管理、挖掘和再利用的重要性。亚马逊网上书店、Google AdSense等Web2.0实践的成功经验表明，对数据库的建设与管理，尤其是附有用户评注的数据库的建设与管理的重要性。用户评注在数据转换为知识的过程中具有重要作用。因此，建设用户评注的、不断更新的、面向知识挖掘和再利用的知识库对于组织知识管理来说具有重要意义。Web3.0理论，即Web2.0理论与语义Web技术的有效结合为人机协同知识处理提供新的实现平台，为组织知识管理中人与计算机之间的优势互补提供依据。

（3）在创建创新型组织知识生态环境时，必须强调知识管理中的平等、协同与合作、自组织，而非是强制、统治、控制与高度集中管理。在Web2.0中，知识内容一般由草根网民提供，其最重要的特征是不仅可以被互联网中的用户所添加，同时还可以被其他草根用户编辑和审核，而且这种编辑审核过程是透明的、可追溯的。因此，基于平等、协同和合作模式中建立的知识处理模式对于知识管理同样重要。知识管理必须发生在非利益冲突的虚拟团队之内，应具有自组织和混沌边缘的特征。

1.4.2 综合集成研讨厅

1992年,中国科学家钱学森等在综合集成方法论的基础上提出用于处理开放复杂系统的方法论——综合集成研讨厅(Hall for Workshop of Meta-synthetic Engineering, HWMSE)。综合集成研讨厅体系的构想是以人为主、人机结合,使参加研讨的集体在讨论问题时相互启发、相互激活,并充分利用信息技术不受时空的限制,把大量的各种信息与知识及千百万人的聪明才智和古人的智慧(通过书本的记载或知识工程中的专家系统)综合集成起来,从而得到科学的认识与结论①。综合集成研讨厅的实质是指导人们在处理复杂问题时,把专家的智慧、计算机的高性能和各种数据、信息有机地结合起来,构成统一的、强大的问题求解系统②。

一个实际的研讨厅系统由三部分组成,即专家体系、知识/信息体系和机器体系。综合集成研讨厅的成功应用就是要发挥这个系统的整体优势和综合优势③。

- 专家体系由参与研讨的专家组成,它是综合集成研讨体系的主体,是复杂问题求解任务的主要承担者,其中主持人的作用尤为重要,专家体系作用的发挥主要体现在各个专家"心智"的运用上,尤其是其中的"性智",是计算机所不具备的,这是问题求解的关键所在;
- 机器体系由专家所使用的计算机软硬件以及为整个专家群体提供各种服务的服务器组成,其作用在于它强大的计算能力,包括数据运算和逻辑运算能力,在定量分析阶段发挥重要作用;
- 知识/信息体系则由各种形式的信息和知识组成,包括与问题相关的领域知识/信息、问题求解知识/信息等,专家体系和机器体系是这些信息和知识的载体。

从定性到定量的综合集成法把这三个部分组合成为一个整体,形成一个统一的、人机结合的巨型智能系统和问题求解系统。综合集成研讨体系的成功应用就是要发挥这个系统的整体优势和综合优势④。

---

① 戴汝为,操龙兵. 综合集成研讨厅的研制[J]. 管理科学学报,2002(3):10-16.

② 李耀东,崔霞,戴汝为. 综合集成研讨厅的理论框架、设计与实现[J]. 复杂系统与复杂性科学,2004(1):27-32.

③ 张家才. 综合集成研讨厅支撑环境的设计与实现[D]. 中国科学院自动化研究所,2004:1.

④ 戴汝为. 现代科学技术体系与大成智慧[J]. 中国工程科学,2008(10):4-8.

综合集成研讨厅的关键问题①②是人机结合、从定性到定量、研讨体系规范、研讨决策方式、研讨流程、意见整合和需求分析与总体设计等。

- 人机结合的基本观点：人是构成系统的组成部分之一，人与机器根据各自特长与优势进行功能与过程的分工，即"人机一体、各取所长、人机分工"。人机结合的手段是人机交互和人机协作③。
- 从定性到定量的过程表现为将专家凭经验得到的定性认识以及各种信息与其他知识，通过计算机及相关的技术，进行整合，建立模型，反复修改，最终上升为对全局的定量认识。
- 研讨体系规范包括行为规范、研讨规范、决策规范和工程规范。
- 研讨方式分为在线研讨和离线研讨。
- 体现综合集成思想的研讨流程主要包括九个方面：第一，研讨开始时确定各位参与研讨者的身份及其权限，解决专家体系的构成问题。第二，为了有效控制研讨进程，需要对研讨状态进行统一管理。第三，研讨模板与方式的选择。第四，主持人在流程控制中的参与和调度作用，要求主持人置身于流程中。第五，发言权的获取与释放。第六，研讨阶段的控制与过渡。第七，研讨意见的归纳与整理和群体专家思维的收敛。第八，研讨出供决策方案的形成，须经过多轮的螺旋式上升的循环研讨过程。第九，决策方案的形成要经过多轮的螺旋上升的循环表决过程。
- 如何达成"共识"是研讨流程中需要解决的关键问题之一，文献④提出综合集成研讨厅共识达成模型，并设计基于 Internet 的群体研讨平台。
- 在应用综合集成研讨厅方法论时必须采用严格的系统工程方法论，需求分析和总体设计是不可缺少的重要环节⑤。

综合集成研讨厅方法论已经成功应用于系统科学、管理科学、人工智

① 戴汝为，操龙兵. 综合集成研讨厅的研制[J]. 管理科学学报，2002(3)：10－16.

② 操龙兵，戴汝为. 开放复杂智能系统——基础、概念、分析、设计与实施[M]. 北京：人民邮电出版社，2008：38－42.

③ 操龙兵. 基于 Internet 的综合集成研讨厅系统体系结构研究[J]. 计算机科学，2002(6)：63－66.

④ 熊才权，李德华. 综合集成研讨厅共识达成模型及其实现[J]. 计算机集成制造系统，2008(10)：1913－1919.

⑤ 朝乐门. 基于语义 Web 的综合集成研讨厅研究[J]. 图书情报工作，2010(4)：41－45.

能、信息科学、竞争情报[①]和知识管理[②]等多种学科领域。从以上分析可以看出，作为一种新方法论，综合集成研讨厅体系理论对知识处理，尤其是人机协同知识处理提供一种从定性到定量，有效集成专家、计算机和知识，充分发挥人与计算机的不同优劣势的新方法论。

1.4.3 复杂性理论

复杂性理论、相对论和量子力学是20世纪三大科学革命[③]。随着对复杂性理论的深入研究，人们提出一些新的理念，如"非线性和对初始条件的敏感性""混沌边缘与分叉临界点上的自组织""涌现与创造""奇异吸引子和自相似""复杂适应性和适应性景观"等。这些新理念的提出，将不可预测性、易变性、多样性、非常规的创新性和涌现的组织等问题带进科学研究领域，彻底改变近代科学的思维模式。

根据复杂性理论，复杂性基本特征可以归纳为以下几点：

- 多样性：具有较多的元素和较多的相互关系，而且随着相互作用的元素增加和时间的推移，这种关系将加速增长。
- 非线性：原因和结果并非是线性关系，小原因可能导致大结果。
- 非称性：任何的一个部分与方面都不能提供充分的信息来实际地或统计地预言其他部分的性质，因而使复杂性成为难以认识，难以预言和难以建模的东西。
- 混沌性：复杂性产生于有序与无序或有序与混沌之间。完全无序的和完全有序的东西都没有真正的复杂性或者其复杂性是很低的，复杂性产生于秩序与混沌的边缘。
- 自适应性：复杂系统的组成要素往往具有某种程度的智能，即具有了解其所处的环境，预测其变化，并按预定目标采取行动的能力。
- 相对性：复杂性是相对于特定观察者而言的，并不存在绝对的内在复杂性及其度量问题。
- 层次性：复杂性中含有不同的层次，不同的层次具有不同的结构和规律，跨越层次时可能出现涌现现象。

但是，从根本上讲，复杂性是客体对主体做出的一种相对反映，其程度

---

① 吴晓伟，徐福缘，吴伟昶．基于"综合集成研讨厅"的企业竞争情报系统研究[J]．情报学报，2004（6）：746－754.

② 顾基发，张玲玲．知识管理[M]．北京：科学出版社，2009：142－147.

③ James Gleick. Chaos：Making a New Science[M]．London：Abacus，1987.

取决于客体本身的复杂程度和主体的认识水平。

- 在主体的认识水平相似的情况下，客体的复杂度越大，其复杂性越大；在客体的复杂度相似的情况下，主体的认识水平越低，客体显得越为复杂。
- 客体的复杂度取决于其组成部分的数量及组成部分之间关系的耦合性、动态性、非线性、非对称性和不可预测性。

因此，关于复杂性，我们可以得出以下两点结论：一是同一个客体，对不同主体反映的复杂程度可能不同。二是同一主体从不同视角和目的研究同一客体时，所看到的复杂性也可能不同。

复杂性理论或复杂科学是一门专门研究复杂性问题的新兴科学。复杂科学的研究学派可以分为以下几种①：

- 动力系统学派：该学派代表人物有 Forrester, Meadows, Senge 等以 MIT 为基地的学者。他们以常微分方程为理论工具，重点研究系统中的复杂性，他们的主要研究方向是组织理论，特别是学习型组织。
- 自适应学派：该学派代表人物有 Cowen, Kauffman, Holland, Arthur, Casti 等以 SFI 为基地的学者。他们以偏微分方程为理论工具，重点研究系统中的复杂性。他们的主要研究方向是经济、生物、认知等系统。
- 混沌学派：该学派代表人物有一些分散的小组，例如 Los Alamos 非线性研究中心，他们以非线性常微分方程为理论工具，重点研究系统中的复杂性。他们的主要研究方向是物理、经济等系统。
- 结构基础学派：该学派有 Warfield, Vickers, Piece, Polanyi, Piaget 等学者。他们以西方形式逻辑，包括集合论、关系论、图论、点阵论、布尔方法和分叉代数等为理论工具，重点研究人脑中的复杂性问题。他们的主要研究方向是管理理论，特别是交互式管理。
- 暧昧学派：以一些独立研究的学者为代表，采用学科交叉及(或)后现代主义方法为理论工具，主要研究社会、科学、语言等系统的复杂性问题。

关于复杂性理论的研究流派的说法有很多种，例如苗东升教授认为②复杂性研究的三大学派是欧洲学派(普利高津为首的布鲁塞尔学派、哈肯

① 成思危. 复杂科学与系统工程[J]. 管理科学学报,1999(2):3-9.

② 苗东升. 复杂性研究的现状与展望[J]. 系统辩证学学报,2001(4):3-9.

学派等)、美国学派(圣菲研究所、结构基础学派等)和中国学派(综合集成论、人理—事理—物理方法论等)。

复杂性是知识管理系统的最突出的特色之一。为了说明知识管理的复杂性,我们从以下两个方面进行分析:

(1)从现有的研究成果角度看,不管是知识管理领域,还是系统科学领域的专家学者,均开始认识到复杂性在知识管理中的重要性。

- 在知识管理领域,人们逐渐意识到知识管理的复杂性。例如,澳大利亚知识管理标准指出组织知识管理的最主要特殊性在于其复杂性。
- 在系统科学专家领域,知识管理开始成为一种新的重要研究对象和研究内容之一。例如,王众托院士曾提出"创建知识系统工程学科"的设想,并指出由于知识是一种无形资产,所以它的管理远比有形物资管理来得复杂;知识管理系统是一个复杂的人机系统,其中人的因素所占比重很大,特别是涉及人的思维活动,现在还难以精确描述与分析[①]。

(2)从目前组织管理知识所面临的主要挑战角度看,复杂性是知识管理系统的最突出的特征之一。导致知识管理系统的复杂性主要原因在于:

- 知识本身的复杂性造就知识管理的复杂性。知识本身具有的复杂性主要体现在组分复杂性、结构复杂性和功能复杂性。从知识之组分复杂性考察,知识具有不确定性、模糊性、动态性和相对性的特点;从结构复杂性角度看,知识本身可以构成一种复杂的网络系统;从知识运动复杂性角度看,知识是一个复杂的进化体。
- 知识管理系统中的主体具有一定的智能性和自适应能力,即具备了解其所处的环境,预测其变化,并按预定目标采取行动的能力。如果采用传统机械化的管理理念,忽略主体的适应性,将知识管理的主体认为是一种"齿轮"或"螺丝钉",不能有自己的运动和规律,只能服从整体的指挥,那么,知识员工将没有动机贡献自己的知识来分享。
- 影响知识管理活动是否成功的因素有很多,而且影响因素和最终结果之间并非存在线性关系,即小原因可能导致大后果。在主体、知识、方法、技术、理论、背景信息、业务和环境等元素之间存在多种错综复杂的相互关系,而且随着相互作用的元素增加和时

① 王众托. 创建知识系统工程学科[J]. 中国工程科学,2006(12):1-9.

间的推移,这种关系将加速增长。

- 在知识管理系统中,任何的一个部分或方面都不能提供充分的信息来统计形式预言其他部分的性质,因而使知识管理系统变得难以认识,难以预测和难以建模。

从以上分析看,复杂性是研究知识管理所面临的主要困难的最重要的突破口之一。目前,学术界对知识管理系统复杂性认识不够充分,只停留在问题的提出阶段,尚未系统地探讨为什么知识管理系统有复杂性和如何研究知识管理系统的问题。

复杂性理论为知识管理提供了一种新的思想指导——将知识管理系统认为一种人工复杂系统,运用复杂性理论和系统科学的最新研究成果,结合知识管理系统的特殊性,将混沌理论、系统动力学、层次论、复杂网络理论、自适应理论、不确定性理论和博弈论成功地引进到知识管理的研究领域。具体来讲,有以下核心观点。

- 知识管理的目标在于保证使组织机构的知识管理处于一种"混沌边缘"状态,完全无序的和完全有序的知识管理都将是失败的知识管理。这是复杂性理论对传统知识管理理念提出的最大挑战。传统的知识管理理念认为,组织知识管理的目的是保证组织知识管理的最大有序化。因此,传统知识管理理论指导下的知识管理实践往往成为一种"虎头蛇尾"的发展模式,导致众多知识管理实践"开始时声势很大,到后来劲头很小,有始无终"。这种现象的根源在于传统知识管理否认或忽略知识管理系统的复杂性。在复杂性研究领域,Wolfram 和 Langton 等科学家通过元胞自动机(Cellular Automata)的试验证明:当复杂系统处于混沌边缘状态时容易出现生命力的现象,既可以完成复杂的计算,而且可以支持生命和智能。因此,过分强调知识管理的有序或过分忽略知识管理的有序性,都将影响组织知识管理的生命力。
- 不同层次的知识管理有不同的功能和结构,跨越层次时会出现"涌现(Emergence)"现象。传统的知识管理研究方法把知识管理的层次分为两种,即组织层次和个人层次。我认为,这种划分方法过于粗略,忽略知识管理的多层次之间的涌现性。其实,个体和组织之间存在多种自然层次,如项目层次、非正式组织层次等。组织机构作为整体具有自己的、不同于个体或其他层次的组织机构的利益取向和行为规律。在知识管理过程中,不同层次的组织之间、组织和个体之间存在不可忽视的博弈和矛盾关系。随着个体和不同层次组织对知识管理意识的增强,个体知识管理和非组织层次的知识管理必将成为组织知识管理的主要障碍。

- 知识的传播和知识管理系统的演化在本质上属于复杂网络。传统的知识管理的研究方法主要采用的是规则网络或随机网络的观点。但是,现实生活中的知识管理系统并不是规则网络,也不是随机网络,而是属于复杂网络。因为,知识管理系统具有高集聚度和低平均距离,与规则网络和随机网络不同的统计特征,其中最明显的是知识传播和演化过程中的小世界效应和无标度特征。复杂网络理论为我们重新认识知识管理系统的结构特征、机制模型、演化性质、连通性、中心性、吸引子、层次的形成和相互关系等问题提供一种全新的思路。
- 知识管理系统中的各种主体具有自适应能力。在传统的知识管理研究理念中,默认为知识管理中的各种主体是"齿轮或螺丝钉",否认他们也有自己的利益、运动和规律。但是,现实知识管理系统中的主体具有自己的价值取向和利益、运动和规律,而且这种主动性以及它与环境的反复的、相互的作用,才是整个知识管理系统发展和进化的基本动力。因此,在知识管理的研究应强调复杂适应理论的应用与拓展。知识管理必须注意其动态性,需要引进系统动力学、遗传方法等多种研究演化论的方法。知识管理系统作为一种人造系统,与自然系统有着一定的区别(如自相似性)。因此,直接运用研究自然科学的方法来研究知识管理有不妥之处,需要对其进行创新和优化。
- 在知识管理的研究中,不确定性与确定性并不是截然分开的。在传统的知识管理中往往力求把知识管理作为一种确定性过程来看待,总是希望有个确定性的结果。这种观点忽略知识管理系统的复杂性特征。复杂性理论中的 Logistic 方程证明确定性的过程可以产生不确定性结果;同时,Chaos Game 证明不确定性的过程也可以产生确定性结果。因此,必须承认知识管理中的不确定性的存在,重视在知识管理过程中有效地结合确定性和不确定性将是知识管理的重要研究思路。

除此之外,基于复杂性理论的知识管理方法中,还需要加强研究的内容有知识管理中的"对初值的极端敏感""奇异吸引子""自相似性""自组织""混沌边缘"和"适存景观"等现象。

1.4.4 知识生态学

生态学为研究系统与环境、个体与整体的辩证关系提供新的视角和思路。因此,自从德国生物学家 Ernst Haeckel 在 1866 年率先提出生态学(E-cology)的定义——生态学是研究生物体与其周围环境(包括非生物环境和生物环境)相互关系的科学①——以来,生态学在自然环境保护、农业、医学、城市建设、经济发展、社会生活的研究中被广泛采用,逐渐成为研究各类系统的结构和功能的重要方法论之一。

为了进一步研究知识管理系统结构和功能问题,知识管理领域开始引入生态学的理念,逐渐形成"知识生态学"(Knowledge Ecology, KE)。知识生态学的定义有很多种,较早且有代表性的是荷兰学者 George Pór 在 2000 年提出的,即知识生态学是以关系和文化作为研究知识创造和利用问题的主要研究视角,以设计和推动具有自组织性的知识生态系统为主要目标,涉及知识管理、实践社区(Community of Practice)、复杂适应系统、组织学习和超文本组织(Hypertext Organization)的学科领域②③。可见,知识生态学的主要研究目标是推动知识生态系统的建设、管理和发展。

澳大利亚知识管理标准(代号 AS 5037—2005)④提出组织知识管理的全新视角——"知识视角",强调组织知识管理实践活动从"知识视角"分析问题的重要性,并进一步指出:"知识视角"下的现代组织是一种由人员、流程、技术和内容之间的错综复杂关系组成的知识生态系统。

目前的知识生态学研究的重点和热点问题是:

- 知识生态学的基本原则。根据文献⑤认为知识生态学的基本原则有系统原则、人本原则、跨学科原则和互动原则。系统原则主要强调采用系统科学和系统工程的方法研究知识生态的重要性;人本原则主要重视以人为中心的知识管理;跨学科原则主张知识

---

① 汪社教,沈固朝.知识生态学研究进展[J]. 情报理论与实践,2007(4):572 - 576.

② George Pór. The Ecology of Knowledge: A Field of Theory and Practice, Key to Research & Technology Development[OL]. (2000 - 05 - 23)[2013 - 06 - 19]. http://www.community-intelligence.com/files/Por%20-%20Spivak%20-%20The%20Ecology%20of%20Knowledge.pdf.

③ George Pór. Nurturing Systemic Wisdom Through Knowledge Ecology [J]. The Systems Thinker, 2000(11):1 - 5.

④ AS 5037—2005. Knowledge Management—A Guide [S]. Australia: Standards Australia, 2005.

⑤ 李涛,李敏. 知识、技术与人的互动:知识生态学的新视角[J]. 科学学与科学技术管理,2001(9):27 - 29.

生态学是生态学、管理科学、信息科学、组织管理、认知科学以及相关自然科学和艺术的结合体;互动原则认为组织是一种动态变化的系统,组织内部、组织与环境之间存在互动关系。

- 知识生态学的研究方法。主要研究方法有两种,即生态学方法和复杂适应系统(Complex Adaptive Systems,CAS)方法。生态学方法作为理论基础,为知识生态学的研究提供了新的研究视角、方法和工具。文献①认为知识生态系统具有复杂适应系统的聚集、非线性、流、多样性等特征,因此,复杂适应系统理论对知识生态系统的研究具有重要借鉴价值。从目前的国内外学术研究趋势看,复杂适应系统方法不仅将成为生态学研究的主流方法之一,而且也将成为知识生态学的基本方法。
- 知识生态学的模型构建。模型构建是知识生态学的另一个研究热点和重点问题。文献②结合生态系统的四个基本特征,即分布(Distribution)、互动(Interaction)、竞争(Competition)与演化(Evolution),提出组织知识生态建设模型。文献③提出知识生态系统模型,将知识资源、知识服务、知识创新纳入同一体系,揭示知识的生态系统特征。
- 知识生态系统的具体应用。知识生态学的成功应用案例有很多,比较典型的是2005年公布的澳大利亚知识管理标准和2003年公布的美国科学基金会“先进知识整合网络基础设施计划”(Advanced Cyberinfrastructure Program,ACP)。

AS 5037—2005④认为组织作为一种知识生态系统,从内到外分为五种生态圈,依次为组织目标(Outcomes)、环境(Context)、要素(Elements)、驱动力(Drivers)和工具(Enablers)。

- “目标”是整个生态系统的中心,知识生态系统的建设必须在充分认识组织知识管理目标和知识管理切入点的前提下进行。组织机构实施知识管理的目标是积累组织知识。组织应以建设创新型、自适应型组织机构为核心目标。

---

① 叶培华,徐宝祥.企业知识生态系统的复杂适应性研究[J].情报杂志,2008(2):99-103.

② 田庆锋,常镇宇.基于生态范式的知识管理架构研究[J].科学管理研究,2006(6):65-68,73.

③ 孙振领,李后卿.关于知识生态系统的理论研究[J].图书与情报,2008(5):22-27,58.

④ AS 5037—2005. Knowledge Management—A Guide[S]. Australia: Standards Australia, 2005.

- “环境”位于组织目标的外围。因此，知识管理活动不仅需要充分了解组织所处的环境，而且还需要与组织战略目标保持一致。同时，知识管理活动也应有助于推动环境的建设和战略目标的不断完善。
- 组织知识管理中具有四种重要“要素”，即人员、流程、技术和内容，过分强调某一种或几种要素，而忽略其他要素均不利于组织知识管理活动的成功。
- “驱动力”是推动组织生态系统的改变和演化的影响因素，包括竞争压力、客户服务、法律要求、运营效率、风险管理和其他；“工具”是用于知识管理实施的各种活动、工具和技术，可以组合使用不同的手段。
- 该标准提供了34种工具，包括：反思、业务流程的设计和再造、榜样的力量、变更管理、内容管理、实践团体、应急处理、文件管理、环境监测、信息审计、知识审计、知识能力、知识规划、领导力、学习和发展、信息资产的利用、会议、辅导和培训、回忆录管理、网络与通讯、物理环境、博弈论、奖惩制度、社会网路分析、讲故事、战略对话、语料库、技术集成、知识共享技术、知识发现或创造技术、知识资产管理技术等。

此外，ACP还提出以生态模型构建国家知识基础设施，把通信、信息、社团、计算、协同、文化作为知识基础设施六大组成要素，强调六大要素的平衡发展和整合，形成一体化知识整合基础平台，即Cyberinfrastructure，为推动社会、经济、科研、工程、教育进步提供动力①。

从以上分析可以看出，除生态学之外，系统科学，尤其是复杂性方法论为知识生态系统的研究提供新的方法论，必将成为知识生态学研究的重要趋势。根据复杂性方法论，组织机构是一种由人员、流程、技术和内容之间的错综复杂关系组成的知识生态系统，而这种知识生态系统的建设框架具有非线性、周期性、工具推动性等特点。知识生态系统的复杂性方法论的基本思想是将知识生态系统看作是一种人工复杂系统，运用复杂性理论和系统科学的最新研究成果，结合知识生态系统的特殊性，将混沌理论、系统动力学、层次论、复杂网络理论、自适应理论、不确定性理论和博弈论成功地引进到知识管理的研究领域中，进而提高组织知识管理活动的效率②。

---

① 曾民族. 知识技术及其应用[M]. 北京：科学技术文献出版社，2006：19.

② 朝乐门. 生态系统理论在澳大利亚知识管理标准中的应用及其启示[J]. 标准科学，2009(8)：62-66.

知识生态学和知识生态系统论对知识处理的启示有五个方面。

(1)知识生态系统建设的目标并不是实现完全有序的人工系统,而是确保组织机构处于“混沌边缘”状态,使知识生态系统具备较强的自适应能力和自组织能力,实现组织知识管理的持续改进。过于强调知识生态系统的有序性必将影响组织知识管理活动的灵活性和持续性。

(2)有效控制和利用知识系统中的涌现现象是知识生态系统建设的主要目的。组织知识生态系统建设中不可忽略“涌现”现象。在实体组织的不同层次,包括组织、部门、员工层次,其知识管理动机、目标、方法和技术不同,甚至存在相互冲突或矛盾。例如,组织知识管理和个人知识管理之间存在多种博弈关系。同样,在虚拟组织的不同层次,如项目群、项目、团队、小组之间的知识管理也存在诸多不同。因此,在知识系统建设中必须认识到不同层次的知识管理动机、理念、理论、方法、技术和规律的区别性,重视跨越不同层次时的“涌现”现象。培育、控制、管理和利用知识涌现,进而达到知识的转移和融合是知识系统建设的重要任务之一。

(3)复杂性管理是知识生态系统建设的重要任务。知识生态系统本身具有复杂性特点。知识本身的不确定性、动态性、海量性、共享性、可用性以及知识传播过程的网络特征导致了知识生态系统的复杂性。因此,知识生态系统的建设必须遵循复杂系统的基本规律和建设方法论,不仅需要承认知识生态系统的复杂性,而且必须有效管理其复杂性。例如,目前的知识管理理论主要关注的对象是简单知识,即可用知识的管理,并不承认知识的弱可用性。但是,随着应用需求和环境的变化,弱可用知识的管理将是知识生态建设的重点和难点。

(4)知识生态系统的建设不可忽略参与者的自适应能力。知识生态系统的参与者可以有很多种,如从参与者的性质可以分为人、计算机等;从参与者的数量可以分为个体、团队、组织、跨组织等。目前,知识管理理论中往往把这些主体当做一个被动要素进行分析,忽视了其自适应能力。例如,在多数组织机构中,一旦制定了自己知识管理制度和方法,在很长时间内并不更新,导致了“上有政策,下有对策”现象的出现。参与者的自适应性要求我们不断完善知识管理的策略、制度、方法、机构设置和责任分配,以便应对主体的自适应。

(5)知识生态系统中的知识过程的设计和优化应充分考虑其不确定性。在传统知识管理理论的指导下,人们倾向于用确定性方法管理知识,总是希望有个确定性的过程和结果。但是,知识管理实践已证明,不确定性是知识生态系统的重要特征之一。在知识过程的设计和优化过程中需要充分考虑各种不确定因素,提升其灵活性。

总之,与知识管理学科有密切相关的研究领域有很多。除上述Web2.0、综合集成研讨厅、复杂性理论和知识生态系统等理论之外,还有协同创新、开放创新①、群智能、社会网络等很多领域的研究问题均与知识管理相关。开放创新与大规模协同知识管理的相似之处在于认同内部知识的有意外流以及充分利用外部知识的重要性,但开放的对象、内容和方式以及研究对象、研究问题、研究结论等方面均有不同;协同创新通过国家意志的引导和机制安排,通过促进企业、大学、研究机构之间的优势互补,实现技术推广应用和产业化的一种新的科技创新模式②,与大规模协同知识管理的相似之处在于承认和接受创新活动的复杂性,但是协同对象、协同机制、协同模式以及研究问题、研究方法和研究结论均不同。考虑到与本书研究的相关程度和篇幅所限,在此不再详细讨论其他相关方法。

1.5　小结

本章在界定知识管理、知识处理、大规模协同知识管理、语义 Web、基于语义 Web 等基本概念的基础上,从人工智能和知识管理两个学科视角深入研究国内外在知识处理研究领域的进展,得出的主要结论是:

- 目前的知识处理主要模式有两种:以人工智能理论为基础的“计算机知识处理模式”和以知识管理理论为基础的“人脑知识处理模式”。
- 两种知识处理模式之间的区别在于“计算机知识处理模式”采取以计算机为知识处理的主要手段,其瓶颈在于知识表示的计算机不可理解性;“人脑知识处理模式”侧重于以人为知识处理手段,其研究瓶颈在于如何推动可持续的知识创新和共享。
- 现阶段知识处理研究需要重点解决两个问题:一是采用面向计算机可理解的知识表示方法,降低人工智能知识处理难度;二是通过知识生态系统的建设,实现知识共享和知识创新,突破知识管理理论与实践的瓶颈。

接着,深入研究了语义 Web 技术本身的研究进展,以语义 Web 技术标

① Chesbrough, Henry, Wim Vanhaverbeke, et al. Open Innovation: Researching a New Paradigm[M]. Oxford University Press, 2006.

② 陈劲. 协同创新[M]. 杭州:浙江大学出版社,2012:39.

准的主要推动者——W3C 国际标准化组织内设立的与语义 Web 技术研究相关的不同兴趣组研究工作的对比研究为出发点，从知识表示、查询、推理和维护四个层面较详细地探讨语义 Web 技术标准的基本内容。在此基础上，进一步分析论证基于语义 Web 技术知识处理与传统 Web 知识处理的区别，即基于语义 Web 的知识处理的特征。在此基础上，归纳出了基于语义 Web 的知识处理的七个基本特征，即计算机可理解的知识表示、计算机可理解的知识联网、计算机可理解的知识规则系统、基本知识处理单位的原子性、知识处理的前端控制、与 Web2.0 的集成性和分形发展趋势。因此，语义 Web 技术的研究对大规模协同知识管理的研究具有重要意义，具体体现在：

- 语义 Web 知识表示以“机器可理解”为主要目的，兼顾知识的“人可理解性”，降低计算机知识处理的复杂性，为人机协同知识处理提供了新的实现环境。
- 除了使知识具备“计算机可理解性”，语义 Web 中知识表示的另一个目的是在知识之间建立计算机可理解的联网关系。
- 语义 Web 规则推理机制为基于语义 Web 的知识挖掘、推理和验证操作奠定基础，进一步加强知识的“机器可理解性”。
- 语义 Web 中知识处理的单位发生根本性变化——语义 Web 支持以知识原子为单位进行表示、检索、推理和抽取知识。语义 Web 知识处理单位的改变，从根本上解决传统计算机关键字匹配技术的查准率和查全率低的问题，使计算机进行语义检索和语义推理成为可能。
- 在其他条件相同的情况下，基于传统 Web 的计算机知识处理的难度高于基于语义 Web 的知识处理。其原因除传统 Web 知识表示的计算机不可理解性之外，还有一个更重要的原因在于传统 Web 知识处理流程中对“前端控制”的忽略——将知识以“信息”的形式存放到计算机系统中，缺少必要的语义信息的提供和一致性检验，导致传统 Web 中知识本身的质量过低和计算机智能处理成本的过高。语义 Web 的出现，不仅强调计算机知识处理过程中的“前端控制”的重要性，重视人在知识表示过程中的重要性，加强知识表示的规范性、计算机可理解性、一致性和正确性，减少垃圾信息被输入到计算机的可能，从根本上降低计算机知识处理的复杂度。

最后，分别讨论与本书研究有密切联系的相关理论——Web2.0、综合

集成研讨厅、复杂性理论和知识生态学,得出结论:

- 与 Web2.0 集成的知识处理模式是语义 Web 应用发展的重要趋势之一,Web2.0 模式将成为基于语义 Web 的知识处理的最重要模式;
- 大规模协同知识管理可以建立在基于语义 Web 的综合集成研讨厅体系,以便达到更好地支持人机协同知识处理任务的目的;
- 复杂性理论对知识管理理论,尤其为大规模协同知识管理理论提供新的研究思路;
- 知识生态系统理论为大规模协同知识管理方法的实现框架的研究提供重要依据。

2 大规模协同知识管理思想

目前,知识管理理论研究与实践探索之间鸿沟较大,实践探索领先于理论研究成果,导致现有知识管理理论无法解释新兴知识管理实践,甚至在二者之间出现相互矛盾的现象。为此,本章提出一种新的知识管理思想——大规模协同知识管理。

首先,以总结和归纳知识管理领域的现有研究成果为目的,提出知识管理理论体系的火炬模型。通过该模型不仅表现出知识管理的主要研究层次,而且还给出知识管理领域的基本研究方向;

其次,结合四个与知识管理相关的开创性实践的分析,创新性地提出知识管理实践的十大转变以及大规模协同知识管理的研究目的;

接着,比较系统地提出大规模协同知识管理理论体系,包括其理念、原则、方法论、方法、技术和工具;

最后,描述大规模协同知识管理的提出对知识管理和知识工程领域的主要贡献。

2.1 知识管理理论体系的火炬模型

在介绍大规模协同知识管理思想之前,我们需要梳理和分析知识管理领域的已有研究成果。为了便于理解和解释,本书提出一种知识管理研究模型——知识管理理论体系的火炬模型,如图 2 – 1 所示。从图 2 – 1 可看出,知识管理理论体系有五个基本特征:

- 研究对象的层次性。知识管理的研究对象有很多,从研究范围可以分为八个不同层次:知识、个体、团队、组织、客户、供应链、合作伙伴、知识生态系统。
- 研究范围的广泛性。研究对象的层次性,即从知识到知识生态系统的多种研究对象表明了知识管理对研究范围在不断扩大。

- 研究视角的多样性。知识管理的研究视角有很多,但归纳起来有两种:人类视角、计算机视角。就目前而言,人机协同视角的知识管理研究较少,忽略了知识管理研究视角的重要趋势。
- 研究范式的差异性。不同层次、范围和视角下的知识管理的主要研究范式可归纳为两大类,一种是管理范式,另一种是技术范式。管理范式的主要理论有:个人知识管理、项目知识管理、组织知识管理、客户知识管理、供应链知识管理、协同知识管理;技术范式的主要理论有:集中式技术管理、分布式技术管理、域知识管理、用户知识管理、跨域知识管理、协作处理等。
- 研究趋势的统一性。虽然知识管理的研究对象、研究范围、研究视角和研究范式分别具有层次性、广泛性、多样性和差异性,但其研究最终目的趋于统一,即构建知识生态系统。

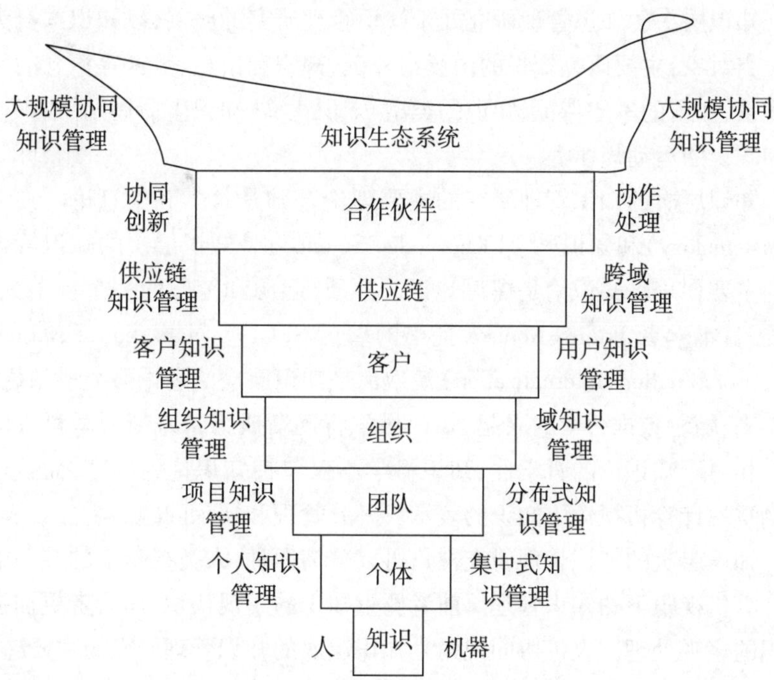

图 2－1　知识管理理论体系的火炬模型

此外,图 2－1 还给出本书提出的大规模协同知识管理理论与现有知识管理理论之间的区别与联系:

- 大规模协同知识管理思想的提出并非完全否定和推翻现有研究成果,而是对现有理论的继承与创新;
- 大规模协同知识管理的提出进一步扩展知识管理的研究范围,将组织知识管理的研究范围延长至其知识链的长尾部分，将长尾主体、专业余等纳入知识管理范围；

- 大规模协同知识管理的提出改变知识管理理论的研究视角，采用一种新的研究视角——人机协同视角；
- 大规模协同知识管理改变了知识管理的研究对象，它以构建知识生态系统为直接研究对象，而现有理论则以知识生态系统为最终目的，知识生态系统是现有知识管理理论的间接研究对象；
- 大规模协同知识管理中采用一种新的知识管理模式——语义 Web 和 Web2.0 集成的知识管理模式，改变现有知识管理研究中的两种基本模式。

2.1.1 知识

知识层次的知识管理研究处于知识管理研究的底层，以知识本身为直接研究对象，主要研究知识的内涵与外延、知识和信息、数据等概念的区别与联系、知识的本质特征、知识的类型、知识主义、知识生命周期、知识连续体和知识的运动规律等。

知识层次的知识管理研究的主要理论基础是哲学和信息论。知识论（Epistemology）和知识科学（Knowledge Science）是知识层次的知识管理理论的主要代表。知识论是探讨知识的本质、起源和范围的一个哲学分支。此外，日本学者 Ikujiro Nonaka 提出的著名 SECI（Socialization，Externalization，Combination，Internalization）模型也是知识层次的理论研究成果之一。近年来，随着数据科学的兴起，知识科学将逐渐成为未来新型学科方向之一。相对于知识论的哲学性，知识科学不仅包括知识论的内容，而且还更加侧重视计算机视角下知识的表示、存储、管理和展示问题。

知识层次的知识管理研究视角可以分为两种：人类视角下的知识管理和计算机视角下的知识管理。前者侧重知识的主观认识，而后者更加强调知识的客观处理。人机协同视角是知识层次的知识管理研究的主要趋势。

2.1.2 个体

相对于知识层次，个体层次的知识管理进一步扩展了知识管理的研究范围，将个体（包括人和计算机）纳入知识管理的范围。它以管理知识的个人或计算机为直接研究单位和研究对象，主要研究个人知识管理方法、个体心智模式与心理特点、个性化推荐与过滤、个体动机与激励以及计算机知识管理技术等。

个体层次的知识管理的主要理论基础是心理学和知识工程。个人知识管理是该层次的代表性知识管理理论。从本质上看,个体知识管理与组织知识管理之间存在博弈关系。因此,随着组织知识管理实践的深入,个体对自身的知识保护和管理意识将得到加强,成为组织知识管理实践的重要挑战之一。个体知识管理的主要发展趋势是所关注的个体从专业人才到专业余,甚至到草根用户的转移。

个体层次的知识管理的研究视角可分为两种:

- 人类视角下的知识管理和计算机视角下的知识管理。人类视角下的个体知识管理主要以心理学为理论基础,研究个体的知识行为和个体参与知识活动的规律。
- 计算机视角下的知识管理主要以集中式知识工程为主,重点研究知识库的建设、知识表示与组织、索引与检索、知识影射与匹配、知识展现与反馈等问题。

2.1.3 团队

相对于个体层次,团队层次的知识管理进一步扩展知识管理的研究范围,将个体之间的联系和博弈纳入知识管理的范围。它以由个体组成的团队(包括虚拟团队)为直接研究对象,主要研究团队知识管理的方法、技术和工具等,以及计算机网络,尤其是分布式知识管理问题。

团队层次的知识管理的理论基础是博弈论和社会学。在知识管理实践中,团队的表现形式多种多样。项目团队的知识管理和虚拟团队的知识管理是团队层次的知识管理理论的主要代表。博弈论和社会网络分析方法的引入是团队层次的知识管理研究的主要趋势。

与个体层次的知识管理类似,团队层次的知识管理的研究视角也可以分为两种:人类视角下的团队知识管理和计算机视角下的团队知识管理。前者主要研究由人组成的团队合作中的知识管理问题,而后者主要研究由计算机组成的计算机网络中的知识管理问题,例如分布式知识管理技术和方法。

2.1.4 组织

组织与团队的区别在于组织具备独立的物质、能源、人才和资金资源,而团队则往往不具备物质、能源、人才和资金资源的绝对支配权,而且具有临时性和任务导向性。因此,相对于团队层次,组织层次的知识管理所考虑的要素更多,所涉及的范围更广,更具有复杂性和灵活性。组织以组织知识管理理论为直接研究对象,主要研究组织层次的知识创新、组织文化、组织学习、流程再造和最佳实践等。

组织层次的知识管理的理论基础是管理学和复杂性理论。组织知识管理是组织层次的知识管理理论的主要代表。组织层次的知识管理理论最早是以管理学为主要理论基础提出的,具有鲜明的管理学学色彩。但是,随着知识管理理论研究的深入,复杂性理论,尤其是复杂适应系统理论将成为组织知识管理理论的另一个重要理论基础。

从理论上,知识管理理论的研究视角有两种:人类视角下的组织知识管理和计算机视角下的组织知识管理。从人类视角看,组织知识管理需要研究组织知识管理的复杂性、可持续创新和投资回报问题;从计算机视角看,需要以安全域为基本研究范围,从知识处理层次研究组织知识管理中的方法、技术和工具。

2.1.5 客户

相对于组织层次,客户层次的知识管理进一步拓展知识管理的研究范围,将来自外部,但与组织有着服务和被服务关系的客户群纳入知识管理的范围,重视客户的参与和贡献。客户层次的知识管理以客户知识为直接研究对象,主要研究如何将客户知识转换为组织知识、如何激励客户参与组织知识管理活动,以及如何提高客户对组织知识管理的贡献等问题。

客户层次的知识管理的理论基础是客户关系管理理论和 Web2.0 理论。客户知识管理是人类视角下的客户层次知识管理的典型代表;Web2.0 应用是计算机视角下的客户层次知识管理的主要理论基础。客户概念的泛化、客户情感和行为挖掘、客户群的知识管理、基于客户大数据的知识管理、语义 Web 与 Web2.0 的集成是客户层次的知识管理理论的发展趋势。

2.1.6 供应链

相对于组织层次和客户层次,供应链层次的知识管理进一步扩展了知识管理的研究范围,将组织所处的供应链,尤其是其上下游组织纳入知识管理的范围。它以基于供应链的知识管理为直接研究对象,主要研究如何通过充分利用供应链实现知识管理的分工与合作、知识共享与转移以及供应链的优化问题等。与客户的个体性和团队性不同的是,供应链上的上下游主体往往为正式组织,具备一般组织机构的基本特征。

供应链层次的知识管理的理论基础是供应链管理理论和跨域知识工

程技术。供应链知识管理是比较有代表性的供应链层次的知识管理理论；跨域知识工程需要由同一个供应链上的不同组织形成的多个安全域之间的跨域访问、共享与互操作。基于供应链的知识管理研究仍处于起步阶段，尚未出现突破性的研究进展。

2.1.7　合作伙伴

与供应链不同的是，合作伙伴之间往往并不存在产品、服务和原材料的直接供给关系。合作伙伴关系可以有多种，最常见的是企业、高校、政府之间的合作关系。因此，相对于供应链层次，合作伙伴层次的知识管理进一步扩展知识管理的研究范围，将组织的各种合作伙伴纳入知识管理的范围。它以组织及其合作伙伴组成的更大范围内的知识管理活动为直接研究对象，主要研究如何实现合作伙伴之间的协同创新、知识共享、知识再用和战略合作、协同平台的研发、制度与机制构建等。

合作伙伴层次的知识管理的理论基础是战略管理、开放创新和协同创新理论。协同创新体的知识管理和协同创新理论是合作伙伴层次的知识管理理论的代表性理论。开放式协同创新方法和知识管理视角下的协同创新的保障机制是合作伙伴层次的知识管理主要研究趋势之一。

2.1.8　知识生态系统

知识生态系统层次的知识管理处于知识管理理论体系的顶层，超过其他各层次的知识管理研究范围，将知识管理的各种活动要素，包括知识、人、设备、技术、工具，纳入到知识管理的范围，从知识视角将组织及其所处环境（包括客户、供应链、合作伙伴等）视为一个知识生态系统，侧重于知识创新的可持续性和知识管理的自组织性。知识生态系统层次的知识管理以组织为中心的知识生态系统为直接研究对象，主要研究知识生态系统的复杂性以及自组织方法和技术等。

知识生态系统层次知识管理的理论基础是生态学和复杂适应系统理论。知识生态学（理论）是知识生态系统层次的知识管理研究的代表性理论。知识生态系统的复杂性的分析和自组织机制构建是知识生态学主要研究是趋势。与其他层次不同的是，在知识生态系统层次，知识管理的两个不同视角，即人类视角和计算机视角趋于融合，将出现一种新的知识管理研究视角——人机协同知识管理视角。

2.2 知识管理实践的十大转变

虽然知识管理理论在不断深入和演化之中,但尚未与知识管理新型实践保持同步。本节我们以知识管理相关的四个开创性实践为案例,探讨大数据环境下的大规模协同生产时代的知识管理实践的十个重大转变,并结合知识管理理论体系的火炬模型,探讨知识管理实践与理论之间的鸿沟以及知识管理理论研究的空白。

案例(一)加拿大 Goldcorp 公司的创新

Goldcorp 公司(Goldcorp Inc.)成立于1954年,是世界上产量最大的黄金生产企业之一,并且也是增长最快、成本最低的业内领袖。总部设在加拿大 BC 省温哥华市,同时是多伦多证券交易所(TSX)和纽约证券交易所(NYSE)的上市公司,公司2006年的资产规模超过100亿美元。

加拿大安大略省红湖地区是世界最大的黄金矿区之一。Goldcorp 在该地区的一个 Campbell 矿自1949年以来生产黄金11百万盎司。但到了20世纪90年代中期,该矿区却面临着金矿资源枯竭、冶炼规模缩小、各项成本高涨、员工罢工、资本短缺的困境,甚至接近关矿倒闭边缘。

当时,Goldcorp 在多伦多子公司的总裁是 Rob McEwen,他曾经是一个互惠基金经理,是一个有活力、有冲劲、敢冒险的年轻人,虽然他没有很多采矿冶炼业的工作经验,但他很想把基金业积极进取的风格带到保守稳健的采矿业来。

Rob McEwen 当时确信在红湖地区能够找到更多的金矿资源,而公司资深专家们的意见正好相反,认为资源已经枯竭、没有什么潜力。他把专家们关在会议室,想不出办法、制订不出计划,不让下班回家。会议后他决定了一个让员工觉得他疯了的1000万美元勘探计划,在红湖矿区最远的、最深的地方勘探。几周后地质人员有了重大发现:试钻结果推算黄金储量是当时估计的30倍。

尽管试钻结果令人兴奋,但接下来的几年却让 Rob McEwen 充满挫折感,因为公司内的地质学家始终不能准确估计储量和确定准确矿点位置。1999 年 Rob McEwen 到麻省理工学院(MIT)参加青年总裁会议,被 Linux Torvalds 这种世界级计算机操作系统是利用志愿者开源式的开发模式完成所唤醒。他突然认识到:如果公司内部员工不能发现金矿,也许其他外界人士能行,也许要像 Linux 那样开放勘探过程才能找到这些人,回到多伦多便开始策划“Goldcorp 挑战赛”。

2000 年 3 月正式启动了这次竞赛,Goldcorp 公司提供了 57.5 万美元奖金奖励那些有最好找矿方法和最准估计的参与者,公开了公司过去 52 年来积累的红湖地区 55000 英亩矿区内部机密地质数据(大约 400M)。竞赛问题是:“在红湖地区的哪些地点可以为公司找到 600 万盎司黄金?”Rob McEwen 希望引入采矿行业的智能资本,像激光那样精准定位矿点,从而加速探矿过程。

Goldcorp 公司建立了专门的竞赛网站,有意参与者在网站注册,然后公司给每个参与者寄去一个光盘,盘内附有软件,通过它可以浏览网站上的矿区虚拟场景、搜索数据库的地质数据、分析、描述二维三维数据。一个独立的评判团队则负责提案的审核评选。

Goldcorp 挑战赛网站吸引了 475000 次点击,来自 50 多个国家的 1400 个个人、公司、大学、国内外政府地质机构在网站注册。除了地质学家外,研究生、咨询师、数学家、军官都加入进来,使用应用数学、高等物理、智能系统、计算机图像学、有机方法解决这个问题。这些虚拟探矿者在研究这些数据后标示出 110 多个勘测目标,其中 50% 是公司原未发现的新目标,80% 的新目标有丰富的黄金储量,当时,5 个排名在前的勘测目标有 4 个试钻探出金矿,探明的黄金储量超出原来的目标而达到 800 万盎司。

2001 年 3 月挑战赛揭晓,总共有 29 人获奖,其中 24 个是半决赛获奖者,各获得 1 万美元奖金;决赛中有一等奖 1 名、奖金 9.5 万美元,二等奖 1 名、奖金 8 万美元,三等奖 2 名,奖金各 7.5 万美元。获奖者主要来自澳大利亚、加拿大、美国、俄罗斯、西班牙。到现在,红湖地区被认为是世界上最富有的金矿区,每吨矿山含金 2.1 盎司。另外它的每盎司黄金生产成本只有 60 加元,是世界上 5 个最低成本区之一。

Rob McEwen 认识到:从来没有看到使用这么多学科知识解决问题,这些获奖者能够在极短的时间内分析大型的、复杂的数据库，即使不亲临现场也能标示出勘测目标，这种方法将是未来的一部分。

这种开放式征集勘测目标在全球采矿业是不可思议的，因为此前行业里把储量和勘探数据都看做是核心商业机密。所以这个挑战赛引起轰动，Goldcorp 被《商业周刊》《快速公司》杂志评为 50 家最有创新、最具成长性的公司之一，这种挑战赛方法被采矿业称为“Goldcorp 法则”。

来源：MBA Library. 加拿大 Goldcorp 公司[OL]. [2014 - 02 - 12]. http:// wiki. mbalib. com/wiki/% E5% 8A% A0% E6% 8B% BF% E5% A4% A7Goldcor p% E5% 85% AC% E5% 8F% B8.

案例(二) 美国国防部 DARPA XC2V 的研发

为了降低成本、加快研发时间，并设计出更具有战斗侦察和作战交付及疏散能力的军用车，美国国防部高级研究计划署(Defense Advanced Research Projects Agency，DARPA)于 2011 年委托 Local Motors, Inc 公司举行了名为 DARPA XC2V Challenge① 的设计挑战赛，允许全球范围内任何人都可以递交新方案，或者在现有方案上进一步设计修改。为了方便参赛人员的设计，竞赛发起方提供了包括有蓝图，模板和徽标等内容的工具包(“Ignition” Kit)。军方则负责检查递交的设计方案，根据获胜者的方案建造概念模型。

在此次 DARPA XC2V 挑战赛中，组织者收集到了超过 150 种不同的设计方案。值得一提的是，参赛者并不完全来自于军方和汽车设计行业，而其来源有多种，如汽车爱好者、其他领域的设计师以及来自众多企业和大学的专业余人员。

通过评审，Victor Garcia 的 Flypmode 设计方案、Marc Senger 的 Kratos 设计方案和 Romain Chareyre 的 Sentinel 设计方案被评为前三名，并分别获得了 7500 美元、1500 美元和 1000 美元的奖金。DARPA 和 Local Motors, Inc 公司还按照 Victor Garcia 的 Flypmode 设计方案制造出了军用车车型。

DARPA 仅仅在 14 周的时间内找到了理想设计方案——Fly-

① Paul Arnold. The World's First Crowdsourced Military Vehicle[OL]. [2011 - 11 - 23]. http://www. ideaconnection. com/open-innovation-success/The-World-s-First-Crowdsourced-Military-Vehicle-00305. html.

pmode 设计方案。之后,DARPA 和 Local Motors, Inc 公司仅仅花费了 6 周时间,实现了 Flypmode 设计方案,生产出了实物车型——XC2V 车型(图 2-2 所示),在时间和成本方面得到了突破性进展。据报道,该设计方案还得到了美国总统奥巴马的高度评价,认为该车型是美国军方工业与民用工业合作进而提升美国整体制造业水平的一个典范。

图 2-2 美国军用 XC2V 车型

案例(三)亚马逊 Mechanical Turk 的知识处理

Amazon Mechanical Turk(Amazon MTurk) 是 2005 年由亚马逊公司研发的知识处理平台。其名称来自于 1769 年匈牙利发明家 Wolfgang von Kempelen 研制的会下棋的机器人——Mechanical Turk[①]。其实,Mechanical Turk 机器人只是个道具,由躲在机器里面的下棋高手操纵,并没有依靠目前机器人中普遍采用的人工智能技术。Amazon MTurk[②] 为知识处理中的知识提供方(Workers,又称 Turkers 或"供方")和知识需求方(Requesters,或"需方")之间提供了一个合作平台。

Amazon MTurk 知识处理的主体是人,而不是计算机。需方将知识处理需求分解成较具体的、易于完成的"小任务"——Hu-

① Amazon Web Services LLC or Its Affiliates. Amazon Mechanical Turk FAQs[OL]. [2012-04-20]. http:// aws. amazon. com/mturk/faqs/.

② Amazon Web Services LLC or Its Affiliates. Amazon Mechanical Turk[OL]. [2012-04-20]. http://aws. amazon . com/mturk/.

man Intelligence Tasks(HITs)——之后,通过此平台向供方发布。供方选择自己擅长的HITs,并完成指定操作。供方提交的结果经需方确认后将得到一定数额的资金回报。Amazon MTurk平台还提供了编程接口,软件开发者也可以通过调用平台提供的接口构建自己的应用程序。

相对于传统知识处理平台,Amazon MTurk平台具有如下的特殊性:

(1)参与者的长尾性。Amazon MTurk平台的需方和供方均具备长尾性。

一方面,此平台对知识处理任务的需求发布者不做任何限制,任何长尾主体注册和登录之后均可通过互联网在此平台上发布自己的知识处理需求;

另一方面,此平台中的知识处理任务由人工完成,而且参与完成的长尾主体是通过互联网选择知识处理任务和提交知识处理结果,一般对知识处理主体的身份和职业不做限制。

因此,参与者的长尾性保证了Amazon MTurk平台的灵活性和低成本性。

(2)获取劳动力的弹性。Amazon MTurk平台中劳动力的规模具备弹性特点。在传统知识处理模式中,知识处理的劳动力的获得需要经过一系列的常规过程,如公布招聘信息、简历挑选、组织面试、岗位培训、职责分配、绩效考核等。因此,传统知识处理模式中获取劳动力的即时性较差,对劳动力的利用率较低。

但是,Amazon MTurk平台改变了这种做法,其劳动力获取是按需的、弹性的①,不仅可以很容易获得与特定知识处理任务对应的劳动力,而且也可以根据任务量和完成情况,调整劳动力的数量和范围。

(3)小任务性。Amazon MTurk平台发布的任务的粒度都是较小的,当需方的知识处理任务粒度较大时,需要进一步分解成一批更小的、更容易完成的知识处理任务,即HITs(Human Intelligence Tasks)。小任务性是此平台的主要特点之一,较好地吻合了长尾主体的知识处理特征和规律,可以充分利用自己的业务时

① Amazon Web Services LLC or Its Affiliates. Overview of Mechanical Turk[OL]. [2012-04-20]. http://docs.amazonwebservices.com/AWSMechTurk/latest/RequesterUI/OverviewofMturk.html.

间，在不花费太多精力的前提下，轻松完成供方的任务。

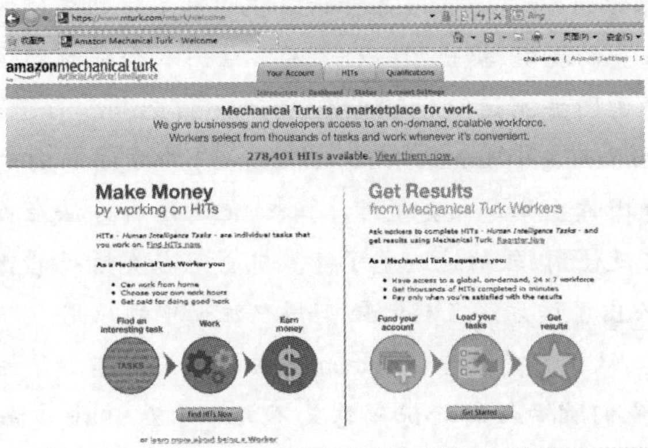

图 2 - 3　Amazon MTurk 平台

此外，小任务性也有助于保证供方工作的原始性，便于收集供方的第一感觉或原始想法，避免供方进行过多的修饰和过滤自己的观点。

(4)后支付模式。Amazon MTurk 平台采用的是“先劳动后支付”的模式，需方在发布任务的同时公布报酬金额。供方完成的小任务，经需方确认后，方可获得相应的报酬。“先劳动后支付”较好地避免了不认真用户的参与，提高了用户在完成任务时的积极性。

(5)资格审查。平台还提供了设置供方的资格条件(Qualification)，如地域、领域和诚信度。供方可以采用资格条件选择劳动者类型。

(6)知识处理成本低。通过 Amazon MTurk 平台进行知识处理时，不需要聘请固定员工和日常管理成本，而是利用长尾主体的力量和网络平台，采取后支付模式，省去了传统知识处理中的员工管理的成本。此平台建议需要对一个 HIT 承诺的最小报酬可以低至 0.005 美元。

因此，当任务量不是太大、复杂度不够大时，通过此平台知识处理的成本小于传统知识处理的成本。但是，当需方知识处理任务非常复杂、工作量很大、参与完成的供方过多时，此平台上的知识处理成本可能超过传统模式。

案例(四)卡内基梅隆大学 Recaptcha 项目

2000 年,Luis Von Ahn 基于计算机识别不规则文字的能力远远低于人类的现实,提出了一种新的方法——全程自动区分计算机和人类的图灵测试(Completely Automated Public Turing Test to Tell Computers and Humans Apart,Captcha)的方法。由于能够较好地区分操作主体是人类还是计算机,他的这种方法在各大网站中得到广泛使用,较好地避免了计算机冒充人类情况的出现。图 2-4 中给出了该方法在 Google 新用户注册中的应用。

但是,从用户角度看,Captcha 方法的应用却增加了他们的负担,因为他们所输入的验证码意义不大。于是,Luis Von Ahn 启动了 ReCaptcha 项目,将 Captcha 思想引入古籍(计算机时代之前的书籍)的数字化过程中,用于解决 OCR 技术还无法胜任古籍文字的自动识别。他的基本想法如下:向用户显示两个文字,其中一个“已识别文字”,而另一个是从古籍中抽取的难以识别或存在疑问的“未识别文字”。这样,验证码的功能变为两个:“已识别文字”的输入具有验证作用,而“未识别文字”输入则具有另一种作用,如文字识别、录入或转换等。为了提高对“未识别文字”的识别准确度,系统将同一个“未识别文字”同时发给不同用户,并通过对来自不同用户的提交结果进行比对分析来确定用户输入中与“未识别文字”对应的内容是否可靠。

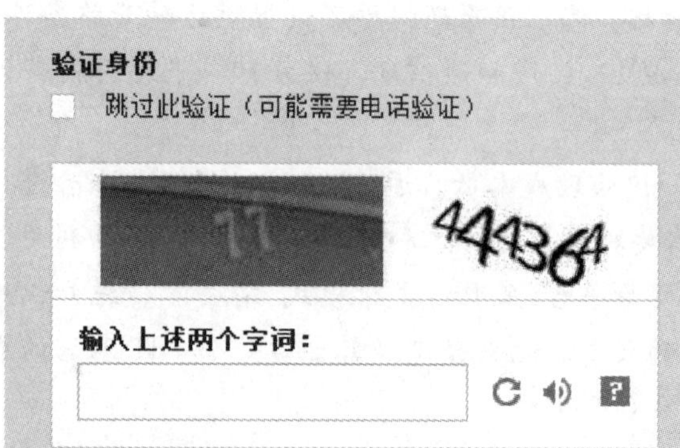

图 2-4 Captcha 项目

2009 年,Google 收购了 ReCaptcha 项目,并应用于其图书扫描工作中,取得了较好的效果。图 2-5 给出了 Google 的 ReCaptcha 项目主页(http://www.google.com/recaptcha/captcha)。

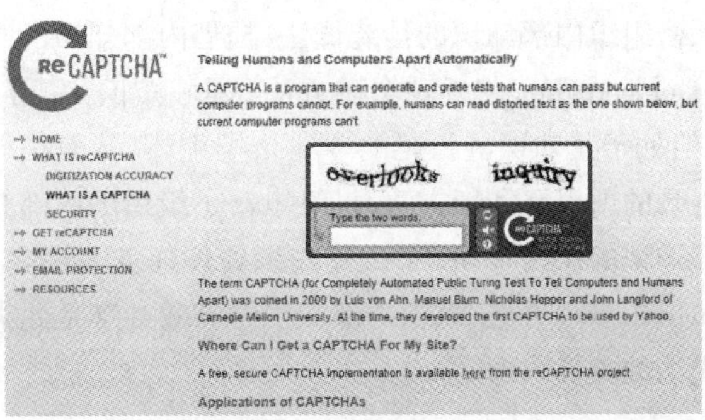

图2－5　ReCaptcha 项目

通过上述四个案例,我们可以发现知识管理研究面临以下问题:

(1)知识管理的现有理论研究的局限性日益凸现,无法指导或解释新兴的知识管理实践,知识管理理论亟待创新。上述四个案例中的很多做法,包括核心知识的共享、核心人物的完成方式都发生了突变,与现有知识管理理论存在差异,甚至有冲突。

(2)知识管理实践需要新的理论指导,知识管理新理论的缺失导致了知识管理实践的高成本、高风险。上述案例(一)加拿大 Goldcorp 公司的创新和案例(二)美国国防部 DARPA XC2V 的研发虽然相隔十年,但其思路、模式和方法基本相同。前一个实践的理论总结的缺失,导致后一个实践的设计和实施从头做起,不仅存在重复劳动,而且加大了类似知识管理实践的风险和成本。

(3)知识管理理论需要回归本源,重新审视现有知识管理中的一些习以为常的信念和思想,要求我们重新构建知识管理的理论体系。现有知识管理是典型的80/20 法则的知识管理理念,即重要知识管理任务由组织核心知识管理人才完成。但是,上述两个例子突破了这种传统信念和思想。在第一个案例中,Goldcorp Inc. 突破现有知识管理中的内部知识保密的思想,将自己的内部知识——发现金矿核心知识和重要数据开放给用户。在第二个案例中,美国国防部则违背现有知识管理中的依靠组织核心员工完成核心知识的创新理念,将自己的核心任务——DARPA XC2V 的设计任务转交给来自组织外部的长尾主体和专业余。

为此,我们需要深入研究上述四个案例及知识管理相关的其他开创性实践。通对比分析,我们可以发现,近年来知识管理实践发生了如下十个重大转变(见图2－6)。

2.2.1　从保密到共享

“从保密到共享”的转变是指组织对组织内部知识的管理策略发生转

变——改变保密组织内部知识的传统做法,提倡内部知识的高效共享。在案例(一)中,Goldcorp Inc.将发现金矿方法(领域知识)和历史数据(非领域知识)共享给处于其知识链长尾的专业余类主体,从而获得来自不同学科领域的专业余的新思路和新方法,最终丰富了组织的内部知识。如果该公司采取内部知识的保密策略,那么其知识处理任务无法完成,无法完成知识创新和知识积累。可见,组织内部知识的高效共享是此类新兴知识管理实践是否成功的关键因素之一。

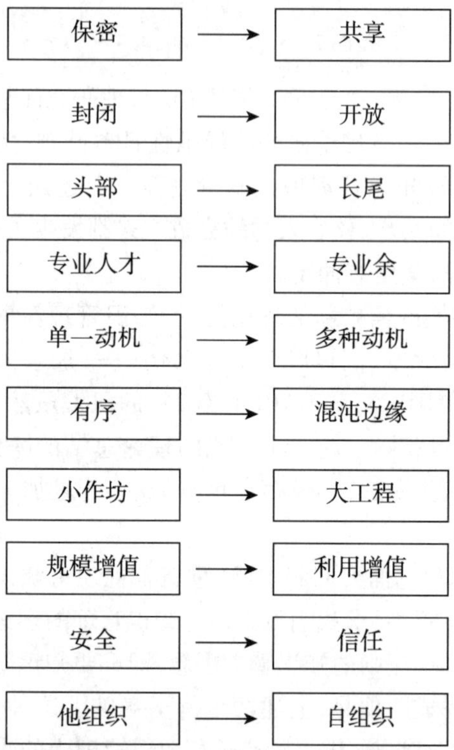

图2-6　知识管理实践的十大转变

在传统知识管理实践中,组织需要保密其内部知识(包括领域知识和非领域知识),以便确保其核心竞争力。但是,在大数据环境下的大规模协同生产时代,知识管理活动的发起者需要改变保密内部知识的传统做法,应将内部知识共享给该组织知识链上的各类主体,尤其是长尾主体和专业余类用户。

2.2.2　从封闭到开放

“从封闭到开放”的转变是指参与组织知识管理活动的主体范围发生

变化——改变组织知识管理活动的参与者仅限于组织内部专业人才、客户、供应链或(和)合作伙伴的做法,提倡将知识处理任务开放给所有主体(包括组织内外,人和计算机,专业人才和专业余等),鼓励多种主体参与组织知识处理活动。在案例加拿大 Goldcorp 公司的创新和美国国防部 DARPA XC2V 的研发中,知识管理活动的发起者均将知识管理任务开放给所有主体,尤其是处于知识链长尾的专业余型主体,包括大学生、咨询顾问、数学家、军人和医生等多种主体。开放知识处理任务是此类新兴知识处理是否成功的另一个关键因素之一。

在传统环境下,组织知识处理任务主要由来自组织内部的知识型人才完成,有时也允许客户、供应链和合作伙伴的部分主体参与组织知识处理活动,但并不对所有类型的主体完全开放。但是,在大数据环境下的大规模协同生产时代,知识管理活动的发起者需要改变封闭知识处理任务的传统做法,应将组织知识处理任务开放给所有主体,尤其是处于知识链长尾的专业余型主体。

2.2.3 从头部到长尾

"从头部到长尾"的转变是指组织知识管理活动的主要参与者的角色发生变化——处于组织知识链头部的内部专业人才不再是组织知识管理的"主角",而来自其长尾的专业余型用户成为组织知识管理活动的"主角"和主要贡献者。上述四个案例中,最终完成组织知识创新的并不是处于组织知识链头部的内部用户,而是来自组织外部的长尾主体才是真正的"主角"和主要贡献者。组织知识链的长尾主体在此类新兴知识管理实践中扮演重要角色,而头部用户仅仅起到引导和协调作用。

在传统知识管理实践中,组织需要借助其知识链头部完成知识处理任务。基于头部用户的知识处理具有成本高、风险大的特点。但是,在大数据环境下的大规模协同生产时代,知识管理的发起方需要充分利用长尾主体的无限力量,改变头部用户的角色和参与方式,实现头部用户对长尾主体的引导和协调作用。

2.2.4 从专业人才到专业余

"从专业人才到专业余"的转变是指知识管理活动的参与者的身份发生改变——专业人才不再是知识处理活动的唯一参与者,而专业余(Pro-Am,处于专业人才和业余之间)才是知识管理活动的主体。在案例加拿大 Goldcorp 公司的创新和美国国防部 DARPA XC2V 的研发中,组织知识处理任务并不是仅仅依靠所属专业的人才完成,而是由一些专业余(如大学生、咨询顾问、数学家、军人和医生等)来完成。相对于所完成的知识处理任务而言,这些主体的知识和业务处于专业和业务之间,属于专业余类型的群体。充分利用专业余的力量是此类知识管理实践的重要影响因素。

在传统知识管理实践中,组织更加重视专业人才,而忽略专业余的重要性。过分依赖专业人才的知识管理,不仅加大组织知识管理的成本,而且还增加知识管理的风险。但是,在大数据环境下的大规模协同生产时代,知识管理的发起方需要重视专业余的重要性,从而降低组织知识管理的成本和风险。

2.2.5 从单一动机到多种动机

“从单一目标驱动到多目标驱动”的转变是指主体参与组织知识管理活动的动机发生变化——经济利益不再是主体参与知识处理活动的唯一决定性动机,个人的被关注度、兴趣爱好、来自其他用户评价开始成为知识共享的重要动机。在上述四个案例中,主体参与知识处理活动的动机并不完全是直接获得经济上的补偿,而且还有兴趣爱好等其他因素。再如,用户参与 Wikipedia 知识处理任务的动机往往是提供自己的被关注度;用户参与基于微博、微信、微视知识处理任务的主要动机往往是来自其他用户的评价。如何充分挖掘和利用不同主体的不同动机是此类知识管理实践的重要任务。

在传统知识管理实践中,组织主要通过激励和绩效考核等方法提高主体参与知识处理任务的积极性,对主体参与知识处理任务的动机的理解比较单一。但是,随着 Web2.0 应用的普及,主体参与知识处理任务的动机发生了多样化趋势。因此,在大数据环境下的大规模协同生产时代,知识管理活动的发起方必须改变主体动机的单一化认识,应重视主体动机的多样性,并满足其个性化动机。

2.2.6 从有序到混沌边缘

“从有序到混沌边缘”的转变是指组织知识管理的目标发生改变——不再追求组织知识和知识活动的完全有序化,而是确保组织知识和知识活动能够处于混沌边缘状态。实践证明,以完全有序化为目的的知识管理实践不仅成本高,而缺乏灵活性和生命力。但是,如何将组织知识管理处于混沌边缘状态,不仅可以降低知识管理的成本和风险,而且还可以给组织知识管理赋予活力,进而实现知识管理的可持续性。

在传统知识管理实践中,人们往往不承认知识的不确定性、动态性和复杂性,盲目追求组织知识和知识活动的完全有序化、高度精确化和绝对控制,导致众多知识管理实践的失败。在大数据环境下的大规模协同生产时代,知识管理活动的发起方需要承认知识和知识管理活动的不确定性、动态性和复杂性,改变以高度有序化、高度精确化和绝对控制为目的的知识管理理念,应提倡混沌边缘在组织知识管理中的重要地位,回归到知识和知识管理的本源。

2.2.7　从小作坊到大工程

“从小作坊到大工程”的转变是指知识管理中的知识处理方式发生转变——小作坊式知识处理模式不再完全满足知识管理的需求,组织知识管理需要采用工程化的方式处理知识。在上述四个案例中,知识处理任务均是通过工程化的方式实现的,突破传统小作坊式的知识处理模式。工程化知识处理是未来知识管理的主要手段之一。

在传统知识管理实践中,组织的知识处理任务由组织内部的专业人才负责完成,标准化程度低,且不同组织对同一类知识的处理速度和效果参差不齐。小作坊式知识处理的质量取决于个别人才的态度和能力,富有英雄主义色彩,缺少知识管理过程的系统性、计划性、周密性、完整性,导致知识管理过程的成熟度较低。但是,在大数据环境下的大规模协同生产时代,知识处理所涉及的数据量、数据不确定性、任务复杂性、任务指标要求等往往超出小作坊式知识处理的能力范畴,要求知识管理的发起方采用工程化的方式处理知识,提升知识管理过程的成熟度。人机协同处理是实现工程化知识处理的关键。

2.2.8　从规模增值到利用增值

“从规模增值到利用增值”的转变是指知识管理中的知识增值模式方式变化——通过收集更多新知识的方式实现知识增值不再是组织知识管理的关键任务,而通过加强已有知识的利用方式实现知识增值将会是组织知识管理的关键任务。在上述加拿大 Goldcorp 公司的创新和美国国防部 DARPA XC2V 的研发之中,并没有采取直接收集来自用户的新知识的方法,而是先把组织内部知识(加拿大 Goldcorp 公司的创新中的寻找金矿的知识和美国国防部 DARPA XC2V 的研发中的设计军用车的知识)共享给用户,并通过用户的利用过程实现知识的增值和创新。通过知识利用实现知识增值和创新是未来知识管理的重要任务之一。

在传统知识管理实践中，组织把知识管理的目标放在新知识的直接创造上，忽略已有知识的共享、利用和再利用，最终导致知识管理活动盲目追求组织知识规模的增长，认为通过增长组织知识规模可以实现知识的增长。但是，在大数据环境下的大规模协同生产时代，知识增值将回归到其本源，通过用户的学习、评价、修改、标注、使用等利用活动，实现组织知识的更新、创造和增值。利用和再利用行为将不仅是数据转换知识的关键环节，而且也是知识增值的重要途径。

2.2.9 从安全到信任

"从安全到信任"的转变是指知识管理中对知识安全的认识发生变化——不再盲目追求知识的"安全性"，而重视其"可信任性"。"安全"是数据管理和信息管理层次的重要问题，而"信任"才是知识管理层次的关键问题。在知识管理活动中，信任将主要来自于贡献、透明和对等关系。一般情况下，主体的贡献越大，其可信任程度越高；处理过程越是透明，可以跟踪和回溯，则其可信任度越高；参与者之间的平等关系可以增加他们之间的信任。在上述四个案例中，知识管理的发起方和参与者之间、参与者对发起方提供的知识和数据、发起方对参与者提出的建议和方案之间均存在一定的信任。信任是此类知识管理活动是否成功的重要前提。

在传统环境下，组织非常重视自身知识的安全，其原因在于他们并没有意识到"数据"和"知识"的本质区别。数据的本质是客观"信息"的记录，数据泄露给组织带来的损失和风险往往具有致命性。知识是从"数据"中提炼出的规则、规律和经验，相对于数据，更具有抽象性和滞后性。因此，"知识"的共享并不直接造成重大损失。"知识"的关键在于其来源、处理过程是否透明、可追溯、处理主体的信誉程度。因此，在知识管理领域，"信任"比"安全"更重要。在大数据环境下的大规模协同生产时代，人们将重新认识知识与数据的区别，重视知识管理中的信任问题，知识管理的发起方的工作重点将从确保组织知识安全转向主体之间、主体与知识之间、知识之间的可信。

2.2.10 从他组织到自组织

"从他组织到自组织"的转变是指知识管理的方式和手段发生变化——知识管理活动不再是严格受控、严格计划、严格考核的他组织类活动，而转变成一种参与者之间相互平等、自我管理、自我完善的战略性自组织活动。以 Amazon Mechenical Turk 为例，其知识处理行为具有显著的自组织性。自组织性为 Amazon Mechenical Turk 等大规模协同知识处理活动提供可持续发展动力。

在传统知识管理活动中,知识处理行为是他组织的,一般设有专门的知识管理项目领导,由项目领导事先确定项目的周密计划和方案,并严格按照计划和方案开展知识管理活动。他组织型知识管理活动缺乏灵活性,无法满足大数据时代的大规模协同生产模式的弹性需求和动态环境。因此,在大数据环境下的大规模协同生产时代,知识管理的实现方式是自组织,而不是他组织。为了实现知识管理的自组织性,知识管理的发起方需要构建自己的知识生态系统,并注重提升知识处理过程的成熟度。

2.3 大规模协同知识管理研究目的

大规模协同知识管理的提出是知识管理理论研究的重要转折点,改变现有知识管理认识中的基本原则、模式、方法论和方法,重新审视知识管理领域的研究责任和研究边界,从知识管理任务的本源入手,分析相关领域中的探索性实践与现有知识管理理论体系之间的鸿沟,力求知识管理理论的实质性、突破性进展。大规模协同知识管理的设计以揭示知识管理领域新兴实践的内在规律,并为未来知识管理实践提供理论依据为直接目的,最终为知识管理理论体系的改进与完善提供支持。

2.3.1 回归知识管理的本源

到目前为止,知识管理研究已得到长足的进展,并积累很多代表性的理论研究成果。但是,随着研究者的背景多样化、研究内容的无限扩大、研究视角的不断改变以及对一些根本问题(如知识的本质、知识处理的规律等)的理解不够深入,导致知识管理理论研究的迷失,导致知识管理研究责任和研究边界的模糊性,知识管理研究脱离知识管理实践的本源,知识管理理论越来越空洞化,并失去学科核心竞争力。

因此,需要重新审视知识管理领域的研究责任和边界问题,并回归至知识管理任务的出发点,以负责任的态度,重新梳理、继承和发展知识管理的理论研究,为知识管理领域的发展做出实质性和突破性贡献,提升知识管理在未来科学研究中的重要地位。

在大规模协同知识管理理念的提出过程中已意识到上述问题,可从知识、数据、信息的区别入手,重点研究知识管理的底层问题——知识处理的规律，并结合一些探索性实践探讨未来知识管理的重要理念、原则、方式和方法论。

2.3.2 揭示知识管理领域新兴实践的内在规律

大数据时代的需求变化、大规模协作生产模式的出现、开源运动的兴起、Web2.0 应用的普及、协同创新的开展以及对复杂性研究的深入，导致众多新兴知识管理（或与知识管理相关的）成功实践，如加拿大 Goldcorp 公司的创新、DARPA XC2V 的研发、Amazon Mechanical Turk 的知识处理、DBPedia 项目和 KiWi 项目等的出现，而此类项目具有如下特点：

- 所遵循的理念、原则、模式和方法论与现有知识管理理论不同，甚至存在相互矛盾现象。例如，加拿大 Goldcorp 公司的创新中公开该公司的核心知识——发现金矿的方法和该公司挖掘金矿的历史数据。
- 超出现有知识管理理论的研究范围，加大实践与理论研究之间的鸿沟，导致现有知识管理理论的失灵。以 Amazon Mechanical Turk 为例，组织可以将知识管理任务开放给长尾主体，并可以通过任务分解、指派、审核、集成等方式完成组织内部任务。
- 虽然此类实践越来越多，且已开展多年，但目前为止尚未有人系统研究此类问题，并系统地揭示其内在规律。以加拿大 Goldcorp 公司的创新和 DARPA XC2V 的研发为例，这两项实践相隔十年，其运行模式和方法基本一致，但 DARPA XC2V 的研发中并没有借鉴来自加拿大 Goldcorp 公司的创新项目积累的经验。

目前，对上述探索性实践的理论研究和提炼还不足够，相关活动之间缺乏相互经验的借鉴和总结，每次知识管理活动都需要从头设计和执行，所以导致组织知识管理活动的高成本、高风险和低级重复。因此，大规模协同知识管理理论的研究目的之一是通过上述案例及相关领域成功实践的对比分析，揭示其内在联系、潜在规律和未来趋势，为相关实践提供指导。

2.3.3 为未来知识管理实践提供理论依据

随着大数据环境下的大规模协同生产时代的到来，越来越多的知识管理实践将采取开放式大规模人机协同的知识处理模式，而且更多的组织将改变现有的知识管理方法论，以适应需求和环境的新变化。因此，未来知识管理实践需要一种新的理论指导，而这种理论在现有知识管理理论中尚未被系统论述。

大规模协同知识管理理论的提出是面向未来的，不仅遵循知识管理及相关领域的具有超前性的探索行为中的共性、内在、潜在规律，而且还考虑到大数据环境下的大规模协同生产时代的知识处理需求特征和变化趋势。因此，大规模协同知识管理理论的提出，将填补未来知识管理活动的理论研究的空白，还可以为大数据环境下的大规模协同生产时代的知识管理活动的开展提供一套完整的理论依据，降低未来知识管理活动的成本和风险。

2.3.4 突破知识管理理论研究困境

近年来，知识管理领域的理论研究跟不上实践变化的问题日益加重，多数研究仅仅停留在低级重复、简单修补和局部分析的层次，缺乏突破性研究，最终导致知识管理研究陷入泥潭，降低知识管理的学科地位和贡献。知识管理理论研究陷入泥潭的原因，主要来自于人们对知识管理中的一些本质问题的认识不够深入以及对知识管理领域的研究责任和研究边界的无限泛化。

因此，大规模协同知识管理研究改变现有的知识管理研究模式，从以下几个方面进行了探索性研究。

(1)在知识管理理论中引入大规模人机协同思想。根据人与计算机在知识处理中具有优劣势可互补性和当前知识处理研究中缺少人机协同视角研究的现实问题，大规模协同知识管理理论将目前的知识处理模式分为“计算机知识处理模式”和“人脑知识处理模式”两种，并分别探讨各自的知识处理瓶颈及其解决方案。计算机知识处理模式的主要瓶颈是计算机对知识处理的复杂性，而人脑知识处理模式的主要瓶颈是人在知识共享和创新中的自我保护性。本书对如何克服二者的知识处理瓶颈提出了三个方面的解决之策：

- 通过分析语义 Web 知识处理的特征，论证语义 Web 技术的出现为突破“计算机知识处理模式”中存在的计算机对知识处理的复杂性瓶颈提供新的解决方案；
- Web2.0 理论为突破“人脑知识处理模式”中存在的知识共享和创新瓶颈提供了新的方法论——“大规模协同知识管理方法论”及其实现模型——“基于 Web2.0 的组织知识生态建设模型”，重视知识处理中的集体智慧、自组织和综合集成；
- 设计“人机协同知识处理模型”，分为大规模协同、小规模协同、人际协同、人机协同和机器协同等五大类，分别探讨其特征和运行机制。

(2)构建知识生态系统为组织知识管理的最终目的。针对目前学术研究中缺少对基于语义 Web 知识处理特征的系统梳理,通过研究语义 Web 技术及其知识处理应用现状和发展趋势,归纳总结基于语义 Web 知识处理的七个主要特征,即计算机可理解的知识表示、计算机可理解的知识联网、计算机可处理的规则系统、基本知识处理单位的原子性、知识处理前端控制以及分形特征等。在基于语义 Web 知识处理特征的系统梳理基础上,进一步分析得出结论:语义 Web 为人机协同知识处理提供新的技术平台。

(3)大规模协同知识管理模式和方法论的提出。通过国内外文献研究和典型案例分析,论证语义 Web 与 Web2.0 集成的知识管理模式将成为知识处理模式的主要发展趋势,并提出一种新的知识处理方法。相对于当前的知识处理方法,本书提出的大规模协同知识管理方法——大规模协同知识管理方法更重视组织知识环境的开放性和来自长尾主体的贡献,可更好地支持知识生态系统的建设,具有开放性、自组织性、不确定性、演化性、涌现性的特点。本书克服传统"人脑知识处理模式"在知识共享和知识创新中的瓶颈和"计算机知识处理模式"中的知识表示的计算机不可理解性局限,设计出"语义 Web 与 Web2.0 集成的知识管理模式",探讨其处理对象、方法、活动、粒度、手段和主要流程,将语义 Web 与 Web2.0 集成的知识处理流程分为知识表示、知识联网、知识发现、知识获取和知识集成五个主要阶段。

(4)大规模协同知识管理的实现框架的提出。针对目前对组织知识生态系统的建设和大规模协同知识管理软件开发中缺少顶层设计框架的现实,采用知识生态系统论和综合集成研讨厅方法论设计出大规模协同知识管理方法的实现框架。基于语义 Web 的知识处理最终目的是建设基于语义 Web 的知识生态系统,提出基于语义 Web 知识生态系统的理论基础、内涵、框架、特征和方法论,论证大规模协同知识处理软件系统的研发和知识管理实践活动均需要统一的顶层设计框架设计,并构建基于语义 Web 知识处理框架。

(5)采用大规模协同知识管理理论进行案例分析。通过对基于语义 Web 的知识处理案例——KiWi 项目和 DBPedia 项目的研究,不仅证明本书主要思想的可行性,而且对 KiWi 项目中存在的问题进行深入分析,提出建设性的改进方案。

总之,本书通过分析语义 Web 知识处理特征和设计"大规模协同知识管理方法论”及其实现模型“基于 Web2.0 的组织知识生态系统建设模型”“语义 Web 与 Web2.0 集成的知识管理模式”“基于语义 Web 的综合集成研讨厅体系”“人机协同知识处理模式”“大规模协同知识管理方法的实现框架”，提出了区别于传统知识管理理念的知识管理新理念——大规模协同知识管理思想：

- 现代组织应延长其知识链，应将长尾主体，尤其是专业余主体纳入组织知识管理范围之内，鼓励他们积极参与组织知识处理研讨活动，不仅可以充分利用来自长尾主体的集体智慧，而且能够通过长尾主体推动头部用户的积极性，从而降低目前知识管理中仅依靠组织知识链头部——内部少数知识型员工完成知识处理任务的高成本和高风险。
- 现代组织应适度公开自己的内部知识和知识处理任务，区别对待内部知识和内部数据，确保内部知识的共享和内部数据的保密，通过共享和利用实现组织内部知识的增值和创新。内部知识和知识处理任务的公开，不仅可以方便长尾主体的学习和利用，而且还可以改变目前知识管理中所强调的组织内部知识对外绝对保密的做法。
- 现代组织应将知识处理任务分解成更具体的、更容易完成的“小任务”，并将鼓励长尾主体通过选择不同“小任务”或选择同一个“小任务”的形式参与协同工作。在此基础上，支持“小任务”的跟踪、分析和评价，并实现不同“小任务”的知识处理结果的集成和同一个“小任务”的知识处理结果的对比分析。
- 知识管理的最终目标是建设具有开放性、自组织性和综合集成性的知识处理生态系统，培育自己的知识链和知识主体，实现组织知识管理的可持续性，改变以组织知识的一次创新或利用为目标的知识管理现状。
- 基于语义 Web 的大规模研讨是大规模协同知识处理的主要模式之一。这种知识处理模式以本书提出的大规模协同知识管理方法及其实现框架为基础的综合集成研讨厅的形式实现，应同时设立多主题、多层次的研讨厅，鼓励并方便长尾主体的积极参与，并把研讨过程和研究结果存储在组织知识库中，以便在其他大规模协同知识管理任务的完成过程中直接使用或深度挖掘。

2.4 大规模协同知识管理理论体系

作为一种新的知识管理理论,大规模协同知识管理应具备自己独立的理论体系。虽然大规模协同知识管理理论的研究仍处于起步阶段,需要不断进行优化和改进,但我们可以给出大规模协同知识管理的基本理论框架,如图 2-7 所示。

从图 2-7 可以看出,大规模协同知识管理理论体系具有如下三个特征:

(1)层次性。大规模协同知识管理理论可以分为多个不同层次,自顶向下大致可以分为理念、原则、方法论、方法、技术和工具等六个层次。

(2)动态性。大规模协同知识管理理论是作者提出的一种新的知识管理思想,但目前仍处于其形成阶段,有待进一步深入研究。在基本思路和本质特征不变的情况下,随着理论研究和实践应用的深入,大规模协同知识管理理论将按照“研究—应用—评价—改进”的模式进行不断改进和完善。

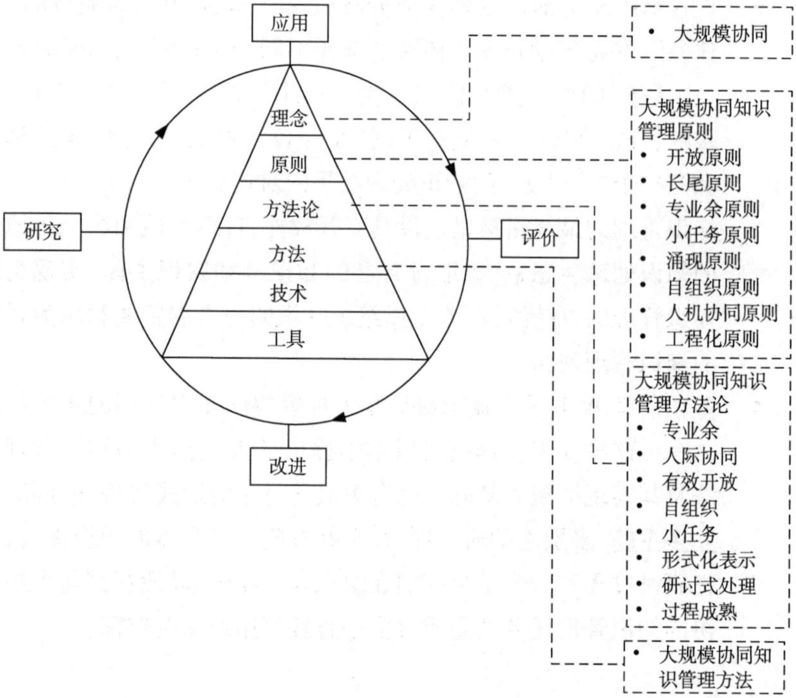

图 2-7 大规模协同知识管理理论体系模型

（3）系统性。大规模协同知识管理理论体系的每个层次均有不同的要素组成，而且要素之间存在着复杂的内在联系。大规模协同知识管理理论体系并不完全等于这些要素的简单集合，而是这些要素相互联系、共同作用后出现的新系统。

2.4.1　理念

“大规模协同知识处理”是大规模协同知识管理的核心理念，也是大规模协同知识管理理论体系的根本特征。本书所指的“大规模协同”至少包含以下几种协同类型，如图2－8和表2－1所示。

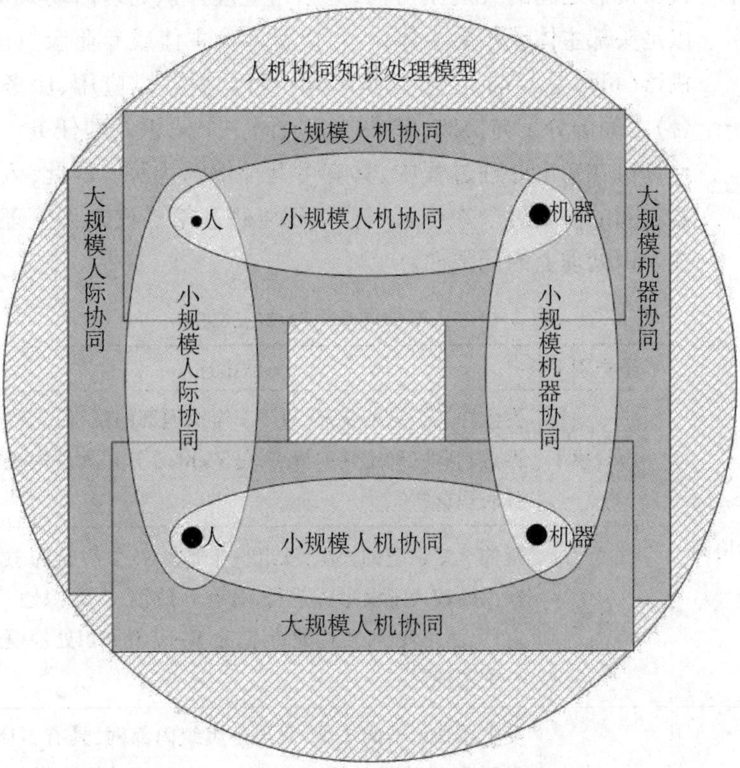

图2－8　大规模协同知识处理

- 人与人之间的大规模协同，指来自组织知识链头部与长尾的知识处理主体之间、与所处理知识任务对应的专业人才和专业余主体之间、不同长尾主体之间、不同专业余主体之间以及分布在同一个组织的不同知识链上的头部主体（或专业人才）之间的平等、透明、互补、分布式的协同方式。
- 机器与机器之间的大规模协同，指处于组织知识链的头部和长尾部分的知识处理服务端(包括云端、服务器、服务器集群以及对应的构件、应用、服务、平台)之间、服务端与终端(包括客户端及相关的构件、应用、服务、平台)之间、不同终端之间的跨域协同处理。可见,大规模协同知识管理中的机器并不仅仅指硬件设备,而还泛指对应的应用、服务和平台。值得一提的是,随着云计算技术的发展及其应用的普及,云平台将成为大规模协同知识管理的主要平台,云端与终端、不同云端之间、不同终端之间的协同将成为大规模协同知识管理中的机器与机器之间协同的重要表现形式。

- 人与机器之间的大规模协同,指参与规模知识处理活动人员(可以是头部主体或长尾主体,也可以是专业主体或专业余主体)与机器(可以是云端,也可以是终端;可以是构件、应用、服务或平台)之间的分工与协同,并共同完成同一个知识处理任务。人与计算机在知识处理过程中,具有可互补性的优势。因此,人与机器之间的协同可以弥补第一代知识管理和第二代知识管理理论在知识处理上的局限性。

表 2-1　人机协同知识处理的类型

类别	子类别	特征描述
人际协同	小规模	发生在知识链的头部,只限于组织内部的员工,具有封闭性、强制性、确定性的特点,是 Web1.0 知识处理模式的一种表现形式
	大规模	延伸至知识链的长尾,以组织外部客户、供应链和志愿者在内的较大规模形式进行,具有开放性、自组织性、不确定性、演化性、涌现性的特点,是 Web2.0 知识处理模式的一种表现形式
机器协同	小规模	发生在知识链的头部,只限于组织内部网,具有封闭性、强制性、确定性的特点,是 Web1.0 知识处理模式的一种表现形式
	大规模	延伸至知识链的长尾,以互联网作为平台进行,具有开放性、自组织性、不确定性、演化性、涌现性的特点,是 Web2.0 知识处理模式的一种表现形式

续表

类别	子类别	特征描述
人机协同	小规模	发生在知识链的头部，只限于人机对话，具有封闭性、强制性、确定性的特点，是 Web1.0 知识处理模式的一种表现形式
	大规模	延伸至知识链的长尾，以互联网作为平台进行，具有开放性、自组织性、不确定性、演化性、涌现性的特点，是 Web2.0 知识处理模式的一种表现形式

相对于现行的知识管理理念（小规模知识管理理念），大规模协同知识管理的特殊性表现在六个方面：

- 长尾主体，尤其是专业余的长尾主体是组织知识管理的主力军。现行的知识管理认为组织知识链头部主体，尤其是专家型主体才是知识管理的主力军。但是，大规模协同知识管理鼓励组织知识链的长尾主体参与组织知识处理活动，将专业余型长尾主体纳入组织知识管理范围之内，降低传统知识管理在仅依靠组织知识链头部——内部知识型员工来完成知识处理任务时的高成本和高风险。
- 内部知识需要适度公开是组织知识管理的重要前提条件。现行的知识管理认为组织内部知识需要对外进行保密，混淆知识和数据的区别——知识的价值来自于共享，而数据的价值源自其保密程度。但是，大规模协同知识管理建议现代组织适度共享内部知识，以便长尾主体的学习和利用，而不是沿用传统知识管理所强调的组织内部知识的对外绝对保密。
- 提升知识处理过程的成熟度是提高组织知识管理能力的重要手段。目前，组织知识管理活动的风险来自于其过程不够成熟，知识处理活动的质量过分依赖于组织内部少数专业人才的努力，导致组织知识处理结果的不确定性。大规模协同知识管理中采取规范化、标准化、工程化的知识处理模式，重视知识管理活动与业务活动之间的无缝集成，实现知识管理活动的常态化和持续化，追求的是组织知识处理过程的高度成熟，而不再过于强调特定知识处理任务的完成情况。
- 知识处理任务的分解和结果集成是组织知识管理的主要方式。现行的知识管理认为组织知识处理任务可以一次性直接完成。

但是,大规模协同知识管理建议现代组织将知识处理任务分解成更具体、更易于完成的"小任务",并支持其知识链长尾主体的查找、选择和负责完成。长尾主体完成"小任务"的结果和过程并进行有效集成后,获得整个知识处理任务的最终结果和处理过程记录。

- 知识生态系统的建设是组织知识管理的最终目的。现行的知识管理的目的是实现知识创新。但是,大规模协同知识管理认为现代组织知识管理的最终目标是建设具有开放性、自组织性和综合集成性的知识生态系统,而不是实现知识的一次创新或利用。
- 研讨厅式协同处理是组织知识管理的最终表现形式。大规模协同知识管理主要以基于语义 Web 的综合集成研讨厅的形式实现,应同时设立多主题、多层次的研讨厅,鼓励并方便长尾主体的积极参与,并将研讨过程和研究结果存储在组织知识库中,以便组织能够在其他大规模协同知识管理任务的完成过程中直接借鉴或深度挖掘。

2.4.2 原则

原则是大规模协同知识理念的具体化,给出大规模知识管理活动必须遵循的基本要求和基准。大规模协同知识管理的基本原则有(详见本书"3.5 大规模协同知识管理原则"):

- 开放原则。"开放"是指组织知识和组织知识处理任务向组织知识链长尾开放。在大规模协同知识管理实践中,组织应向其知识链长尾的专业余主体开放自己的知识处理任务,并同时开放内部知识,尤其是领域共性知识,以便长尾主体的学习和利用,进而提高长尾主体参与知识处理活动的积极性和效率。
- 长尾原则。"长尾"是指组织知识链的长尾。在大规模协同知识管理实践中,组织应在其知识链的长尾上寻找、培育和利用专业余型主体,克服传统知识管理中由于依靠知识链头部专家的力量进行知识处理的高成本和高风险。
- 专业余原则。"专业余"是指专家和业余之间的人群,例如教师、学生、业余爱好者、有相关经历者等。在大规模协同知识管理实践中,组织应重视专业余的培养潜力、劳动成本和积极作用,突破专业型人才的局限性,缩短知识链长尾和头部之间的知识差距,降低组织知识管理的风险和成本。

- 小任务原则。“小任务”是相对于工作量大、影响因素多、内部关系复杂、个体难以完成的“大任务”的一种新提法。在大规模协同知识管理实践中，组织应将自己的知识处理任务分解成更具体、更容易实现的“小任务”，供长尾主体的选择完成。同时，大规模协同知识管理还应支持多个用户同时选择完成同一个小任务，达到知识处理过程的分工、协作、对比和验证目的。
- 涌现原则。“涌现”是指知识生态系统层次上出现一些其组成要素（包括人员、流程、活动、技术和内容等）不可具备的新特征、行为和功能。在大规模协同知识管理实践中，组织应将知识生态系统层次上的涌现作为知识生命周期目的，强调知识生命期的每个阶段和子阶段应用知识涌现为目的，促进组织知识存量和知识环境的彻底改变。
- 自组织原则。“自组织”是指在知识管理活动中，主体之间是自愿、平等、可信、分工和协作的关系，而不主张知识处理过程中进行过度的干涉。在大规模协同知识管理实践中，组织应尊重知识处理主体自愿，并在参与者之间建立平等和可信的关系，消除知识交流的障碍。
- 人机协同原则。人机协同是指参与知识管理活动的专家与专业余之间、人与计算机之间、计算机与计算机之间的交互和协作。在大规模协同知识管理实践中，组织应重视人与计算机在知识处理中的互补性有劣势以及专家与专业余之间的知识鸿沟，鼓励它们之间的实质性分工与合作。
- 工程化原则。与目前的知识管理中的小作坊式知识处理模式不同的是，大规模协同知识管理中采取规范化、标准化、工程化的知识处理模式，其知识处理过程具有较高的成熟度。

2.4.3 方法论

“方法论”处于“模式”和“方法”之间，代表的是方法的方法。大规模协同知识处理方法论应满足大数据环境下的大规模协同生产时代的新需求，突破现有知识管理中普遍采用的80/20方法论。为此，作者提出一种新的知识管理方法论——大规模协同知识管理方法论（详见本书“3.2 大规模协同知识管理方法论”）。

大规模协同知识管理方法论的基本特点可以归纳为：

- 专业余。大规模协同知识管理应以互联网为平台，推动专业余用户从信息的消费者向制造者的转变,使他们能够以平等、互信的方式参与到知识处理任务中,完成组织知识处理任务。一般情况下,随着参与主体数量的增多,其知识处理任务的完成更加可靠。

- 大规模人机协同。大规模协同知识管理应较好地集成人(包括专家和专家余)、机器(包括硬件和软件)和数据(提问、反馈、经验、设想、评论等),并组建综合集成研讨,形成组织知识生态系统。
- 有效开放。在大规模协同管理中,组织需要向长尾主体有效开放自己的重要知识,以便长尾主体的学习和使用,并为他们提供评价、更新、补充、转载的统一平台,使组织知识库得到不断的完善。组织应延长其知识链,并鼓励组织知识链长尾主体,尤其是专业余主体积极参与组织的知识处理活。同时,开放组织内部知识,以便长尾主体,尤其是专业余主体的学习和利用,为组织寻找和培养候选人才,减少由于员工流失导致的损失。
- 自组织。在大规模协同管理中,知识管理应采取"自底向上"的"自组织型"信息管理模式,通过"轻量级编程""永远的测试版""丰富的用户体验"等手段,方便和推动知识共享和创新活动,实现知识生态系统的持续改进。组织应以建设具有开放性、自组织性和综合集成性的知识生态系统为目标,实现组织知识管理活动的持续改进。
- 小任务。在大规模协同知识管理中,组织需要将知识管理任务分解成更具体、更易于实现的"小任务"、并将"小任务"分派给不同的知识处理主题。组织还需要有专门技术跟踪每个"小任务"的完成情况以及对应结果的集成与合并工作。
- 形式化表示。大规模协同知识管理应采用形式化的知识组织方法(如语义 Web 技术),描述领域知识,确保在人与计算机主体之间对所处理的知识对象、背景知识、基础数据、相关证据的共识。
- 研讨式处理。大规模协同知识管理以语义 Web 环境下的综合集成研讨厅的形式实现大规模协同知识处理过程,研讨厅可以是多主题、多层次的,鼓励和方便长尾主体的积极参与,并将研讨过程和研究结果以语义 Web 形式存储在组织知识库中,以便组织在其他大规模协同管理过程中直接调用或深度挖掘。
- 过程成熟。大规模协同知识管理强调采用规范化、标准化和工程化的知识处理方式,重视知识管理活动与业务活动之间的无缝集成,实现知识管理活动的常态化和持续化,追求的是组织知识处理过程的高度成熟，而不再过于强调特定知识处理任务的完成情况。

大规模协同知识管理方法论改变了目前知识处理中广泛采用的80/20式方法论，将知识链长尾纳入知识处理的范围之内，充分发挥集体智慧，为组织建立具有自组织性和综合集成性的知识生态系统，从而降低人脑知识处理模式中存在的知识创新和共享的成本。

2.4.4 方法

相对于"方法论"，"方法"更为具体，且往往有较强的任务导向性。同一个方法论在不同任务中的应用可能采取不同的方法。在遵循大规模协同知识管理的六项基本原则的前提下，大规模协同知识管理活动中可以采用多种知识管理方法。在此，作者提出一种大规模知识管理的通用方法——"大规模协同知识管理方法"（详见"3.4 大规模协同知识管理方法"）。该方法的基本思路如下：

- 知识管理活动的发起方需要把知识处理任务（或将知识处理任务分解成易于实现的"小任务"之后的多个知识处理任务）和对应知识开放给长尾主体，以便长尾主体的学习、了解、使用、评价和完善。考虑到人机协同知识处理的需要，任务和知识可以采用语义 Web 形式表示，以便兼顾二者的知识处理能力。
- 长尾主体可以学习、使用、评价、转载或更新知识管理活动的发起方提供的知识和任务。在长尾主体的学习、使用、评价、转载或更新过程中提交或产生的知识以语义 Web 形式记录到组织知识库中。
- 参与组织知识处理活动的长尾主体可以自组织多层次的多个研讨厅，每个研讨厅中可以推举自己的主持人，共同参与知识共享和创新活动。同一个用户可以同时参与多个研讨厅的研讨活动。研讨厅的构建应采取作者首次提出的"基于语义 Web 的综合集成研讨厅的体系结构"。
- 在参与研讨过程中，参与主体之间相互启发，相互激励，将更加积极参与组织知识处理活动，共享自己的知识和创造新知识，而头部主体主要负责引导、协调和监督研讨活动。研讨厅的运行应采取作者首次提出的"基于语义 Web 的综合集成研讨厅"的基本思路。
- 跟踪每个"小任务"的完成情况，并对其进行分析、对比、验证，进一步将不同“小任务”对应的结果进行集成与综合,形成知识处理任务的最终结果。

- 当长尾主体共享和创新的知识大于或接近于头部主体,即组织内部核心人物共享或创造的知识,组织将实现其知识生态系统的“涌现”,从根本上克服现有知识管理理论的高风险、高成本性局限。

2.4.5 技术

“技术”是“方法”的实现所采用和涉及的更具体的经验或技巧。相对于“方法”,“技术”的选择需要考虑所要完成的知识处理任务的具体要求。因此,大规模协同知识管理中可以采用多种技术。语义 Web 技术和云计算技术是大规模协调知识管理的重要支撑技术。除了语义 Web 技术和云计算技术等底层支撑技术,大规模协同知识管理还需要以下技术的支持:

- 参与主体(包括人和计算机、头部和长尾、专业和专业余等各种主体)的信任度评估技术;
- 知识处理任务分解与结果集成技术;
- 主体知识处理过程和结果的评价技术;
- 知识处理任务的跟踪和溯源技术;
- 研讨厅实现技术等。

目前,尚未出现专用于大规模协同知识管理的一整套技术。随着大规模协同知识管理实践的普及和深入,越来越多的技术将应用于大规模协同知识管理活动中,而且也会出现多种知识管理新技术。

2.4.6 工具

“工具”是基于特定“技术”来实现的、面向特定领域的、支持预定功能的构件、应用、服务或设备。目前,尚未出现专用于大规模协同知识管理的新工具。因此,在大规模知识管理实践中,需要根据目标任务的需求,开发出面向计算机或面向人类用户的知识处理新工具。

新工具的普及将更加方便主体参与大规模协同知识管理活动,并将推动此类知识管理实践的普及和深入。此外,大规模协同知识管理工具的研发,不仅可以满足头部主体或尾部主体的知识处理需求,而且也可以支持专业主体和专业余的知识处理中所需用例或功能。

2.5 大规模协同知识管理的主要贡献

大规模协同知识管理的提出是知识管理理论研究中的重要转折点，突破现有知识管理认识中的基本原则、模式、方法论和方法，重新审视知识管理领域的研究责任和研究本源，分析相关领域中的探索性实践与现有知识管理理论体系之间的鸿沟，实现知识管理理论的继承与创新，对于知识管理理论研究和实践应用具有里程碑意义。

2.5.1 对知识管理的贡献

(1)对知识管理理论的贡献。大规模协同知识管理方法的提出，为降低组织知识处理成本和风险、提升组织知识管理过程的成熟度和建立具有自组织性的知识生态系统提供了指导。现代社会正在进入大规模协同生产时代，知识保护意识、共享环境、处理动机、主体参与度发生新的变化。但是，现有知识管理理论研究却严重滞后。为此，大规模协同知识管理理论：

- 从大规模人机协同视角研究知识处理问题，拓展目前知识处理的单一研究视角，不仅弥补第一代知识管理理论和新一代知识管理理论在研究视角上的局限性，而且为实现人与计算机在知识管理中的分工与合作、优势互补提供依据。
- 将知识链长尾纳入组织知识管理范围，提出语义 Web 与 Web2.0 集成的知识处理新模式，彻底改变基于 80/20 法则的传统知识管理模式，改进传统知识管理的自上而下的集中管理思想，强调知识管理中的自底向上、集体智慧和自组织，克服目前知识处理模式中计算机知识处理的复杂性和人在知识共享和创新中自我保护性的瓶颈。
- 为建设具有开放性、自组织性、综合集成性的组织知识生态系统以及为知识处理软件系统的研发活动提供统一的，具有可复用性、半成品性和灵活性的顶层知识处理框架，为语义 Web 环境中的知识生态系统的进一步研究奠定理论基础。

(2)对知识管理实践的贡献。大规模协同知识管理理论，尤其是大规模协同知识处理方法的实现框架对于促进知识共享，构建更加开放的知识生态系统具有重要的指导意义：

- 建议现代组织应将知识链长尾纳入组织知识管理范围之内,鼓励专业余主体积极参与组织知识处理研讨活动,充分利用来自长尾专业余主体的集体智慧,并通过长尾专业余主体推动头部专家主体的积极性,进而降低目前知识管理中仅依靠组织知识链头部——内部少数知识型员工的知识管理实践活动的高成本和高风险。
- 建议现代组织应适度公开自己的内部知识,以便长尾主体的学习和利用,而不能沿用目前知识管理中所强调的组织内部知识对外绝对保密的做法。现代组织应在适度公开组织知识库中的内部知识的同时,建立多层次的研讨厅,鼓励和引导长尾主体参与研讨,实时记录研讨过程、内容和结论,丰富和完善组织知识库,实现组织知识的积累、增值和创新。
- 为组织知识管理实践提供大规模协同知识管理新模式。该模式的提出,不仅充分考虑语义 Web 技术的知识处理特征,降低计算机知识处理的复杂性,而且借鉴 Web2.0 理念和知识生态学,设计基于 Web2.0 的组织知识生态系统建设模型。

2.5.2 对知识工程的贡献

相对于知识管理,知识工程更为底层。工程化方式处理知识是未来知识管理的重要发展趋势。同时,知识工程可以作为相对独立的学科存在,但其研究应与其上层知识管理理论保持基本一致。大规模协同知识管理理论对知识工程的主要贡献体现在:

(1)对知识工程理论的贡献。大规模协同知识管理理论对于解决目前知识库,尤其是语义 Web 知识库建设中存在的知识形式化程度与知识规模大小之间的矛盾具有较高的指导意义。目前,语义 Web 知识库建设具有如下特点:

- 采用非形式化方式表示的知识仍占绝大多数,不利于计算机理解和高效处理,影响计算机知识处理的应用范围。
- 采用形式化表示的知识规模不够,不能满足计算机自动处理领域知识和跨领域知识完整性的需要,限制计算机知识处理效果。

结果是,语义 Web 知识库要么知识规模足够大,但是其形式化程度不够;要么形式化程度较高,但其知识规模不够大。大规模协同知识管理理论对知识工程理论的主要贡献在于:

- 大规模协同知识管理方法的实现框架,尤其是其中的主体交互模型、知识共享方案和大规模协同知识管理方法对于解决这一矛盾具有重要指导意义。

- 在提出语义 Web 技术为人机协同知识处理提供新的实现平台的基础上,将知识处理作为语义 Web 技术重要应用领域,拓宽语义 Web 技术的研究和应用领域。
- 系统研究语义 Web 技术在知识处理的特征,并设计与 Web2.0 集成的知识管理模式、大规模协同知识管理方法及其实现框架,为基于语义 Web 的知识处理的进一步研究提供基础。

(2)对知识工程实践的贡献。大规模协同知识管理创新性地提出大规模协同知识处理软件系统子框架,不仅为知识处理软件系统的研发提供依据,而且确保知识处理软件框架与知识生态系统框架之间的一致性。

- 为知识管理系统,尤其是语义 Web 环境下的知识管理系统的设计与实现,提供"大规模协同知识处理软件子框架",保证知识处理软件系统开发的效率,降低语义 Web 知识处理软件开发活动的成本与风险,为知识处理软件开发提供指导。
- 为基于语义 Web 的组织知识生态系统的建设和知识处理软件系统的研发提供了统一的顶层设计框架,改变知识管理中知识处理软件系统研发与知识生态系统建设之间的脱节现状。
- 本书对 KiWi 和 DBPedia 系统的分析和评价为语义 Web 软件系统的开发、升级和应用具有一定的参考价值。

2.6 小结

本章首先提出知识管理管理理论体系的概念模型——火炬模型。该模型将知识管理研究分为知识、个体、团队、组织、客户、供应链、合作伙伴、知识生态系统等多个层次,较好地体现出知识管理理论体系的五个基本特征——研究对象的层次性、研究范围的广泛性、研究视角的多样性、研究范式的差异性和研究趋势的统一性。在此基础上,还明确提出大规模协同知识管理理论与现有知识管理理论之间的区别与联系。

其次,以与知识管理相关的四个开创性实践为案例,并结合其他相关案例和大数据,探讨大规模协同时代的知识管理实践的十类重大转变,并结合知识管理理论体系的火炬模型,探讨知识管理实践与理论之间的鸿沟和知识管理理论研究的空白。本书提出的知识管理实践的十大转变是从保密到共享、从封闭到开放、从头部到长尾、从专业人才到专业余、从单一动机到多种动机、从有序到混沌边缘、从小作坊到大工程、从规模增值到利用增值、从安全到信任、从他组织到自组织。

接着，探讨大规模协同知识管理研究的四个基本目的——回归知识管理的本源、揭示知识管理领域新兴实践的内在规律、为未来知识管理实践提供理论依据，以及突破知识管理理论研究困境。大规模协同知识管理的提出是知识管理理论研究的重要转折点，改变现有知识管理认识中的基本原则、模式、方法论和方法，重新审视知识管理领域的研究责任和研究边界，从知识管理任务的本源入手，分析相关领域中的探索性实践与现有知识管理理论体系之间的鸿沟，力求知识管理理论的实质性、突破性进展。

再次，深入讨论大规模协同知识管理理论体系，提出“大规模协同知识管理理论体系模型”，并讨论其层次性、动态性和系统性等三个基本特征。在此基础上，描述了该理论体系的六个基本组成部分，即大规模协同知识管理理念、大规模协同知识管理原则、大规模协同知识管理方法论、大规模协同知识管理方法、大规模协同知识管理技术和大规模协同知识管理工具及其相互关系。与传统知识管理不同的是，大规模协同知识管理需要遵循一些新的原则，包括开放、长尾、专业余、小任务、涌现、自组织、人机协和工程化处理原则。在方法论层次上，大规模协同知识管理方法论的基本特点可以归纳为专业余、人机协同、有效开放、自组织、形式化表示、研讨式处理和过程成熟。

最后，讨论大规模协同知识管理理论的提出对于知识管理和知识工程领域的主要贡献，提出大规模协同知识管理理论对建设组织知识生态系统和解决知识形式化程度与规模之间矛盾，具有重要指导意义。

3　大规模协同知识管理方法

在第二章的基础上,本章进一步深入探讨大规模协同知识管理理论的若干核心问题,包括传统知识管理方法论的困境以及大规模协同知识管理的方法论、模式、方法、原则和流程。

首先,从方法论角度分析传统知识管理的主要困境及其根本原因。

其次,提出一种新的知识管理方法论——大规模协同知识管理方法论,为大规模协同知识管理思想的实现提供了方法论层次的指导。

再次,在大规模协同知识管理方法论的指导下,提出一种可以直接应用于知识管理活动的通用方法——大规模协同知识管理方法。

接着,探讨大规模协同知识管理需要遵循的基本原则,为大规模协同知识管理方法的正确应用提供原则性指导。

最后,讨论在大规模协同知识管理方法和原则指导下的基于语义 Web 的知识处理基本流程。

3.1　传统知识管理方法论的困境

从方法论的角度看,目前的知识处理中采用的各种方法均属于"80/20 方法论",即 80% 的知识处理工作由 20% 的"重要人物"完成。但是,在知识处理实践中,"80/20 方法论"具有一定的缺陷,具体表现在两个方面:

- 忽视"重要人物"共享自己"核心知识"的困难。随着个人知识管理意识的增强,管理"重要人物"的"核心知识"的难度会越来越大,知识管理的"代价"也会越来越大。
- 忽视"非重要人物",包括普通员工、客户、供应链、志愿者等在组织知识处理中的重要性。在知识时代,人们虽然不愿意共享自己的核心知识,但是非常愿意共享对自己来说不是非常重要的知识。"核心知识"因人而异。因此,如果知识处理范围和链条足够大,组织可以更小的“代价”获取“更重要的知识”。

Web2.0 理论的提出和成功应用为解决现有知识处理方法论的缺陷提供新的思路——知识处理不能仅仅停留在知识链的“头部”,而应该重视其“长尾”。本书在系统研究 Web2.0 理论的含义、主要理论及其发展基础上,结合组织知识管理的任务,探讨如何借鉴 Web2.0 理论提高知识处理的效率问题。

3.2 大规模协同知识管理方法论

从本书第二章中的 Web2.0 理论的成功应用对知识处理的三种启示可以看出,Web2.0 为知识管理,尤其是为知识生态系统的建设,提供了依据,进而为大规模协同知识管理方法论提供了理论基础。

大规模协同知识管理方法论的提出,改变了目前知识处理中广泛采用的 80/20 式方法论,将知识链长尾主体纳入知识处理的范围之内,充分发挥专业余的力量,建立具有自组织性和综合集成性的知识生态系统,进而降低人脑知识处理模式中存在的知识创新和共享的成本与风险。

知识管理理论、Web2.0、复杂系统论、综合集成方法论、语义 Web 和生态系统论为大规模协同知识管理方法论提供主要理论基础。下文将结合上述基础理论,探讨大规模协同知识管理方法论的基本特点。

3.2.1 专业余

利用集体智慧是 Web2.0 最重要的特色之一。Web2.0 理论以互联网为平台,推动草根用户的角色从信息的消费者向制造者转变,使草根用户能够参与到知识的共享和创新活动中,实现网络服务增值。在 Web2.0 成功应用案例中,用户数量往往决定其价值大小。Web2.0 的典型应用之一——维基百科全书(Wikipedia)是一种集体智慧的结晶,其每一条内容既可以被任意互联网用户所添加,又可以被其他用户所编辑,从而保证百科全书内容的不断更新。随着特定维基用户数量的增多,其内容将更可靠、更新颖和更完备。

重视专业主体与专业余主体之间,以及不同专业余主体之间的分工与合作是大规模协同知识管理方法论的重要特点。大规模协同知识管理方法论,突破目前知识管理中的“专业主体比专业余主体更为重要”的基本假设和“过分依赖专业主体”的现状,将专业余主体放在组织知识管理的中心,并加强专业余主体与专业主体之间以及不同专业余主体之间在同一个知识处理任务上的分工与合作,降低“仅靠专业主体的知识管理”中的风险和成本。

3.2.2 人机协同

大规模协同知识管理方法论强调集成人(包括专家和普通用户)、机器(包括硬件和软件)和知识或数据(如提问、反馈、经验、设想、评论等)的重要性,提倡通过以大规模人机协同的方式完成组织知识处理的任务。

- 提倡采用大规模协同方式处理知识,重视组织知识链头部主体和长尾主体之间以及不同长尾主体之间的分工与合作。因此,大规模协同知识管理方法论改变了目前知识管理中“组织自己的内部主体比外部主体重要”的基本假设和“组织知识管理过分依赖组织知识链头部主体,尤其是组织内部知识型员工”的现状,将长尾主体纳入组织知识管理的范围,提倡头部主体和长尾主体之间以及不同长尾主体之间在同一个知识处理活动中进行有效的分工与合作。
- 提倡采用人机协同方式处理知识,充分发挥人和计算机在知识处理中互补性优势。因此,大规模协同知识管理方法论集成了目前知识管理中的“以信息技术为中心的知识管理范式”和“以组织管理为中心的知识管理范式”,强调知识处理中的人与计算机之间的分工合作,提倡以工程的方式和方法完成组织知识管理任务。

3.2.3 有效开放

在传统知识管理理念中,过分强调组织知识的保护,一般不予对外公开使用自己的知识库。在 Web2.0 环境中,组织需要向长尾主体有效开放自己的重要知识,以便长尾主体的学习和使用,并为他们提供评价、更新、补充、转载的统一平台,使组织知识库得到不断的完善。

大规模协同知识管理方法论认为,组织需要引导和鼓励长尾主体参与组织知识处理活动,并结合头部知识型员工的力量,建设持续改进的知识生态环境。加拿大黄金公司(Goldcorp Inc.)对外公布地质数据,并组织

“Goldcorp公司挑战赛”成功勘探到多处金矿，实现公司利润新增的实例①，证明现代组织向长尾主体适度公开自己的重要知识以及引导和鼓励长尾主体参加组织知识处理活动的可行性。因此，大规模协同知识管理方法论改变目前知识管理中的“内部知识比外部知识重要”的基本假设和“内部知识对外保密”的常见做法，强调区别对待组织知识和数据，对于内部知识，尤其是领域共性知识应进行有效开放。

3.2.4 自组织

自组织是Web2.0信息组织的基本模式，也是Web2.0与Web1.0的根本区别之一。Web2.0改变Web1.0的“自顶向下”的“他组织型管理模式”，采取“自底向上”的“自组织型”信息管理模式，通过“轻量级编程”“永远的测试版”“丰富的用户体验”等手段，方便和推动知识共享和创新活动，实现知识生态系统的持续改进。以博客(Blog)为例，任何用户可以发布、组织和管理自己的信息，并根据自己的兴趣爱好自由组建博客群(或博客圈)和推举博客群主(或圈主)，群主负责定期组织圈内讨论、引导讨论内容和方向、回答网友提问、管理群内已发布的信息。因此，博客改变传统的网站管理人员管理网站内容的“自顶向下”发布、组织和管理模式，实现网络用户的自我管理，方便知识的共享、创新和监督管理。

自组织也是大规模协同知识管理的重要特点。大规模协同知识管理方法论的最终目的是帮助组织构建自己的知识生态系统的建设，重视知识管理活动中的用户体验、平等、透明和可信，提倡知识管理活动的自下而上式的动态演化。因此，大规模协同知识管理方法论改变了目前的知识管理中的“自顶向下、先计划后行动、有序化处理”的基本假设和“以完成知识处理任务为最终目的”的主要做法，强调组织知识管理的自组织性、可持续性和混沌性。

3.2.5 小任务

小任务是大规模协同知识管理方法论的主要特征之一。通常，大规模协同知识管理需要将知识处理任务分解成更容易分派和完成的“小任务”，并将分解后的“小任务”指派给不同的长尾主体。同时，大规模协同

① Don Tapscott, Anthoney D Williams. Wikinomics: How Mass Collabration Changes Everything [M]. New York: Penguin Group (USA) Inc., 2006:7-10.

知识管理还需要对长尾主体提交的“小结果”进行对比、验证和集成的操作，得出最终结果。因此，大规模协同知识管理方法论改变目前知识管理中的“以知识处理任务为最终处理单位”的基本做法，重视知识处理过程中的任务分解和结果集成，进而更好地支持大规模人机协同知识处理活动的开展。

3.2.6　形式化表示

形式化表示是大规模协同知识管理的关键，其目的在于实现知识对人和计算机两种不同主体均有可理解性。因此，大规模协同知识管理活动中应采用形式化的知识组织方法，描述领域知识，确保在人与计算机主体之间对所处理的知识对象、背景知识、基础数据、相关证据的共识。大规模协同知识管理中常用的形式化表示方法有：

- 语义 Web 技术；
- 本体；
- 人工智能中的知识形式化表示的其他方式。

3.2.7　研讨式处理

研讨式处理是基于 Web2.0 的知识管理方法论的重要特征。建议在大规模协同知识管理活动中以语义 Web 环境下的综合集成研讨厅的形式实现大规模协同知识处理过程：

- 研讨厅应由自底向上的方式构建，确保研讨过程的自组织性；
- 研讨厅可以是多主题、多层次的，鼓励和方便长尾主体的积极参与；
- 同一个主体可以同时参与多个研讨厅；
- 同一个主体可以成为研讨厅的发起者、协调者和参与讨论者；
- 在同一个研讨厅中的不同主体之间应具备平等、信任、分工、合作关系；
- 将研讨过程和研究结果以语义 Web 形式存储在组织知识库中，以便组织在其他大规模协同知识管理过程中直接调用或深度挖掘。

3.2.8　过程成熟

目前，在知识管理过程中，更加强调的是特定知识管理任务的完成情况，而忽视组织知识处理过程的成熟度。面向特定知识处理任务的知识管理活动的质量具有不确定性、高风险和高成本的特点，导致知识管理活动的盲目性和不可持续性。与目前知识管理中的小作坊式知识处理模式不同的是，大规模协同知识管理中采取规范化、标准化、工程化的知识处理模式，重视知识管理活动与业务活动之间的无缝集成，实现知识管理活动的常态化和持续化，追求的是组织知识处理过程的高度成熟，而不是过于强调特定知识处理任务的完成情况。

3.3 大规模协同知识管理模式

3.3.1 语义 Web 与 Web2.0 的比较

语义 Web 与 Web2.0 的集成与整合是 Web2.0 领域的重要研究课题之一。文献①认为 Web3.0 将是语义 Web 与 Web2.0 技术结合的产物；文献②认为，Web2.0 和语义 Web 的集成可提升网络效应；文献③探讨采用语义 Web 技术连接和再利用 Web2.0 社区数据的问题；文献④认为 Web2.0 和语义 Web 具有互补性，并提出结合二者优势的语义网络日志(Semantic Weblog)的设计方案。但是，目前缺少对集成语义 Web 与 Web2.0 进行知识处理的方法、流程和体系结构的研究。下文从二者的区别和联系入手，研究面向知识处理的语义 Web 与 Web2.0 的集成。

(1)相同(似)之处

- 平台相同(似)。二者均以 Web 作为基础平台。
- 对象相同(似)。二者的研究对象均为基于 Web 的知识处理问题。
- 目标相同(似)。二者的研究最终目的均为提高基于 Web 的知识处理效率，如表 3-1 所示。

---

① Ora Lassila, James Hendle. Embracing Web 3.0 [J]. IEEE Internet Computing, 2007 (3):90-93.

② James Hendler, Jennifer Golbeck. Metcalfe's Law, Web 2.0, and the Semantic Web [J]. Journal of Web Semantics, 2008(6):14-20.

③ U Bojars, J G Breslin, A Finn, et al. Using the Semantic Web for Linking and Reusing Data Across Web 2.0 Communities [J]. Journal of Web Semantics, 2008(6): 21-28.

④ Anupriya Ankolekar, Markus Krotzsch, Thanh Tran, et al. The Two Cultures: Mashing up Web 2.0 and the Semantic Web [J]. Journal of Web Semantics, 2008(6):70-75.

(2)不同之处

- 层次不同。Web2.0理论为Web信息(包括知识)处理提供新的指导思想,是Web应用模式的一次革命,解决Web应用层的问题;语义Web是在传统Web的基础上,强调采用面向计算机可理解的方式表示知识,是Web信息组织的一次革命,解决Web数据层的问题。
- 粒度不同。Web2.0以微内容为基本知识处理单位,而语义Web以知识原子为基本知识处理单位。微内容与知识原子是两种不同的概念,一个微内容可以包含一个或多个知识原子。
- 侧重点不同。Web2.0侧重于如何充分发挥人在知识处理中的重要作用;语义Web则侧重于如何提高计算机的知识处理效率,如表3-1所示。

表3-1　语义Web与Web2.0的比较

<table>
<tr><th colspan="2"></th><th>Web 2.0</th><th>语义 Web</th></tr>
<tr><td rowspan="3">相同(似)之处</td><td>处理平台</td><td colspan="2">互联网,尤其是Web技术</td></tr>
<tr><td>研究对象</td><td colspan="2">基于Web的知识处理</td></tr>
<tr><td>研究目的</td><td colspan="2">提高知识处理的效率</td></tr>
<tr><td rowspan="3">不同之处</td><td>研究层次</td><td>应用层</td><td>数据层</td></tr>
<tr><td>处理粒度</td><td>微内容</td><td>知识原子</td></tr>
<tr><td>侧重点</td><td>人的知识处理</td><td>计算机的知识处理</td></tr>
</table>

3.3.2　语义Web与Web2.0集成的知识管理模式

通过对语义Web和Web2.0异同分析可以看出,二者集成是必要的,也是可行的。本书集成语义Web与Web2.0的知识处理模式的基本思想和主要特征如下:

(1)处理对象。集成语义Web与Web2.0的知识处理对象为Web知识,即通过Web连接起来的知识,包括存储在计算机中的显性知识和存储在人脑中的隐性知识。Web的优势并不在于集合性(包含多Web页),而在于在Web页面之间建立链接。

Web知识的特殊性在于其价值符合麦特卡尔夫定律(Metcalfe's Law)——网络的价值同网络用户数量的平方成正比[①]。可见,Web知识的价值与

① James Hendler, Jennifer Golbeck. Metcalfe's Law, Web 2.0, and the Semantic Web [J]: Journal of Web Semantics, 2008(6):14-20.

Web 用户的多少有关。随着知识链向长尾方向的延展,更多的用户或Agent被纳入知识处理范围之内,Web 知识的共享与创新变得更容易,使Web 知识快速增值。

(2)处理方法。在知识处理方法的选择上,集成语义 Web 与 Web2.0 的知识处理模式是采用语义 Web 技术作为数据层的知识处理技术,采取Web2.0 理论作为应用层的知识处理方法论。可见,集成语义 Web 与Web2.0 的知识处理模式主要采用语义 Web 技术作为计算机知识表示、检索、推理、发现、获取的核心技术。

- 采用 OWL 语言或基于 XML 的 RDF(S)语法表示领域知识和知识元素,保证知识表示的计算机可理解性;
- 采用 SPARQL、OWL SAIQL 技术实现语义检索;
- 采用 RuleML 和 SWRL 语言表示规则推理;
- 采用 Web2.0 知识处理方法论处理语义 Web 知识的 Agent(Agent既可以是计算机,也可以为人)之间的网络关系,方便更多网络用户共享自己的知识和创造新知识。

目前在 Wiki、Blog、RSS、SNS 等 Web2.0 应用系统中采用的知识表示方法是,以 HTML 语言为主的传统 Web 知识表示方法,不具备计算机可理解性。因此,在集成语义 Web 与 Web2.0 的知识处理模式中,Web2.0 应用系统采用语义 Web 知识表示方法,从而保证知识的计算机可理解性。

(3)处理流程。集成语义 Web 与 Web2.0 的知识处理模式中的知识处理流程的基本步骤如下:

- 领域本体建设。语义 Web 表示可以分为两大类型,即领域本体描述的"共性知识"和利用领域本体描述的"个性知识"。"共性知识"一般以领域本体的形式出现,是特定领域的共性知识,如所有的"教授"都属于"教师"。领域本体是特定领域内所使用的概念及其相互关系的共识,一般由领域专家共同负责建设。"个性知识"随着主体的不同而有所不同,如人的姓名、年龄等。"个性知识"一般由网络用户负责维护,其描述需要借助特定领域本体。构建领域本体是描述其他知识的前提条件。因此,构建领域本体是集成语义 Web 与 Web2.0 知识处理的前提。
- 知识发布。创建领域本体后,网络用户结合所发布知识的领域本体,采用轻量级编程方式发布自己的知识。知识发布过程中可以根据特定算法产生所发布知识的 URI,以便进行知识的唯一编码和重复知识的识别。

- 知识检索。用户在查找自己的知识时，可以结合领域本体知识，避免关键词中“一词多义”和“多词一义”的问题，提高知识检索的效率。
- 知识更新。采用 Web2.0 的理念，允许任何一条知识可被任何用户编辑和更新，并对每一次修改操作进行详细的登记，以便知识的回溯和跟踪。
- 知识推理与挖掘。采用语义 Web 技术能够提高知识推理和挖掘的效率。
- 知识评价。允许所有 Web 用户对任何一条信息进行评论，并根据评论用户的声誉和其他用户对此评论的评论，加权计算评论的可靠性。最终可根据用户评论，系统自动回滚或删除某一条知识，使计算机 Agent 也具备自动管理知识的能力，形成知识生态系统。

(4)处理粒度。传统 Web 知识处理以文档、段落、词组等语法结构为基本处理单位，计算机可处理性差。而在语义 Web 与 Web2.0 集成的知识处理中，采用知识元素作为最基本的处理单位。

- 知识元素的“原子性”是计算机自动进行知识逻辑运算、规则推理、知识抽取操作的前提条件。
- 知识元素之间通过语义或语法关联，可以产生更大的知识处理单位。例如，多个知识元素通过 RDF 中的 <rdf:Bag> <rdf:Seq> <rdf:Alt> 等容器标记分别产生无序容器、有序容器和选项集合等知识处理单位，进行整体的知识逻辑运算、推理、抽取等操作。
- 知识元素的组合。在语义 Web 与 Web2.0 集成的知识处理中不排除以微内容为单位进行知识处理。

(5)处理手段。语义 Web 与 Web2.0 集成的知识处理的最主要特点是人机协同知识处理。人与计算机是知识处理的两种主体，具有优劣势可互补性。

- 人在知识处理中的劣势，例如存储数据量有限，存储持续时间短，而且长期存储知识的修改和更新难，数据计算的精度低、速度慢、范围有限，逻辑推理主观性强，具有一定的随意性，连续工作和并行处理能力有限，知识显示的能力有限，可重复性差，易出错，难判断，个体差别大，很难进行标准化管理等，恰好是计算机在知识处理中的优势。
- 计算机在知识处理中的劣势，例如知识创新能力弱、形象思维能力有限、自主学习能力差、隐性知识的存储和推理能力有限等恰好是人在知识处理中的优势。

在语义 Web 与 Web2.0 集成的知识管理模式中能够充分发挥二者的优势，从而克服各自的缺点，提高知识处理的整体效率。

为了更好地集成 Web2.0 和语义 Web 技术，进而实现大规模人机协同知识管理，提出语义 Web 环境下的综合集成研讨厅体系（见图 3－1）。在语义 Web 环境下的综合集成研讨厅体系中，专家、计算机或智能体可以分为“长尾主体”和“头部主体”两种。

- 前者是指处于组织知识链的长尾部分的专家、计算机或智能体，一般由组织客户、供应链、志愿者、兴趣爱好者、组织外部的计算机系统组成；
- 后者是指企业内部主体，主要包括企业内部的具备核心知识的知识型员工和存放核心知识的计算机系统。

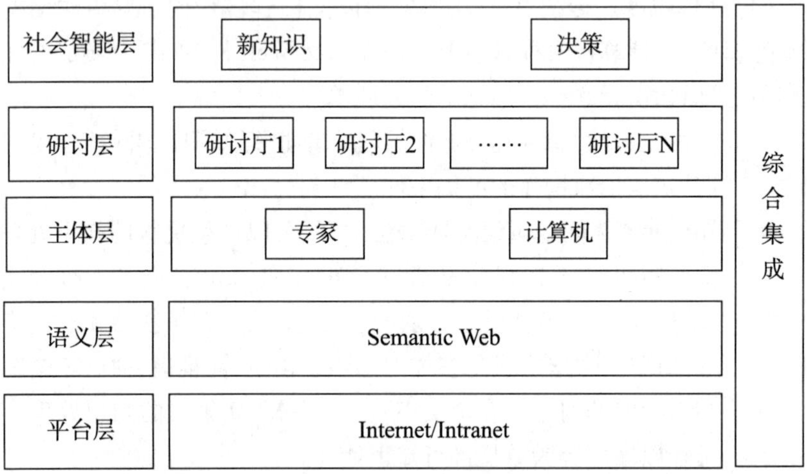

图 3－1　语义 Web 环境下的综合集成研讨厅体系结构

来源：朝乐门. 基于语义 Web 的综合集成研讨厅研究［J］. 图书情报工作，2010（8）：41－45.

（6）处理流程。语义 Web 环境下综合集成研讨厅的知识处理基本流程如下：

- 组织需要把自己拥有的专业知识共享给长尾主体。传统知识管理重视组织知识的保密，禁止组织知识的对外开放。因此，在目前的知识处理模式中，长尾主体很难学习、使用和参与到组织知识处理之中。与目前的知识处理模式不同的是，语义 Web 环境下的知识处理框架体系要求组织机构向长尾主体共享部分基础知识，以便长尾主体的学习、了解、使用、评价和完善。

- 长尾主体可以学习、使用、评价、转载或更新组织提供的知识。组织知识管理系统应把长尾主体的评价、转载和更新内容实时地存入组织语义知识库中,并且保证长尾主体操作的透明性、可跟踪性和可回溯性,从而在长尾主体之间建立信任关系,保证组织知识的积累。
- 组织可以把自己的知识处理需求公布给长尾主体,并采取适当的激励措施鼓励长尾主体积极参与到解决组织知识处理活动之中。参与组织知识处理活动的长尾主体可以自组织多层次的多个研讨厅,每个研讨厅中可以推举自己的主持人,共同参与知识共享和创新活动。同一个用户可以同时参与多个研讨厅的研讨活动。
- 长尾主体在参与研讨过程中,相互启发,相互激励,将更加积极参与组织知识处理活动,共享自己的知识和创造新知识。长尾主体共享或创新的知识会自动存入组织知识库之中,成为组织知识的一部分。
- 在长尾主体参与研讨过程中,头部主体不仅可以直接参与研讨活动,而且还可以引导、协调和监督研讨活动。
- 当长尾主体共享和创新的知识大于或接近于头部主体,即组织内部核心人物共享或创造的知识,组织知识生态环境将发生根本性的变化:一方面,组织机构在长尾主体中发现更适合组织发展的高端人才;另一方面,组织内部知识型人物会受到来自长尾主体的压力,为了维持自己的地位,他们将主动共享自己的知识,并更加积极地参与组织知识处理活动。
- 组织知识处理模式将发生根本性的改变,形成组织知识生态系统,降低组织知识处理的成本,克服“人脑知识处理模式”中组织内部的部分“重要员工”共享自己的“核心知识”的障碍。

3.4 大规模协同知识管理方法

在语义 Web 与 Web2.0 集成的知识管理模式的基础上,可以进一步提出新的知识管理方法——大规模协同知识管理。大规模协同知识管理与小规模协同知识处理的区别在于,协同知识处理范围是否在开放环境中进行并是否延伸至知识链的长尾。如果协同知识处理范围仅限于封闭式环境中,或仅限于知识链的头部,那么称之为“小规模协同知识处理”,反之称为“大规模协同知识管理”。显然,第一代知识管理理论和第二代知识管理理论中的知识处理模式均属于小规模协同知识处理模式。

相对于小规模知识处理,大规模协同知识管理更重视组织知识环境的开放性,更重视来自长尾主体的贡献,可更好地支持知识生态系统,具有开放性、自组织性、不确定性、演化性、涌现性的特点。表 3－2 比较分析了大规模协同知识管理和传统知识管理的区别。

表 3－2 大规模协同知识管理方法与传统知识管理方法的区别

	传统知识管理方法	大规模协同知识管理方法
假设	多数知识来自位于组织内部(知识链头部)的核心“专家”	多数知识来自位于组织外部(知识链长尾)的“专业余”
目的	利用位于知识链头部的“专家”力量实现知识的创新、捕获和共享	利用位于知识链长尾的“专业余”力量实现知识的涌现和流动
视角	头部视角	长尾视角
范围	仅限于组织知识链的头部——组织内部的部分“重要人物”及其“核心知识”	延长至组织知识链的尾部——不仅包括组织内部员工的知识,而且还要管理客户、供应链、志愿者、兴趣爱好者、相关领域的学术研究者及其知识
驱动力	头部主体的动力:绩效考核	长尾主体的动力:个人的被关注度、兴趣爱好、来自他人的评价 头部主体的动力:来自长尾主体的压力
依靠主体	专家	专业余
实现方式	学习型组织	大规模协同
分类方法	个人知识、团队知识和组织知识	领域知识和非领域知识
保密策略	所有的知识需要对外保密	提倡组织内部知识,尤其是领域共性知识的适度公开,而不是绝对保密
主体关系	层级管理	对等、自组织
组织技术	个人、团队、组织知识均采用传统知识表示技术	领域知识:形式化表示技术 非领域知识:传统知识表示技术

续表

	传统知识管理方法	大规模协同知识管理方法
处理方式	小规模人际协同	大规模人际、人机、机器之间的协同
关注点	知识处理结果	知识处理过程的成熟度
理论基础	自组织理论和复杂适应系统理论	Web2.0、语义 Web、生态系统、综合集成理论

从表3-2可以看出,本书提出的大规模协同知识管理方法的基本思想如下:

(1)建议组织延长其知识链,并鼓励组织知识链长尾主体,尤其是专业余主体积极参与组织知识处理活动,突破目前知识管理理论中的知识处理范围,实现降低目前的组织知识管理中仅依靠组织知识链头部——内部知识型员工来完成知识处理任务带来的高成本和高风险的目的。

(2)主张现代组织适度公开内部知识,以便长尾主体,尤其是专业余主体的学习和利用,改变目前知识管理所强调的组织内部知识的对外绝对保密的做法,实现缩短组织知识链头部主体和长尾主体之间的知识鸿沟的目的,为组织寻找和培养候选人才,减少由于员工流失导致的损失。

(3)提倡现代组织知识管理的最终目标是建设具有开放性、自组织性和综合集成性的知识生态系统,而不是实现知识的一次创新或利用。目前的知识管理的一个重要思想是规划和控制,即为了实现一次知识创新,需要明确制订实施计划,并严格按照计划控制知识处理过程。大规模协同知识管理彻底改变这种做法,认为知识管理是构建知识生态系统的持续改进的过程,而并不是一次性的、他组织的、孤立的活动。

(4)认为采用形式化的知识组织方法,描述领域知识,确保在内部专家、长尾专业余、计算机主体之间对所处理的知识对象、背景知识、基础数据、相关证据的共识,为跨组织、跨领域协同完成知识处理任务提供基础,提高协同知识处理的效果和效率。

(5)提出大规模协同知识管理主要以语义 Web 环境下的综合集成研讨厅的形式实现。研讨厅可以是多主题、多层次的,鼓励和方便长尾主体的积极参与,并将研讨过程和研究结果以语义 Web 形式存储在组织知识库中,以便组织在其他大规模协同知识管理过程中直接调用或深度挖掘。

(6)不再追求特定知识处理活动的结果,而是更加重视组织知识处理活动的成熟度。大规模协同知识管理方法论中采用规范化、标准化、工程化的知识管理方式,改变现有知识管理活动的随意性和不确定性以及对组织内部少数知识型员工的过度依赖,实现组织知识管理活动的常态化和可持续性,从根本上降低组织知识管理活动的风险和成本。

因此,大规模协同知识管理方法的主要阶段如图 3 - 2 所示。

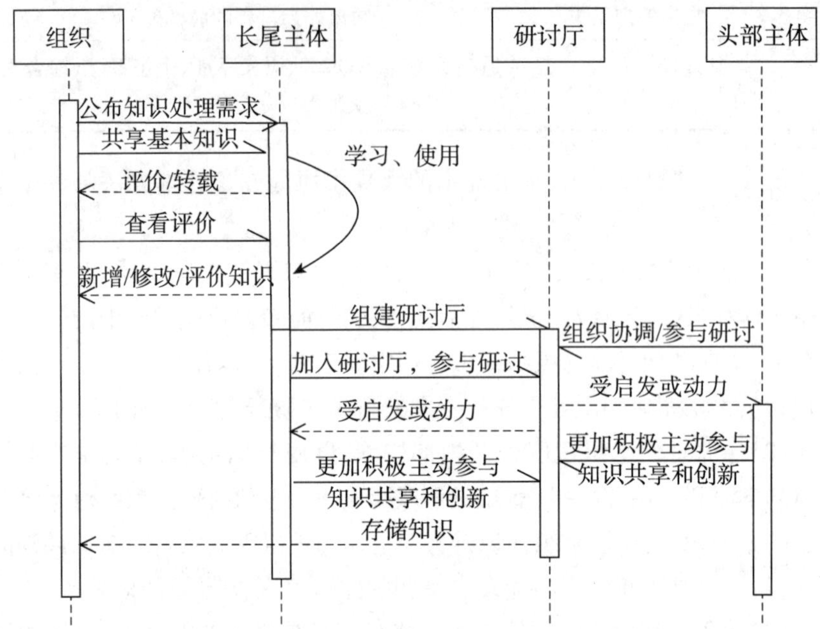

图 3 - 2　大规模协同知识管理的主体交互模型

(1)公布需求与共享知识。组织机构向处于知识链长尾的专业余主体公布知识处理任务,并共享相关的背景知识和(或)基础数据。传统知识管理认为组织需要保密自己的知识,不主张对外开放组织内部知识,导致了长尾主体难以获得、学习、使用组织内部知识,无法参与组织知识处理任务。但是,在组织知识管理中应区别对待存储于组织内部的领域知识和非领域知识,鼓励将领域知识开放给长尾和专业余主体,以便达到提高主体的知识处理效果,并培育组织自己的知识网络和后备人才库。

(2)学习知识与更新数据。组织知识链长尾上的专业余主体可学习和利用、组织共享的领域知识或基础知识。此外,他们还可以进一步进行评价、转载或更新这些知识和数据。组织需要确保数据的可溯源性、行为的可跟踪性,将专业余用户产生的数据存入自己的知识库中,并在长尾主体之间建立信任关系,实现组织知识的积累与涌现。

(3)延长知识链与鼓励长尾。组织需要不断新增并延长其知识链,吸引更多的专业余主体参与知识处理活动,不断壮大自己的知识网络。在新增和延长知识链的过程中,组织需要建立和实施适当的保障机制和激励机制。在寻找和延长知识链的基础上，组织需要进一步考虑如何将这些知识链转变成组织知识网，进而构建自己的知识生态系统。

(4)大规模协作与知识存储。在任务、知识、数据和主体基本就绪之后，将启动知识处理工作。知识处理过程必须是大规模协作方式进行，需要进行任务分解、任务跟踪、结果评价、结果集成等关键性操作。综合集成研讨厅的思想可以较好地支持大规模协作式知识处理，专业余主体可以组建多个研讨厅，每个研讨厅中可以推举自己的主持人，共同参与组织公布的知识处理任务。综合集成研讨厅还允许主体同时参与多个研讨厅的研讨活动，可提升专业余主体的工作效率和灵活性。与此同时，组织需要把大规模协作过程中产生的中间结果和元数据存入组织知识库中。

(5)角色转换与自组织。在大规模协作式知识处理过程中，来自组织内部的专家主体不仅可以直接参与研讨活动，而且还可以引导、协调和监督研讨活动。同样，位于组织知识链长尾的专业余主体也可以参与、引导、协调和监督知识处理过程。

(6)知识涌现与持续创新。当长尾主体的知识和经验接近或超过头部主体时，组织知识生态环境将发生根本性的变化——培育和发现更多的备选人才、扩大组织知识网络、降低知识型员工的流失风险、提升内部专家主体的积极性以及为组织创造持续创新的环境等。

(7)知识生态建设与管理。组织知识管理不能面向任务，随着知识处理任务的结束而停止一次知识管理活动。组织知识管理应在每次知识处理活动的基础上，不断完善自己的知识生态系统，使知识管理成为组织的隐性业务活动。

3.5 大规模协同知识管理原则

上述大规模协同知识管理方法的具体实施应遵循如下几项主要原则：

(1)开放原则。与传统知识管理中的知识保密原则不同的是，大规模协同知识管理应遵循开放原则，需要向组织长尾的专业余主体共享组织内部的知识，尤其是领域共性知识，以便长尾主体的学习和利用，进而提高长尾主体参与知识处理活动的积极性和效率。在大规模协同知识管理中，有些必需的非领域知识经过转换处理和安全审核之后，也应共享给长尾主体。

(2)长尾原则。与传统知识管理中的80/20法则不同的是，大规模协同知识管理应遵循长尾原则，重视长尾专业余的寻找、培育和利用，克服传统知识管理中由于依靠内部专家的力量进行知识处理的高成本和高风险。长尾原则的作用表现在三个方面：

- 相对于内部专家，长尾专业余的知识处理成本较低，而且一般不存在自我知识保护现象；
- 长尾专业余的培育不仅可以为组织定位合适的备选人才，降低由于核心专家的流失造成的损失；
- 当长尾专业余水平与内部专家之间的知识鸿沟不断缩小时，内部专家会感到竞争压力，将更主动学习新知识和共享自己的知识。

(3)专业余原则。与传统知识管理中的专家为中心的原则不同的是，大规模协同知识管理将知识处理的核心劳动力的关注点转向专业余——专家和业余之间的人群，例如教师、学生、业余爱好者、有相关经历者等。专业余原则的优势体现在两个方面：

- 一方面，相对于普通长尾主体，专业余发展成为专家的可能性很大。一般情况下，专业余本身就有成为专家的愿望、动机和前期积累，因此，组织可以较低成本和较短的时间培养他们成为专家。
- 另一方面，相对于专家主体，专业余主体的知识处理成本较低，而且更倾向于共享自己的知识。

(4)涌现原则。与传统知识管理中的知识创新原则和集成原则不同的是，大规模协同知识管理更加强调知识涌现原则，并将知识涌现作为知识生命周期（Knowledge Life Cycle, KLC）的目的，强调知识生命周期的每个阶段和子阶段应用以知识涌现为目的，促进组织知识存量和知识环境的彻底改变。涌现原则的作用体现在：

- 组织知识管理是一个涌现过程，应改变目前知识管理中急功近利的做法；
- 知识管理需要全程控制，知识管理中的增值并不仅仅出现在创新或集成阶段中。

(5)自组织原则。与传统知识管理中的他组织原则不同的是，大规模协同知识管理具有更加强大的知识处理过程的自组织性，并不主张在知识处理过程中进行过度的干涉。自组织原则的作用体现在：

- 组织知识处理应是主体的自愿行为，不需要由太多的外力如绩效考核来推动；
- 组织应避免严格层级管理模式，在知识管理中应采取对等管理模式，消除知识交流的障碍。

(6)人机协同原则。与传统知识管理中的组织内部的专家与专家协同不同的是,大规模协同知识管理中强调的是专家与专业余之间、人与计算机之间、计算机与计算机之间的交互和协作。人机协同原则的作用体现在:

- 重视人与计算机在知识处理中的劣势,充分利用人类知识和计算机智能完成知识处理任务;
- 重视专家与专业余之间的知识鸿沟,推动二者之间的交流与合作,促进专业余向专家的转变;
- 重视不同计算机之间的协作,采用分布式计算技术实现大量重复性计算。

3.6　大规模协同知识管理流程

大规模协同知识管理方法通过特定的知识处理流程来实现。文献①中探讨语义 Web 与 Web2.0 集成的知识处理流程,语义 Web 与 Web2.0 集成的知识处理流程可分为五个主要步骤:知识表示、知识联网、知识发现、知识获取和知识集成,如图 3－3 所示。语义 Web 与 Web2.0 集成的知识处理流程是一种人机协同完成的过程。人和计算机在知识处理的不同阶段地位是不同的。根据人和计算机在知识处理过程中各自的优势,在语义 Web 知识处理流程的前端,例如知识的表示和联网阶段,人起到主导作用,而在知识的获取和集成阶段的活动则主要由计算机完成。

(1)知识表示。语义 Web 中的面向计算机可理解的知识表示方法,可分为语法表示、语义表示和语用表示三个层次。

- 语法表示层主要运用以 XML 语言为基本语法,将显示格式任务交给 CSS(Cascading Style Sheets)或 XSL(Extensible Style Language),实现数据与显示的分离,可以由计算机自动完成;
- 语义表示是指以 XML 语言为基础语法,运用 RDF(S)模型和 OWL 语言表示领域知识,知识表示过程必须由人负责完成,Protégé 等语义知识编辑软件可以提高人的知识表示速度和质量;

① 朝乐门.基于语义 Web 的知识处理流程及其技术框架研究[J].中国图书馆学报,2009(5):59－69.

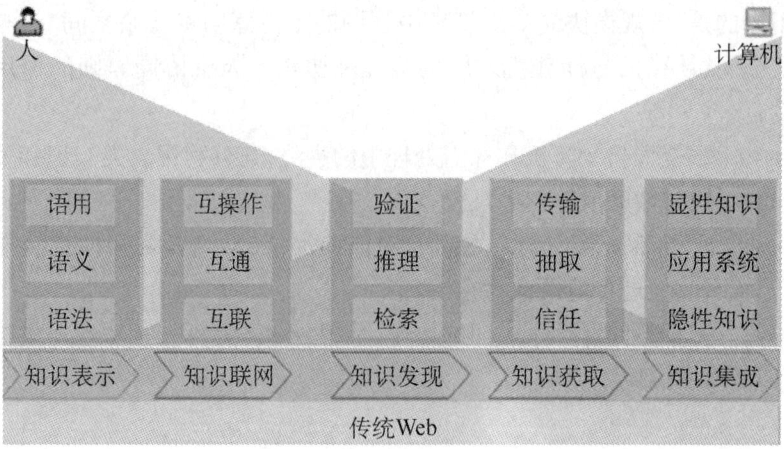

图 3－3　大规模协同知识管理流程

- 语用表示是指以应用或服务的形式提供高层服务，主要以面向服务的体系结构，尤其是采用 Web Services 技术来实现语用层次的知识表示，需要以人参与为主。

目前，虽然尚有完全符合本书思想的软件系统，但是诸多语义 Web 应用程序（如 FOAF、RSS 等）的成功研发与投入使用，分别从不同角度证明本书思想的科学、有效和可行。FOAF（Friend of a Friend）项目是 RDF 的一种具体应用，其基本思想是以计算机可理解的方式表示个人信息，并在个人信息之间建立计算机可理解的互联关系，以便计算机能够自动完成社会网络分析任务。FOAF 项目强调，由于文件、图片、记录等知识来自于人的实践活动，人的社会关系是连接这些知识的重要线索，强调人在知识联网中的重要作用①②③。

在 FOAF 中，网络用户自愿遵循 FOAF 规定的格式，准确、规范地表示个人信息，并以 RDF 文件形式存放在网络中。FOAF 中采用基于 XML 的 RDF 知识表示方法。例如，采用类 foaf：Agent、foaf：Document、foaf：Group、foaf：Image、foaf：OnlineAccount、foaf：Orgnization、foaf：Person、foaf：PersonalProfileDocument、foaf：Project 分别表示个体、文件、群体、图片、在线账户、组

① Dan Brickley, Libby Miller. FOAF Vocabulary Specification 0.91 Namespace Document 2 November 2007-OpenID Edition [OL]. (2007－11－02) [2013－04－05]. http://xmlns.com/foaf/spec/2007.

② Edd Dumbill. XML Watch: Finding Friends with XML and RDF [OL]. (2002－06－01) [2013－04－05]. http://www.ibm.com/developerworks/xml/library/x-foaf.html.

③ FOAF Project. FOAF Project Homepage [OL]. (2009－04－25) [2013－10－25]. http://rdfweb.org/foaf/.

织、个人、个人简历文件、项目信息。目前,虽然有一些工具自动捕获网络用户的FOAF信息,但是其可靠性有限,必须由当事人直接提交个人信息或最终确认。

(2)知识联网。语义Web中的计算机可理解的知识联网关系可分为互联、互通和互操作三个层次。

- 命名空间、URI以及逻辑互联是语义Web知识互联的三种主要形式,知识互联过程应以计算机为主,以人为辅;
- 除了互联之外,网络协议、领域本体是语义Web环境知识联网的重要影响因素,语义Web互通应由人和计算机共同完成;
- 互操作是由智能Agent来实现,可交给计算机独立完成。

FOAF中采用计算机可理解的知识联网方法。除采用属性foaf:knows、foaf:made/foaf:maker、foaf:fundBy、foaf:menber分别直接表示朋友关系、生产关系、投资关系、组成关系之外,计算机还可推理其他的联网关系,如同事关系(foaf:menber)、合作经历(foaf:currentProjects、foaf:pastProjects)、兴趣关系(foaf:geekcode)、同学关系(foaf:SchoolHomepage)等。

(3)知识发现。语义Web知识发现可以分为检索、推理和验证三个步骤。

- 语义Web的检索可使用SPARQL等语言,由计算机自动完成;
- 计算机根据语义Web规则系统,采用RuleML、SWRL等规则推理语言对检索结果进行推理,进一步优化检索结果;
- 计算机可以采用各种验证技术(如数字签名等)对所检索和推理的结果的有效性进行进一步验证,判断其有效性。

以FOAF项目为例,利用FOAF信息可以进行社会网络分析,发现核心人物、连通性、小团体、关系网络等新知识。计算机利用SPARQL语言可完成对分布式存储在各网站中的个人FOAF文件进行检索的任务,并对检索结果进行shalsum哈希验证。

(4)知识获取。语义Web知识获取活动往往需要知识提供方的认可才能进行,具体可分为双方相互信任、目标知识的抽取和知识的传送。其中,知识供需双方的相互信任活动可能需要人的参与,其他两个活动完全由计算机自动完成。

以FOAF项目为例,网络用户可以采用加密技术对自己的FOAF信息进行访问控制,也可以委托网站统一访问控制。只有通过安全访问控制,供需双方之间建立相互信任关系才能进行FOAF信息的读取。知识的提供者根据访问者的具体需求,可以对FOAF信息进行抽取操作,并结合所请求知识的安全性要求,将检索结果发送给访问者。

(5)知识集成。知识集成是指语义 Web 中获取的知识与其他隐性知识、显性知识或应用系统的集成。

- 语义 Web 知识与隐性知识的集成可以采用语义桌面或语义门户等工具,但是整个过程中,必须以人为主;
- 语义 Web 知识与其他显性知识或应用系统的集成可以通过各种 API 接口自动实现。

FOAF 较好地实现个人信息与其他隐性知识、显性知识或应用系统的集成。成功获取 FOAF 信息后,可以直接与其他 FOAF 信息进行集成或由具体应用程序进行进一步分析处理,实现与其他用户的 FOAF 信息进行集成;凡是符合 FOAF 词汇规范的个人信息均可以被统一管理,并通过各种编程接口与应用程序进行集成。

可见,在大规模协同知识管理流程中,知识的表示和知识联网阶段必须以人为主,以计算机为辅助工具;在知识的发现和获取过程中,应充分发挥计算机系统的优越性,人只有在必要的时候提供必要的补充信息或反馈信息;以人为主的语义 Web 知识与隐性知识的集成过程和以计算机为主的与显性知识、应用系统的集成过程中,可能产生知识创新活动,创新出来的结果可放回语义 Web 中,启动新的知识处理流程。虽然 FOAF 是语义 Web 的一种简单应用,但是在社会网络分析①、音乐推送②、电子商务合作伙伴查询③等领域取得广泛的应用,不仅证明人机协同知识处理的可行性,而且强调人在计算机知识处理流程中前端控制的重要性。

3.6.1 知识表示

语义 Web 与传统 Web 的第一个不同之处在于语义 Web 中知识表示的目的发生重大变化。传统 Web 内容的表示方法是面向人的使用,重视人的可理解性,而忽略机器的可理解性。与传统 Web 不同,语义 Web 中知识表示以“机器可理解”为主要目的,同时兼顾知识的“人可理解性”④。语义 Web 中的知识表示分为语法、语义和语用三个层次。

---

① 陈向东. 基于 FOAF 的社会网络模块的开发[J]. 华东理工大学学报(自然科学版),2007(33):145-148.

② Simac and MusicSurfer. Foating the Music[OL]. (2006-01-08)[2013-04-25]. http://foafing-the-music. iua. upf. edu/.

③ 王旭坪,倪子建,胡祥培. 基于 FOAF 和 RDQL 的电子商务合作伙伴查询方法[J]. 哈尔滨工业大学学报,2008(4):661-665.

④ Grigoris Antoniou, Frank van Harmelen. A Semantic Web Primer (Second Edition) [M]. The MIT Press,2008:1-3.

3.6.1.1 语法表示

追根溯源,语义 Web 中知识表示的语法基础是 XML 语言。与 HTML 语言不同的是,XML 语言实现知识内容及其显示方式的分离。XML 文档负责描述知识的内容和结构,而具体显示任务由 CSS(Cascading Style Sheets)或 XSL(Extensible Style Language)实现。因此,XML 语言可以采用多种方式显示同一个内容,实现文档内容和显示方式相互独立。

XML 语言还实现知识的"机器可读性"(Machine Readablility)。XML 语言不仅具有很好的跨平台性,而且 XML Schema(或 DTD 技术)支持用户自定义 XML 文档的模式信息,例如某一个元素出现的次数、内容类型、可用属性等。计算机根据这些模式信息,可自动判断 XML 文档的有效性。

但是,由于缺少必要的语义信息,XML 语言本身并没有实现知识的"机器可理解性"(Machine Understandability)。计算机只能判断 XML 文档在语法上的有效性,并不能理解其语义信息,更不能进行语义推理等智能操作。

3.6.1.2 语义表示

在 XML 文档中缺少语义信息,主要原因在于 XML 语言本身并没有提供任何领域的知识建模方法,而 RDF(S)模型和 OWL 语言为此问题的解决提供了新思路。

(1) RDF(S)模型。RDF(Resource Description Framework)模型和 RDFS(RDF Schema)模式提供了规范的描述知识的语义信息方法。在 RDF 模型中,由"对象—属性—值"表示知识原子(Knowledge Atom);用 RDF Schema 描述知识原子的语义信息。RDF Schema 支持类(或属性)间的继承机制和限定属性值的方法。

RDF 本身仅仅是一种语义模型,并不是计算机语言,不具备"计算机可读性"。因此,人们提出基于 XML 的 RDF(S)模型,实现 RDF(S)知识描述的"计算机可读性"。基于 XML 的 RDF 文档采用计算机可读的 XML 元素和属性代替 RDF(S)模型中的各种概念及其关系,例如:采用 <rdf:Description>元素标记一个知识原子;通过修改 <rdf:type>元素的 rdf:resource 属性为知识原子指定所对应 RDF Schema;运用 rdfs:subClassOf 和 rdfs:subPropertyOf 属性表示继承机制;通过 rdfs:domain 和 rdfs:range 属性可以对资源元素进行有效性限制。

但是,基于 XML 语言的 RDF(S)的语义表达能力和推理能力非常有限。RDF 局限于二元常谓词,而 RDFS 则仅限于表示类(或属性)之间的继承关系和属性的定义域和值域的限定,不能表达更复杂的语义信息,例如类之间的交叉关系、逻辑运算等。

(2)OWL 语言。OWL 语言(Ontology Web Language)是改进基于 XML 的 RDF(S)模型的语义表达能力和推理能力的方案之一。OWL 不但继续沿用基于 XML 的 RDF(S)语法,而且以继承的方式重新定义了 RDFS 的部分元素,同时还新增了诸多语义元素。例如,OWL 语言的 <owl:Class>类继承 RDFS 的 <rdfs:Class>;继承后的 <owl:Class>类中可通过元素 <owl:disjointWith>表示类之间的不可交叉性,元素 <owl:equivalentClass>表示类之间的等同关系;元素 <owl:Restriction>可以限定一个类;元素 <owl:complementOf> <owl:unionOf> <owl:intersectionOf>表示类之间的逻辑关系。

从语义表示能力的角度看,OWL 语言可以进一步分为 OWL Full 、OWL DL 和 OWL Lite 三种子语言。不同层次的 OWL 子语言对语义表示进行不同程度的限制,以便解决语义层次知识表示的丰富性和计算机处理的复杂性之间的矛盾。为了方便人们的知识表示过程,软件开发者提供支持 OWL(或 RDF)的知识表示工具,比较常用的有 Protégé、SemanticWorks、SWOOP、OntoStudio 等。这些语义知识表示工具的出现大大地减少人们在知识表示过程中编写代码的工作量,提高人在知识表示过程中的效率。

3.6.1.3 语用表示

在语义 Web 中,多数语用层次的知识均以应用(Application)或服务(Services)的形式提供。因此,面向服务的体系结构(Service Oriented Architecture ,SOA),尤其是 XML Web Services 技术是语义 Web 语用层次知识表示的重要技术方案。与语义 Web 相似,Web Services 技术也采用 XML 语言作为其语法基础。Web Services 技术采用 XML 语言进行描述 WSDL (Web Services Description Language)和注册、发现及绑定(UDDI,Universal Description, Discovery and Integration)Web 服务①。

虽然 Web Services 技术的最初目的并不是提供语义服务,但是通过 Web Services 技术可以将语用层次的知识封装成 Web 服务进行对外服务。因此,Web Services 技术为语义知识的语用层次表示提供了重要思路。近年来,关于语义 Web 和 Web Services 技术的交叉应用——语义 Web 服务(Semantic Web Services,SWS)的研究越来越多。文献②和文献③较全面

① Keith Baillinger. .NET Web Services: Architecture and Implementation[M]. Boston: Pearson Education, Inc. ,2004:15 – 31.

② David Martin, John Domingue, Michael L Brodie, et al. Semantic Web Services, Part 1[J]. IEEE Intelligent Systems,2007(5):12 – 17.

③ Vipul Kashyap, Christoph Bussler. The Semantic Web: Semantics for Data and Services on Web [M]. New York: Springer Press,2008:1 – 322.

地总结语义 Web 服务的发展现状及其趋势。文献①提出的 SESA(Semantically Enabled Service-oriented Architecture)语义 Web 服务的框架结构在知识的语用层次表示方面具有较高的借鉴价值。

从上述对语义 Web 中知识表示的探讨和图 3-3 所示,语义 Web 知识表示具有三个特点:

- 知识表示是语义 Web 中知识处理的基础,语义 Web 知识表示的方式和质量直接影响后续知识处理工作的效率和效果;
- 语义 Web 中知识表示的目的与传统 Web 知识表示的目的不同,是以"计算机可理解"为主要目的;
- 语义 Web 中知识表示的过程是一种人机合作过程,必须在人的直接指导下进行,而不能由计算机独立完成。因此,这种知识表示过程往往是一种隐性知识显性化的过程②。

3.6.2　知识联网

语义 Web 与传统 Web 的第二个不同之处在于前者是在数据层次上建立的"机器可理解的网络"。传统 Web 是一种硬件设备或软件应用之间的网络,数据被应用程序所控制,在数据之间缺少计算机可理解的联网关系。除了使知识具备"计算机可理解性",语义 Web 中知识表示的另一个目的是在知识之间建立联网关系。语义 Web 环境下的知识联网可以分为互连、互通和互操作三个层次。

3.6.2.1　知识互连

在语义 Web 中,互联可以分为物理互联和逻辑互联两种。所谓物理互连是指在知识供需双方之间至少有一条在物理上连接的线路,为在两者之间进行数据交换提供物质基础;所谓逻辑互连是指在两个知识之间至少存在一种逻辑关联。显然,物理互联与逻辑互联相互独立,即物理互联不依赖于逻辑互联的存在,反之亦然。

(1)命名空间(Namespace)与 URI(Universal Resource Identifier)。命名空间和 URI 机制是语义互联的重要手段。语义 Web 中声明命名空间时,可以运用 URI 实现唯一标识知识资源的目的。但是,URI 中并不一定要记录所指知识资源的实际地址。因此,目前的命名空间和 URI 技术水平

① Dieter Fensel, Mick Kerrigan, Michal Zaremba. Implementing Semantic Web Services The SESA Framework [M]. New York: Springer, 2008:1-322.

② 朝乐门. 基于语义 Web 的知识处理流程及其技术框架研究[J]. 中国图书馆学报,2009(5):59-69.

有时只能实现知识之间的互联关系，不能保证知识的互通性。

(2)逻辑互联。计算机可理解的数据联网主要以逻辑层次上的互联关系为基础。语义 Web 中的逻辑互联可以进一步分为显性互联和隐性互联。显性互联是以超链接等显性方式表示的，其识别并不需要语义逻辑推理；隐性互联一般通过知识的结构和特定标记的方式间接体现，其识别和理解需要一定的逻辑推理。因此，逻辑互联，尤其是隐性逻辑互联是语义 Web 建设的重要任务之一。当然，在逻辑互联过程中采用命名空间和 URI 技术。

以 OWL 语言为例，除了通过知识元间的嵌套关系来表达知识的语义关联之外，还可以通过指定的元素、属性来建立互联关系，详见表 3－3。

表 3－3　OWL 中表示知识互联关系的方法

序号	互联关系	对应标记或属性
1	类之间的继承、等同、交叉关系	< rdfs:subclassOf > < owl:equivalentClass > < owl:disjointWith >
2	属性之间的继承、等同、互逆关系	< rdfs:subPropertyOf > < owl:equivalentProperty > < owl:inverseOf >
3	属性与类之间关系	< rdfs:domain > < rdfs:range >
4	类与实例之间关系	< rdf:Description > < rdf:type >
5	知识间的传递、对称、函数和反函数关系	owl:TransitiveProperty、owl:SymmetricProperty、owl:FunctionalProperty 和 owl:InverseFunctionalProperty
6	知识间的集合运算关系	< owl:unionOf > < owl:intersectionOf > < owl:complementOf >
7	同一个知识的不同版本关系	< owl:priorVersion >

3.6.2.2　知识互通

互通是指在知识供需双方之间可以交换知识。互联是语义 Web 互通的必要条件，但不是充分条件。除了互联之外，网络协议、领域本体是语义 Web 环境知识联网的重要影响因素。

(1)网络协议。除 TCP/IP 协议簇和 ISO/OSI 体系结构之外，SOAP (Simple Object Oriented Protocol)是语义 Web 互通层次最重要的协议。SOAP 是一种基于 XML 的消息协议，它指定从一个过程发送基于 XML 的消息到另一个过程的方式，通常是从一台机器到另一台机器①。SOAP 协议具有较好的封装机制，可以发送 XML 消息。因此，SOAP 协议更符合语义层次上的知识联网的需求。

(2)本体映射：构建领域本体是语义 Web 互通的另一个重要前提条件之一。本体的目标是获取、描述和表示相关领域的知识，提供对该领域知识的共同理解，确定该领域内共同认可的词汇，从不同层次的形式化模式上给出这些词汇和词汇间的相互关系②。因此，本体确保知识供需双方能够对同一个知识达成共识，是语义 Web 中知识供需双方互通的重要基础。文献③④较详细探讨了如何在语义 Web 中进行基于本体的知识处理问题。

3.6.2.3 知识互操作

互操作是指网络中知识供需双方之间可以透明地访问对方资源。语义知识本身并没有互操作能力，语义互操作性应由高层应用实现。从目前的发展趋势看，Agent 技术，尤其是智能 Agent 是语义互操作的主要技术。FIPA(Foundation for Intelligent Physical Agents)规范和 JAS(Java Agent Services)接口为语义 Web 中的 Agent 技术进一步发展提供重要基础⑤。文献⑥总结用于语义 Web 的 Agent 技术的分类、特征及其应用，并认为多主体系统(Multi-Agent System，MAS)是语义 Web 中实现互操作的重要技术手段。

根据上述知识联网的探讨和图 3-3 所示，语义 Web 中的知识互联过程具有三个重要特征。

- 语义 Web 中知识表示的目的之一是在数据之间建立计算机可理解的联网关系。
- 语义知识联网可以分为互联、互通和互操作三个层次。其中，语义互联是语义联网的基础，语义互通是手段，语义互操作是语义 Web 的最终目的之一。

---

① Keith Baillinger. .NET Web Services: Architecture and Implementation [M]. Boston: Pearson Education, Inc., 2004:15-31.

② 宋炜，张铭. 语义网简明教程[M]. 北京：高等教育出版社，2004:111.

③ John Davies, Dieter Fensel, Frank van Harmelen. Towards the Semantic Web Ontology-driven Knowledge Management [M]. Hoboken: John Wiley & Sons Ltd., 2003:1-150.

④ John Davies, Rudi Studer, Paul Warren. Semantic Web Technologies Trends and Research in Ontology-based Systems[M]. Hoboken: John Wiley & Sons Ltd., 2006:1-308.

⑤ Thomas B Passin. Explorer's Guide to the Semantic Web [M]. New York: Manning Publications Co., 2004:213-217.

⑥ Bo Leuf. The Semantic Web Crafting Infrastructure for Agency [M]. Hoboken: John Wiley & Sons Ltd., 2006:97-111.

- 知识联网过程也是一种人机合作过程，如智能 Agent 可以用计算机完成，领域本体的建设应由人负责完成。

3.6.3 知识发现

语义 Web 与传统 Web 的第三个不同之处在于语义 Web 支持以“知识原子”(Knowledge Atom)为单位进行表示、检索、推理和抽取知识。知识原子是指知识处理的最小单位，是不可再分的知识元素①。语义 Web 采用“对象—属性名称—属性值”(Object - Attribute - Value)组成的一个三元组(Tripe)构成的陈述(Statement)来描述一个知识原子。基于语义 Web 的知识发现既可以发现知识原子为目的，也可以发现由知识原子组成的知识集为目的。从流程上看，基于语义 Web 的知识发现可以分为检索、推理和验证三个主要步骤。

3.6.3.1 知识检索

语义 Web 的出现改变了传统信息检索中的查准率和查全率的概念。与传统 Web 不同的是，在语义 Web 中进行知识检索时，不仅可以发现知识文档，而且可以进一步查找文档内部的知识片段，甚至准确定位到知识原子层。在发现知识所在的语义文档之后，可以采用路径表达式(Path Expression)对知识原子进一步检索，以便抽取保存在文档中的目标知识片断或知识原子。常见的语义文档检索语言有以下三种：

(1)XML 文档查询语言。Xpath、Xpointer、XML-QL、XQuery 是常用于 XML 文档的查询语言。Xpath 是一种查询部分 XML 文档的通用语言标准；Xpointer 是一种指向 XML 文档的特定区域或特定部分的机制；XML-QL 则提供类似于访问层次型数据库和关系型数据库的查询技术。

(2)RDF 文档查询语言。SPARQL 是一种典型的 RDF 文档查询语言，对 RDF 文档的检索能力较强。在 SPARQL 语言中，可以采用类似于 SQL 语言的 select-from-where 结构进行检索，方便人们编写查询代码的过程。

(3)OWL 文档查询语言。OWL-QL(OWL Query Language)和 OWL SAIQL 是典型的 OWL 查询语言。OWL-QL 作为一种演绎式的问答语言，较准确地描述问题、答案和知识库之间的语义联系。与数据库语言和其他 Web 查询语言不同的是，OWL-QL 支持问答式会话，答案代理具有可以自动推理所需答案和进行跨库检索等语义操作能力②。OWL SAIQL 是一种

---

① 温有奎，徐国华，赖伯年，等. 知识元挖掘[M]. 西安：西安电子科技大学出版社，2005：30.

② Richard Fikes, Patrick Hayes, Ian Horrocks. OWL-QL-A Language for Deductive Query Answering on the Semantic Web[J]. Journal of Web Semantics, 2005, 2(1): 19 – 29.

基于 OWL DL 查询语言,并可用于 OWL DL 文档的查询操作。

3.6.3.2 知识推理

语义 Web 与传统 Web 的第四个区别在于语义 Web 中增加“计算机可理解的规则系统”。规则系统可分为单调规则(Monotonic Rules)和非单调规则(Nonmonotonic Rules)两种,分别用于不完全信息情况和完全信息情况下的语义推理。语义 Web 的规则推理机制为基于语义 Web 的知识挖掘、推理和验证操作奠定基础,进一步推动知识的“机器可理解”化进程。从目前的研究和应用进展看,常用于描述语义 Web 规则系统的语言有 DLP、RuleML 和 SWRL 三种。

(1)DLP(Description Logic Programs,描述逻辑程序),是谓词逻辑和 OWL 的结合,主要由 OWL 语言和谓词逻辑的交叉部分组成。因此,DLP 只能表示部分谓词逻辑或部分 OWL 语言的概念,规则表达和推理能力有限。

(2)RuleML(Rule Markup Language,规则标记语言),是一种致力于在万维网上共享和发布规则的标记语言。RuleML 语言内核是基于 Horn 逻辑的 Datalog 语言。Datalog 语言是 SQL 语言和 Prolog 语言的交叉语言。在 RuleML 语言中,运用 XML Schema 描述语法,并通过 Herbrand 模型来定义其语义①。近年来,RuleML 语言的发展比较快,2008 年度国际 RuleML 语言论坛于 2008 年 10 月 31 日在佛罗里达州 Orlando 举行,会议主要讨论分布式规则技术和基于规则的应用系统。

(3)SWRL(Semantic Web Rule Language,语义 Web 规则语言),是结合 RuleML 和 OWL 语言的语义 Web 规则语言②。SWRL 支持运用 OWL DL 和 OWL Lite 描述 Horn 规则的高层次抽象语法。因此,相对于 RuleML 语言,SWRL 可以更好地描述语义 Web 中的规则机制。

3.6.3.3 知识验证

语义 Web 与传统 Web 的第五个不同之处在于语义 Web 中的知识更便于验证,尤其使运用知识的语义信息进行校验成为可能。语义 Web 环境下,知识仍然面临过时、伪造、篡改、拒绝服务、行为否认、非授权访问等安全威胁。因此,如何验证知识的有效性、保密性、完整性、可用性、可控性

① Harold Boley, Benjamin Grosof, Said Tabet. RuleML Tutorial[OL]. (2001 - 05 - 13) [2013 - 03 - 19]. http://www.ruleml.org/papers/tutorial-ruleml-20050513.html.

② Ian Horrocks, Peter F Patel-Schneider, Harold Boley, et al. SWRL: A Semantic Web Rule Language Combining OWL and RuleML[OL]. (2003 - 11 - 19)[2008 - 11 - 13]. http://www.daml.org/2003/11/swrl/.

和不可否认性，也是促进语义 Web 健康发展的重要课题。目前，从国内外研究进展看，用于语义 Web 知识验证的技术主要有以下三种：

(1)传统数据验证技术。采用类似于奇偶校验、CRC 校验、Hash 码的方法判断知识是否被伪造或非法篡改。此类技术的实现方法简单，成本比较低，但是其适用范围较有限，效果有时很难保障。

(2)数字签名技术。知识的提供方使用自己的私钥对数据校验和(或)其他与数据内容有关的变量进行加密处理，完成对数据的合法签名；知识需求方则利用对方的公钥来解读收到的数字签名，并将解读结果用于对数据完整性的检验，以确认签名的合法性。

(3)语义层次的验证技术。语义 Web 的出现为传统信息安全领域提供新思路，即基于语义信息判断信息的保密性、完整性、可用性、可控性、不可否认性。近年来，有些专家学者开始意识到语义层次验证技术的必要性和可行性，但尚未提出可行的验证技术。

除了上述技术之外，知识提供方的“信用信息”将会是验证语义知识的重要依据。语义 Web 中的信用信息主要来自其他用户的评价、知识被调用的次数、黑名单机制等。另外，值得注意的是知识验证时需要考虑计算复杂性和安全性之间的平衡问题。在特定问题的处理上，计算复杂性和安全性是一对矛盾。语义 Web 的出现可以在一定程度上缓解上述矛盾。

根据以上探讨和图 3－3 所示，在知识发现过程中语义 Web 具有如下特性：

- 语义 Web 中知识的具体存储位置对于知识用户(智能代理或人)来说是透明的，知识用户对语义 Web 进行挖掘操作才能发现所需要的知识；
- 由于在语义 Web 中可以知识原子(或知识片断)为单位进行标记，并提供语义关联信息，所以基于语义 Web 的知识检索查准率和查全率远远高于传统网络；
- 语义 Web 的规则系统可以满足用户的逻辑推理需要，有利于挖掘更多的知识或对知识的有效性进行验证；
- 语义 Web 的规则系统建设必须由人参与完成，即建设语义 Web 的规则系统过程也是人机结合的过程。语义 Web 的出现改变传统 Web 信息检索模式，知识检索的效果和效率得到较大的提高①。

---

① 朝乐门. 基于语义 Web 的知识处理流程及其技术框架研究[J]. 中国图书馆学报，2009(5)：59－69.

3.6.4 知识获取

语义 Web 与传统 Web 的第六个不同之处是在语义 Web 中可以更容易地抽取知识片断,提高获取知识的速度和准确度。在语义 Web 中,需求方对目标知识进行验证后,得到对方的"信任",才能获得抽取所需知识的权限。当然,这种"信任"关系可能是默许的,也可能是强制性的。知识抽取可以知识原子或知识片断为单位进行抽取,改变传统 Web 检索结果的反馈机制。成功抽取知识后用户可对其进行评价,为其他用户的选择提供参考。

3.6.4.1 知识信任

在语义 Web 中,知识的需求方发现所需知识后,有时需经知识提供方的授权"信任"后才能进行知识的抽取工作。语义 Web 可以继续采用传统 Web 的信任机制,也可以重新设计基于语义 Web 的新型信任机制。传统 Web 信任机制有很多种,如黑名单机制、CA 认证、加密技术、数字签名等。

文献①探讨语义 Web 信任机制,如 XML 数字签名(XML DigSig)和加密(XML Enc)、语义授权模式以及相关问题等。

3.6.4.2 知识抽取

知识需求方获得授权后可以对所需知识进行抽取操作。文献②对典型知识抽取系统的分析后发现知识抽取具有五个特点:强调语义的抽取、普遍将机器学习技术和自然语言分析技术相互结合、需要 Ontology 的支持、关注实体之间的关系的识别和抽取、知识抽取的结果为知识库建设提供内容。可见,知识抽取成为语义 Web 的重要应用领域之一。

语义 Web 技术的出现从根本上提高知识抽取的效率——可以选择任何知识表示单位,如知识原子、知识片段、知识文档等,进行知识抽取是语义 Web 的重要特征之一。在语义 Web 中,知识的单位是知识原子。因此,语义 Web 中独特的知识表示方法较好地支持知识抽取操作。

语义 Web 的精准定位知识和任意抽取知识的特征,可以提高知识检索和挖掘的效率。RSS 和 Wrapper 是目前常用的两种知识抽取的技术。除此之外,语义 Web 中的查询语言也较好地支持基于语义 Web 的知识抽取活动。

---

① Bo Leuf. The Semantic Web Crafting Infrastructure for Agency [M]. Hoboken: John Wiley & Sons Ltd., 2006:97-111.

② 张智雄,吴振新,刘建华. 当前知识抽取的主要技术方法解析[J]. 现代图书情报技术,2008(8):2-10.

3.6.4.3 知识传递

知识抽取结果的反馈是语义 Web 的重要知识处理环节之一。语义 Web 中知识的传输过程可以采用 P2P(Peer to Peer)技术、BT(Bit Torrent)技术等。文献①认为语义 Web 和知识管理的结合在信息共享和知识管理中具有巨大的可挖掘的潜力,就此提出两种方法和三个应用案例。在需求方成功接收所需知识后,可以对所获知识或知识的供应方进行评价。用户反馈评价是语义 Web 中信用信息的重要来源。

根据上述语义 Web 知识获取过程的探讨和图 3-3 所示,语义 Web 中的知识获取具有的特征如下:

- 知识用户在语义 Web 中发现所需知识后,往往得到知识提供方的“信任”才能获取知识。信任机制是语义 Web 技术健康发展和推广的重要前提。
- 与传统 Web 不同,知识用户可在语义 Web 中轻松实现知识的抽取操作。语义 Web 既可以提高知识检索的准确率,也可以减少反馈结果的传递成本。
- 知识用户可以对所抽取知识进行评价,为其他用户的选择提供参考。可见,语义 Web 中的知识获取过程主要由计算机来完成,当然也不排斥人的参与②。

3.6.5 知识集成

语义 Web 与传统 Web 的第七个不同之处是语义 Web 中的知识更易于满足知识集成的需求。语义 Web 中的知识集成可以分为三种。

3.6.5.1 与显性知识集成

从语义 Web 中成功获取所需知识后,可以将其与显性知识进行集成。

(1)虚拟视图:在虚拟视图方法中,中间集成系统不需要存储实际数据,数据仍可驻留在各自原有的系统中。虚拟视图法的数据接口和功能接口紧密联系在一起,一般物理上它们是不分开的。数据接口实现原有系统的数据提取并转换成集成系统可接受的数据形式;功能接口则依据集成需求约束实现与集成系统的衔接③。

---

① Steffen Staab, Heiner Stuckenschmidt. Semantic Web and Peer-to-Peer Decentralized Management and Exchange of Knowledge and Information [M]. New York: Springer, 2006: 1-363.

② 朝乐门. 基于语义 Web 的知识处理流程及其技术框架研究[J]. 中国图书馆学报, 2009(5): 59-69.

③ 顾进广, 陈莘萌. 基于语义的 XML 信息集成技术[M]. 武汉, 武汉大学出版社, 2007: 42-43.

(2)公共数据仓库。与虚拟视图方法不同的是,数据接口和功能接口是完全分离的,连接二者的中间部分是公共数据仓库。采用公共数据仓库方法就是在用户提出查询之前,把需要共享的信息从各个数据源中提取出来预先转换成统一模式,异构环境在公共数据库上得到统一,再由集成系统提供对公共数据库的数据访问机制①。

(3)语义网格。语义网格(Semantic Grid)是一种基于语义的分布式计算技术,它建立在语义 Web 相关技术规范和网格体系结构相关技术标准的基础上,其目的是要支持构建基于语义的分布式网络系统。语义网格需要实现的关键技术包括三个方面,即分布式异构数据资源的语义互联互通与共享管理、异构系统之间的语义互操作和复杂流程的语义组合以及异构数据的交换和按需的信息征订与分发②。因此,语义网格是知识集成的更高层方案,使语义 Web 中进行显性知识集成的重要手段。

语义网格继承了网格技术的虚拟组织特征,具备一定的自主适应、自我配置和自我容错、无缝集成资源和服务、即插即用和跨多个管理域的安全机制。因此,语义网格技术在显性知识的集成方面更具有优越性:

- 当已有节点退出、新节点接入或需求环境发生变化时,语义网格可以根据事先预定的算法和策略,实现自主适应、自我配置和自我容错功能,整个网格平台的知识处理可以顺利继续。
- 语义网格技术为不同数据资源和服务提供统一的底层服务规范和标准,支持不同知识资源或服务之间的动态、无缝集成;语义网格通过可复用、开源的组件或模块技术,支持新资源或新服务以“即插即用”的方式接入网格资源。
- 语义网格资源由分布在不同地区的个人或组织负责管理。

因此,语义网格的知识资源管理具有一定自治性。网格技术采用单点登录、代理认证(Delegation)、信任链管理等技术在不同的管理域之间提供安全访问的策略。可见,语义网格技术为语义 Web 知识的集成提供更加稳定、方便、灵活、安全的策略和机制。以 MyGrid 项目组③为例,该项目不仅资助 OntoGrid 等语义网格基础研究项目,而且还资助以生物数据集成为主要目的的 ONDEX 项目在内的基于语义网格解决 E-Science 问题专门工

---

① 顾进广,陈莘萌. 基于语义的 XML 信息集成技术[M]. 武汉,武汉大学出版社,2007:43-44.

② 吴朝晖,陈华钧. 语义网格:模型、方法与应用[M]. 杭州:浙江大学出版社,2008:11.

③ MyGrid. Projects [OL]. (2009-10-05) [2013-10-05]. http://www.mygrid.org.uk/projects/.

具的研发项目。

马文峰、杜小勇教授在语义网格的基础上提出知识网格的概念,并指出:知识网格是网格、语义 Web 和语义网格发展的有机融合和必然趋势;知识网格以网格/语义 Web 为基础架构,实现异构语义资源的整合与获取,并提供基于语义资源的知识服务;其本质是万维网知识资源和知识服务的协同与共享;知识网格可以统一门户进行知识服务①。可见,知识网格在更高层次上实现基于语义 Web 的显性知识的集成。

3.6.5.2 与应用集成

从语义 Web 中成功获取所需知识后,有时需要与应用程序进行集成,将语义 Web 中的知识交给应用程序进一步处理。语义 Web 中的知识与应用程序集成的关键在于其间的接口。从目前的理论与技术发展条件看,应用程序可以通过以下几种接口访问语义知识。

(1)API 接口:语义 Web 技术本身提供的 API 编程接口可以分为三大类,即 XML 编程接口、RDF 编程接口和 OWL 编程接口。

- XML 编程接口,如 DOM、SAX、JAXP 等。DOM(Document Object Model)是一种与平台无关、语言无关的应用程序接口,采用对象模型描述文档结构。通过 DOM 接口,应用程序可以对 XML 文档进行加载、遍历、操作控制节点和出错处理等操作;与 DOM 接口相比,SAX(Simple API for XML)接口规范是由 XML 分析器和 XML 处理器提供的,属于更底层的接口,更具有灵活性。此外,SAX 还支持基于事件的处理模式;JAXP(Java API for XML Programming)支持用户随意更换解析器,不需要修改应用程序就可以访问 XML 语义知识。
- RDF 编程接口。从目前的应用看,Jena 是最常用的 RDF 编程接口之一。Jena 提供 ModelFactory. createDefaultModel( )、Model. listStatements( )、Model. write( )/Model. read( )方法、jena. rdfquery 工具和 com. hp. hpl. jena. rdql 包,分别用于创建 RDF 模型、RDF 查询、RDF 读写、从命令行执行 RDQL 查询和 Java 代码中使用 RDQL 查询等功能。此外,Jena 还提供 OWL 和 SPARQL 文档的编程 API 接口。
- OWL 编程接口,除了 Jena 也支持 OWL 编程外,Protégé-owl API 是专门为 OWL 语言和 RDF 语言开发的一种 Java 开源接口。

① 马文峰,杜小勇.知识网格研究[J].图书情报工作,2007(10):64-68.

Protégé-owl API 分别提供 OWLNamedClass/OWLAnonymousClass、OWLDatatypeProperty/OWLObjectProperty、OWLAllValuesFrom/OWLSomeValuesFrom/OWLHasValue、OWLUnionClass/ OWLComplementClass/ OWLEnumeratedClass 等类，可用于 OWL 中的类、属性、属性值和逻辑运算，以便用户进一步开发自己的语义 Web 软件或语义 Web 中间件，实现语义 Web 中的知识与应用系统的集成。

(2)语义 Web 服务。Web 服务是自包含的模块化应用程序，它可以通过网络进行描述、发布、定位和调用。从外部使用者的角度看①，Web 服务是一种部署在 Web 上的对象/组件，它具备以下特征：封装性强，使用者能且只能看到该对象提供的功能列表；耦合很松散，具体体现在服务使用与实现的分离；服务的表现形式与业务功能的分离；使用标准协议规范，采用基于适应 Internet 互操作支撑技术；跨平台可集成能力强，通过 Web 服务技术可屏蔽不同软件平台的差别。因此，在语义 Web 知识处理中可以采用 Web 服务技术实现语义知识与其他应用的集成。

语义 Web 服务(Semantic Web Services，SWS)是语义 Web 技术和 Web 服务的结合，可以更好地支持语义 Web 知识的发布、定位、调用和集成。语义 Web 服务的表示方法有很多种，如 OWL-S、SWSF、SAWSDL、WSDL-S、WSMO、WSML 和 WSMX 等。

- OWL-S(Ontology Web Language for Services，Web 服务本体语言)，是在 DAML-S 的基础上发展起来的，包括三个组件：ServiceProfile(描述服务是做什么的)、ServiceModel(描述服务是怎么做的)、ServiceGrounding(描述怎样访问服务)，可以支持语义 Web 服务集成的智能化。
- SWSF(Semantic Web Services Framework)，是为了加强 OWL-S 的分布式处理能力而出现的服务表示技术。SWSF 包括两个组件 SWSL(Semantic Web Services Language)和 SWSO(Semantic Web Services Ontology)，前者用来描述 Web 服务的特征，后者用来描述 Web 服务的概念模型和模型的公理体系。SWSL 可以进一步分为两种，即 SWSL-FOL 和 SWSL-Rules，分别用于基础本体语言和逻辑推理。
- SAWSDL(The Semantic Annotations for WSDL)，是基于 WSDL-S

① 林弘之. Web Services 原理与开发实务[M]. 北京：电子工业出版社，2003：9.

提出的 WSDL 的语义表达方式。

- WSMO(Web Services Modeling Ontology,Web 服务建模本体)、WSML(Web Services Modeling Language,Web 服务建模语言)和 WSMX(The Web Service Modeling Execution Environment,Web 服务建模执行环境)等技术用于语义 Web 服务的建模①。

3.6.5.3 与隐性知识集成

语义 Web 中的知识较好地显示知识的语义内容及知识间的相互关系,因此,语义 Web 中的知识更容易与人的隐性知识进行集成。从集成知识的需求分析,集成语义 Web 中的知识与隐性知识的工具有两种。

(1)语义桌面:是本地计算机中的知识与人的隐性知识集成的重要手段。传统资源管理器主要以知识资源的语法特征为依据进行资源管理,缺少必要的语义理解和关联,不便于管理和维护。语义桌面架构主要分为数据层和应用层。数据层存储信息和本体,应用层通过调用数据层 API 为用户提供诸如信息查询、语义标注和本体编辑等功能②。语义桌面可建立知识的语义关联,提高资源管理的效率,实现语义 Web 中知识的隐性化。

国内外语义桌面研究项目比较多。NEPOMUK(Networked Environment for Personalized, Ontology-based Management of Unified Knowledge)项目③。

(2)语义门户:语义门户是集成分布式语义 Web 中的知识与人的隐性知识的重要手段。语义门户的核心就是用本体的理念组织知识资源,为机构用户的信息交流提供管理机制和信息的集成,语义门户具备语义浏览和查询能力④。

根据上述语义 Web 知识集成过程的探讨和图 3－3 所示,基于语义 Web 的知识集成具有以下特征:

- 语义 Web 知识经过与显性知识、应用系统和人的隐性知识进行集成才能发挥其真正作用。
- 通过知识之间的集成,既可以发现新知识,也可以验证所获取知识的有效性。虚拟视图、公共数据仓库和网格技术为已获取知识

① Vipul Kashyap, Christoph Bussler, Matthew Moran. The Semantic Web: Semantics for Data and Services on the Web[M]. New York: Springer, 2008:259－283.

② Steffen Staab, Heiner Stuckenschmidt. Semantic Web and Peer-to-Peer Decentralized Management and Exchange of Knowledge and Information [M]. New York: Springer, 2006:1－363.

③ NEPOMUK. Networked Environment for Personalized, Ontology-based Management of Unified Knowledge[OL]. [2013－10－05]. http://nepomuk.semanticdesktop.org/xwiki/bin/view/Main1/.

④ 田晓迪,宋文. 语义门户的框架研究[J]. 情报科学,2007(1):401－701.

与显性知识提供了技术手段。

- 为了运用应用系统进一步自动处理语义 Web 反馈的知识，开发了多种编程 API 接口，如 Jena 和 Protégé-owl API 等。
- 语义 Web 中的知识与人的隐性知识的集成过程是一种显性知识隐性化的过程。人理解知识是一种典型的知识集成过程，而且用已知知识理解新知识往往是人在无意识情况下进行的。

综上所述，基于语义 Web 的知识处理模式是一种人机结合的知识处理新模式，充分利用人与计算机的可互补的优劣势。首先，人参与知识的表示过程，将各种知识以计算机可以理解的形式提供给计算机，降低计算机处理知识的技术难度。其次，计算机的快速、精确的计算和逻辑推理特征扩展人在知识检索、推理、获取和集成等方面的能力，加快人的知识处理过程。最后，人对语义 Web 的管理和反馈为语义 Web 的进一步发展提供重要的保障①。

3.7　小结

本章以突破传统知识管理方法论的主要困境为目的，提出一种新的知识管理方法论——大规模协同知识管理方法论。大规模协同知识管理方法论具有专业余、人机协同、有效开放、自组织、小任务、形式化表示、研讨式处理和过程成熟等基本特点。与传统知识管理不同的是，大规模协同知识管理遵循一些特殊原则，包括开放、长尾、专业余、涌现、自组织和人机协同原则。

大规模协同知识处理模式是一种语义 Web 与 Web2.0 集成的知识管理模式。语义 Web 与 Web2.0 在知识处理的平台、处理对象、研究目的上的相同性和在研究层次、处理粒度和侧重点上的区别性奠定了二者集成的可行性。本书提出的“与 Web2.0 集成的语义 Web 知识处理模式”以知识原子为基本单位，采用语义 Web 技术作为数据层的知识处理技术，采取 Web2.0 理论作为应用层的知识处理理论，通过领域本体建设、知识发布、知识检索、知识更新、知识推理与挖掘、知识评价等知识处理活动，实现知识处理的计算机可理解性、降低知识共享和创新的成本和人机协同知识处

① 朝乐门. 基于语义 Web 的知识处理流程及其技术框架研究[J]. 中国图书馆学报，2009(5)：59－69.

理的目的。人与计算机的协同关系随着语义 Web 与 Web2.0 集成的知识处理流程的不同而发生变化,在知识处理的前端,包括知识表示和联网阶段,人起到主导作用,而在知识的获取和集成阶段则主要由计算机完成。

在此基础上,结合大规模协同知识处理方法论和语义 Web 技术,探讨大规模协同知识处理的一般流程,并发现大规模协同知识处理流程具有如下六个基本特征:

(1)基于语义 Web 的知识表示技术必须具备平台独立性、语义表示能力强等特点,并且需要实现知识的内容、结构和显示之间的独立性。常见的知识表示层技术有 XML 语言、RDF(S)模型、OWL 语言和 Web Services 技术。XML 语言是语义 Web 知识表示的语法基础;RDF(S)是知识建模的主要思路;OWL 是语义表示的常用语言;通过 Web services 可以将语义知识包装为语义服务。

(2)基于语义 Web 的知识互联的技术可以进一步分为互联技术、互通技术和互操作技术三种。URI 和 Namespace 技术为知识互联提供基础条件;SOAP 协议和领域本体为知识供需双方的达成共识和成功交换知识提供重要技术手段;智能 Agent 是语义 Web 知识互操作的常用技术。

(3)基于语义 Web 的知识发现的主要功能是根据知识需求方的提问对语义 Web 进行检索、推理和验证。在知识检索方面,除了现有的知识检索技术外,语义 Web 还提供 SPARQL、OWL-QL 等检索知识原子或知识片断的方法;常用于语义 Web 知识推理的技术有 SWRL、RuleML 等;CRC、数字签名等为语义 Web 知识验证提供技术手段。

(4)基于语义 Web 的知识获取的主要功能是为知识用户提供授权、抽取和传递技术。在知识授权方面,语义 Web 主要采用信任机制;RSS 和 Wrapper 技术是语义 Web 知识抽取的重要技术;常用的语义 Web 传递技术有 P2P 和 BT 等。

(5)基于语义 Web 的知识集成的主要功能是实现将从语义 Web 抽取的知识集成到其他知识、应用系统或人的隐性知识中。知识网格、虚拟视图、公共数据仓库技术是语义知识与其他知识进行集成的常用技术;通过 Jena、Protégé-OWL API、OWL API 接口,应用系统可以对语义 Web 知识进行操作,实现语义知识与应用系统的集成;语义门户和语义桌面为语义知识与人的隐性知识或人的实践活动的集成提供重要手段。

(6)虽然从流程的先后顺序上看,语义 Web 与 Web2.0 集成的知识处理流程与目前的知识处理流程没有太大的区别,但是每个流程中的知识处理方式,比如人机分工、主要工具和方法都发生了变化。语义 Web 的知识表示层和知识联网层技术降低计算机对 Web 知识处理的难度,使现阶段的人工智能技术能够适应 Web 知识的处理活动。本书提出的语义 Web 与 Web2.0 集成的知识处理流程较好地结合人脑和电脑在知识处理方面的不同优势,即人脑在处理"人理"上的优越性和电脑在处理"物理"和"事理"上的优越性。因此,从知识处理流程的维度看,语义 Web 与 Web2.0 集成的知识处理流程梳理对人和计算机进行合理的分工和有效的定位,实现人机在知识处理流程中的互补作用。

综上所述,大规模协同知识管理是一种人机协同完成的过程。人和计算机在知识处理的不同阶段,地位是不同的。根据人和计算机在知识处理过程中各自的优势,在语义 Web 中知识处理流程的前端,即知识的表示和联网阶段,人起到主导作用,而在知识处理的后端,即知识的获取和集成阶段的活动则主要由计算机完成。

4 大规模协同知识管理的实现框架

为了更好地满足大规模协同知识管理模式和方法的新需求,需要重新设计出符合大数据环境下的大规模协同生产时代的组织知识生态系统建设框架和大规模协同知识管理软件框架。本章以人机协同知识处理、基于语义 Web 的知识管理实践、大规模协同知识管理软件系统的研发需求为依据,采用人机协同理论、知识生态系统论和综合集成理论,对上述章节提出的大规模协同知识管理方法论、语义 Web 技术框架、Web2.0 体系结构、综合集成研讨厅体系结构、组织知识生态系统建设模型进行整合和优化,构建出大规模协同知识管理方法的实现框架。

4.1 构建目的

4.1.1 充分发挥人与计算机知识处理的优势

近年来,系统工程、知识工程、机械工程、心理学领域的专家学者认识到人机协同的重要性,并提出各自的人机协同理论。

- 在国外,比较典型的人机协同理论有斯坦福大学 Lenst 和 Feigebaum 的"Man-machine Synergy Prediction 知识系统"、Colgate 和 Peshkin 的合作机器人[①][②];
- 在国内,系统科学与工程领域科学家钱学森、顾基发等提出"综合集成方法论"和"人理—物理—事理方法"[③],崔霞、戴汝为等提出

① Moore C, Peshkin M, Colgate E. Design of 3R Cobot Using Continuous Variable Transmissions [C]. IEEE International Conference on Robotics and Automation, Detriot. Michigan, 1999: 3249 - 3254.

② Boy E, Burdet E, Teo C, et al. The Learning of Cobot. Proceeding of IMECE'02 International Mechanical Engineering Conference and Exposition [C]. New Orleans,2002: 17 - 22.

③ 顾基发,王浣尘,唐锡晋.综合集成方法体系与系统学研究[M].北京:科学出版社,2007:1.

"以人为中心的综合集成研讨厅体系——人工社会"[①②],机械工程领域的学者路甬祥、陈鹰等提出"人机一体化"理论[③④⑤⑥]。

综合分析上述理论,可以发现如下的共性:

(1)在人工生态系统中,研究人机协同是必要的。如何充分发挥人和机器的不同优势,使他们处于最优的协同状态是现代科学必须面临的课题。

- 人工智能、神经元网络技术、模糊科学、生物科学的发展不能满足计算机模拟人脑智能活动的需求,导致机器无法独立完成复杂任务;
- 现代社会对速度、精度的要求提高以及信息的爆炸式增长,人无法完成高速、高精度、海量的任务。

(2)在人工生态系统中,研究人机协同是可行的。

- 人与计算机的优缺点是可以互补的。人在处理开创性、主观性、非结构化、非程序化问题,以及在适应环境、逻辑推理方面的能力高于计算机。计算机在处理重复性、客观性、结构化、程序化问题,在数据运算、信号处理、数据记忆方面的能力高于人。
- 在某些领域,人机协同的实践取得很大的进展,如智能CAD、驾驶飞机等[⑦]。

(3)在人工生态系统中,研究人机协同的主要目标是一致的,即在具体实践中,让人和计算机各自执行最擅长的工作,取长补短,共同感知、学习和决策,相互理解、相互制约和相互监督,共同组成一种"超智能系统",达到人或计算机都无法独立完成的效果。

(4)在人工生态系统中,研究人机协同的基本思想是一致的,即避免盲目高估计算机及人工智能的知识处理能力,重新审视人和计算机各自的

---

① 崔霞,戴汝为.以人为中心的综合集成研讨厅体系——人工社会(一)[J].复杂系统与复杂性科学,2006(6):1-8.

② 崔霞,戴汝为.以人为中心的综合集成研讨厅体系——人工社会(二)[J].复杂系统与复杂性科学,2006(6):9-20.

③ 杨灿军,陈鹰,路甬祥.人机一体化智能系统理论及应用研究探索[J].机械工程学报,2000(6):42-47.

④ 路甬祥,陈鹰.人机一体化系统与技术——21世纪机机械科学的重要发展方向[J].机械工程学报,1994(5):1-7.

⑤ 路甬祥,陈鹰.人机一体化系统科学体系和关键技术[J].机械工程学报,1995(1):1-7.

⑥ 路甬祥,陈鹰.人机一体化系统与技术立论[J].机械工程学报,1994(6):1-9.

⑦ 朝乐门.基于语义Web的人机协同知识处理研究[J].图书情报工作,2009(24):115-119.

优劣势，开始重视人和计算机的分工与合作，充分利用人工智能、神经元网络技术、模糊科学、心理学、生物科学等多学科研究领域的已有成果，在人和计算机之间形成合作关系，形成超过人和计算机的能力的人工系统。

(5)从目前对人机协同研究看，研究热点问题集中在人机交互、人机分工和人机耦合等问题，认为计算机语言和人类语言的差别是造成人机相互理解困难的主要原因。

(6)人机协同的类型有三种，即人主机辅、机主人辅和人机平等，可分别用于不同的结构化、程序化、线性化程度情况。多数学者比较认同"人主机辅"的理念，并认为计算机不仅是人的一种"劳动工具"，而且是人的一种"合作伙伴"。

从以上分析可以看出，在知识处理过程中，人与计算机具有可互补的优劣势。但是，目前的知识处理中缺少人机协同视角的研究。语义 Web 的出现为解决计算机知识处理瓶颈提供新的思路，降低计算机知识处理的复杂性，使人和计算机协同完成知识处理任务成为可能。同时，人机协同知识处理理论为大规模协同知识管理方法的实现框架提供理论基础。

4.1.2 为大规模协同知识管理软件系统的研发提供依据

本书第二章的研究发现，大规模协同知识管理软件系统的研发急需统一的顶层框架的设计。在软件工程领域，框架是指一种"可复用"的"半成品"的应用。因此，从软件工程角度看，大规模协同知识管理方法的实现框架应至少满足三个条件。

(1)可复用性。框架设计应符合大规模协同知识管理软件开发的通用需求以及体现大规模协同知识管理软件体系的基本结构特征和功能要求。

(2)半成品性。在框架设计中应充分考虑，保证框架的灵活性和易扩展性，以更好地适应大规模协同知识管理软件的设计与开发人员的个性化需求。

(3)充分考虑基于语义 Web 知识处理的特征和模式。除了上述"可复用性"和"半成品性"之外，基于语义 Web 知识处理框架的设计应充分考虑语义 Web 知识处理的关键技术、特征和模式。本书第一章较深入研究基于语义 Web 知识处理的关键技术和特征，为该框架的设计提供必要的前期研究。同时，本书第四章设计出语义 Web 与 Web2.0 集成的知识处理流程，为该框架的设计提供理论基础。

4.1.3 为大规模协同知识生态系统的建设提供依据

根据第四章的研究,Web2.0 理论的出现为知识生态系统的建设提供依据,进而为知识的共享和创新提供新的环境。因此,从组织知识管理的角度看,大规模协同知识管理方法的实现框架应满足三个条件。

(1)依靠大众的力量。Web2.0 的成功实践证明,大众在社会生产和协作过程中所扮演的角色已经发生了根本性的变化——从信息的消费者向制造者转变。Web2.0 的集体智慧特征彻底改变了大众在信息创造和传播过程中的被动性,提升了大众在社会生产和协作活动中主动性。Web2.0 之后兴起的众包(Crowd Sourcing)进一步证明了大众在开放社会中的重要地位。传统知识管理思想往往局限于"小众"的范围,将管理重点限定在特定的范围,如组织、项目或团队,具有显著的封闭性。然而,大规模协同知识生态系统的建设应突破传统知识管理的封闭性,将知识链长尾的专业余主体纳入组织知识管理的范畴,不断培育和壮大自己的知识网络,并通过"众包"模式,将组织知识处理任务分解至不同的长尾主体,进而实现组织知识的创新和积累。在大规模协同知识管理中,组织内部知识员工的主要角色将发生变化——从知识处理任务的完成者转向协调者和组织者。

(2)支持自组织。自组织是 Web2.0 与 Web1.0 的根本区别之一。Web2.0 中的参与方式和组织模式往往是一种自底向上的自我管理模式,强调用户体验、易用性和动态性。Web2.0 时代的到来彻底改变了 Web1.0 时代人们被动接受信息传播活动的现实,使网络环境中的每个用户成为既是内容的消费者,又是内容生产者,有时还扮演消费者和生产者之间的中间人角色。在 Web2.0 环境中,每个参与者的角色具有动态性和多样性。在传统知识管理理论和实践中,知识处理活动往往是他组织式的被动行为,缺乏灵活性和主动性。相反,在大规模协同知识生态系统中,提倡的是知识处理活动的自组织性,进而达到提升知识组织的动态性和持续性的目的。

(3)实现综合集成。Web2.0 的对等性为专业主体和专业余主体之间的平等性,使两者之间的角色转换成为可能。在 Web2.0 应用中,每个主体既可以专家身份回答问题,又可以专业余的身份提出问题。如何集成人(包括专家主体和专业余主体)、机器(包括硬件和软件)和数据(提问、反馈、经验、设想、评论等),并组建面向知识处理任务的综合集成研讨是目前知识管理中亟待解决的问题之一。大规模协同知识生态系统需要引入综合集成方法论，将计算机与计算机、人与人、人与计算机连接起来，形成多层次的知识网络系统，支持每个任务（或子任务）可以根据实际需求动态组建多个知识研讨厅，且突破对参与者的时空限制，实现人人协同、人机协同和机器之间的协同。

4.2 构建方法

4.2.1 人与计算机在知识处理中的优劣势比较

关于人与计算机在知识处理中的优劣势和互补性问题可以追溯到图灵测试。图灵测试讨论计算机在数据或知识处理中的智能问题，为判断计算机是否有智能提供一种方法和标准，从而避免有关智能本质特征的争论①。Luis Von Ahn 提出的全自动区分计算机和人类的图灵测试方法（Completely Automated Public Turing Test to Tell Computers and Humans Apart）以及后来该思想在古书 OCR（Optical Character Recognition，光学字符识别）工作中的应用（ReCaptcha 项目）②③，证明了人与计算机在知识处理中的优势互补性和分工合作的重要性。

4.2.1.1 人的优势和劣势

在大规模协同知识管理中，人的知识处理优势在于独立完成知识处理能力、新知识与隐性知识的集成能力、隐性知识的管理和创新能力；

人在知识处理中的劣势表现在：

- 存储数据量有限，存储持续时间短，而且长期存储知识的修改和更新难；
- 数据计算的精度低，速度慢，范围有限；逻辑推理的主观性强，具有一定的随意性；
- 连续工作和并行处理能力有限；知识显示的能力有限，可重复性差；
- 易出错，而且很难判断；

① Luger G F. Artificial Intelligence: Structures and Strategies for Complex Problem Solving[M]. Pearson Education, 2008:1－840.

② Von Ahn L, Blum M, Langford J. Telling Humans and Computers Apart Automatically[J]. Communications of the ACM, 2004, 47(2): 56－60.

③ Von Ahn L, Maurer B, McMillen C, et al. Recaptcha: Human-based Character Recognition Via Web Security Measures[J]. Science, 2008, 321(5895): 1465－1468.

- 个体差别大，很难进行标准化管理，如表 4 - 1 所示。

4.2.1.2　计算机的优势和劣势

在语义 Web 环境中，计算机具有与人的知识处理能力可互补的优劣势。根据文献①对基于语义 Web 的知识处理流程的研究，二者在语义 Web 与 Web2.0 集成的知识管理模式中具有不同的优劣势，如表 4 - 1 所示。

表 4 - 1　语义 Web 知识处理中的人与计算机的优劣势比较

序号	流程	比较内容	人的能力	计算机的能力
1	知识表示	独立完成语义 Web 知识表示任务	很强	很弱
		监控语义 Web 知识表示过程的能力	弱	强
		知识表示的规范性	弱	强
2	知识存储	存储数据量	小	大
		存储时间长短	短	长
		保证知识的原始性	难	易
		更新错误知识的难易程度	少	多
		对显性知识的存储能力	大	小
		对隐性知识的存储能力	小	大
3	知识查询	检索客观性、速度、查全率、查准率	低	高
		连续检索能力、并行检索能力	低	高
		检索反馈、自动调整能力	强	弱
4	知识推理	推理的客观性、精度、速度	低	高
		连续推理、并行推理能力	低	高
		推理自动调整能力	强	弱
5	知识验证	客观性、精度、速度	大	小
		连续验证、并行验证能力	低	高
6	知识抽取	客观性、精度、速度	大	小
		连续抽取、并行抽取能力	低	高
7	知识再现	客观性、精度、速度	小	大
		再现的多样性	差	强
		再现的可重复性	差	强

① Chao Lemen, An Xiaomi, Ye Liuqi. Knowledge Life Cycle on Semantic Web[C]. Proceedings of 2009 International Forum on Information Technology and Applications. IEEE Computer Society, 2009:369 - 372.

续表

序号	流程	比较内容	人的能力	计算机的能力
8	知识集成	新知识与隐性知识的集成	强	弱
		新知识与显性知识的集成	弱	强
		新知识与应用系统集成	弱	强

从表4-1可以看出,在语义Web环境下,人在知识的创造、表示方面的能力高于计算机,在知识的存储、检索、推理、验证、抽取、再现方面的能力不如计算机。因此,在语义Web知识处理流程的开始阶段,应以人为主,以计算机为辅。但是,在流程的后期,如检索、推理、验证、抽取和再现过程中,以计算机为主,而人扮演辅助计算机的作用,主要为计算机的操作提供反馈、修正和补充知识。

4.2.2 综合集成方法论

近代西方科学普遍采用培根式还原论作为基础的方法论,与此不同的是综合集成方法论,它是一种从整体上思考和解决问题的系统方法论,是现代科学条件下认识方法论上的一次飞跃。综合集成方法论的发展经历从“定性定量相结合的综合集成”到“从定性到定量的综合集成”,再到“综合集成研讨厅体系”的发展历程①,反映中国科学家在开放复杂巨系统的理论研究和实践应用方面的不断深入。

综合集成研讨厅是专家们同计算机和信息资料情报系统一起工作的“厅”,是把专家们和知识库、信息系统、人工智能系统、高速计算机等像作战指挥厅那样组织起来,形成巨型的人机结合的智能系统②。语义Web技术为综合集成研讨厅体系,尤其是其知识体系的构建和人机结合方式的改进提供新的技术环境。本书主要探讨语义Web环境中建立综合集成研讨厅体系的重要意义、基本思路和框架。

4.2.2.1 综合集成研讨厅体系

1992年,钱学森等科学家在从定性到定量的综合集成方法论的基础上提出了用于处理开放复杂系统的方法论——综合集成研讨厅(Hall for

① 顾基发,王浣尘,唐锡晋.综合集成方法体系与系统学研究[M].北京:科学出版社,2007:3-9.

② 戴汝为.从工程控制论到综合集成研讨厅体系——纪念钱学森先生归国50周年[J].自然杂志,2005(6):366-370.

Workshop of Meta-synthetic Engineering, HWMSE)。综合集成研讨厅的构想是以人为主、人机结合,使参加研讨的集体在讨论问题时相互启发、相互激活,并充分利用信息技术不受时空的限制,把大量的信息与知识及千百万人的聪明才智和古人的智慧(通过书本的记载或知识工程中的专家系统)综合集成起来,从而得到科学的认识与结论①;综合集成研讨厅的实质是指导人们在处理复杂问题时,把专家的智慧、计算机的高性能和各种数据、信息有机地结合起来,构成统一的、强大的问题求解系统②。

研讨厅系统由专家体系、知识/信息体系和机器体系三部分组成。因此,综合集成研讨厅的成功应用就是要发挥这个系统的整体优势和综合优势③。

- 专家体系由参与研讨的专家组成,是复杂问题求解任务的主要承担者。在专家体系中,主持人的作用尤为重要。专家体系作用的发挥主要体现在各个专家"心智"的运用上,尤其是其中的"性智"是计算机所不具备的,这是问题求解的关键所在。
- 机器体系由专家所使用的计算机软硬件以及为整个专家群体提供各种服务的服务器组成,其作用在于它强大的计算能力,包括数据运算和逻辑运算能力,在定量分析阶段发挥重要作用。
- 知识/信息体系则由各种形式的信息和知识组成,它包括与问题相关的领域知识/信息、问题求解知识/信息等,专家体系和机器体系是这些信息和知识的载体④。综合集成研讨体系的成功应用就是将上述三个部分组合成为一个整体,形成统一的、人机结合的巨型智能系统和问题求解系统,发挥其整体优势和综合优势。

综合集成研讨厅的关键问题⑤⑥是人机结合、定性到定量、研讨体系规范、研讨决策方式、研讨流程、意见整合和需求分析与总体设计等。

- 人机结合认为人是构成系统的组成部分之一,人与机器根据各自特长与优势进行功能与过程的分工,即"人机一体、各取所长、人机分工"。人机结合的手段是人机交互和人机协作。
- 从定性到定量的过程表现为将专家凭经验得到的定性认识、各种

① 戴汝为,操龙兵.综合集成研讨厅的研制[J].管理科学学报,2002 (3):10 - 16.

② 李耀东,崔霞,戴汝为.综合集成研讨厅的理论框架、设计与实现[J].复杂系统与复杂性科学,2004 (1):27 - 32.

③ 张家才.综合集成研讨厅支撑环境的设计与实现[D].中国科学院自动化研究所,2004:1.

④ 戴汝为.现代科学技术体系与大成智慧[J].中国工程科学,2008 (10):4 - 8.

⑤ 戴汝为,操龙兵.综合集成研讨厅的研制[J].管理科学学报,2002(3):10 - 16.

⑥ 操龙兵,戴汝为.开放复杂智能系统——基础、概念、分析、设计与实施[M].北京:人民邮电出版社, 2008:38 - 42.

信息和知识,通过计算机信息技术,进行整合,建立模型,反复修改,最终上升为对全局的定量认识。

- 体系规范包括行为规范、研讨规范、决策规范和工程规范;研讨方式分为在线研讨和离线研讨。
- 体现综合集成思想的研讨流程主要包括九个方面:研讨开始时确定各位参与研讨者的身份及其权限,解决专家体系的构成问题;为了有效控制研讨进程,需要对研讨状态进行统一管理;确定研讨模板与选择研讨方式;主持人在流程控制中的参与和调度作用,要求主持人置身于流程中;发言权的获取与释放;研讨阶段的控制与过渡;研讨意见的归纳与整理和群体专家思维的收敛;经过多轮的螺旋式上升的循环研讨过程形成供决策的研讨方案;决策方案的形成要经过多轮的螺旋上升的循环表决过程。
- 如何达成“共识”是研讨流程中需要解决的关键问题之一,文献①提出综合集成研讨厅共识达成的模型,并设计基于 Internet 的群体研讨平台。
- 在应用综合集成研讨厅方法论时必须采用严格的系统工程方法论,需求分析和总体设计是不可缺少的重要环节。

通过上述分析可以看出,作为一种新方法论,综合集成研讨厅的主要贡献是:

- 为开放复杂巨系统的研究提供一种从定性到定量的综合集成方法论。
- 为开放复杂巨系统的知识处理活动提供一种以人为中心,人机结合的知识处理模式。
- 为开放复杂巨系统的“知识涌现”提供良好的“知识场(Ba)”。研讨活动本身是一种合作求解活动,整个过程包括成员沟通与信息共享、意见收集、知识获取、群体活动产生智慧火花、集专家智慧得到有关议题的新知识、新决策等②。

4.2.2.2 基于 Internet 的综合集成研讨厅

(1)基于 Internet 的综合集成研讨厅的基本思想

- Internet 的广泛应用为综合集成研讨厅的实施提供重要的技术环

---

① 熊才权,李德华.综合集成研讨厅共识达成模型及其实现[J].计算机集成制造系统,2008(10):1913-1919.

② 朝乐门.基于语义 Web 的综合集成研讨厅研究[J].图书情报工作,2010(4):41-45.

境。文献①从信息技术的发展趋势、复杂系统的处理需求、Internet 信息资源的重要性等方面探讨构建基于 Internet 的综合集成研讨厅的必要性。

- Internet 本身是一种开放复杂巨系统。文献②从系统学的角度论证 Internet 是一种开放的复杂巨系统，具备开放复杂巨系统的动力学特征，即开放性、层次性、演化性、巨量性，并在此基础上提出基于 Internet 构建面向 Agent 的综合集成研讨厅是处理开放的复杂巨系统的一个有效工程途径的观点。

(2)基于 Internet 的综合集成研讨厅的体系结构

戴汝为、操龙兵等认为③基于 Internet 的综合集成研讨厅的基本构想包含以下几层含义：

- 研讨厅可运行在 Internet 上，Internet 不只是研讨厅的"媒介"和"运行平台"，而且是研讨厅体系不可分割的组成部分，作为研讨厅的资源库、知识库、分布计算平台、研讨服务平台、决策支持工具，作为研讨厅体系中的机器体系与知识体系的支撑、计算、服务、运行平台。
- 必须充分借鉴 Internet 系统的建设与运行的标准和规范。
- 广泛采用 Internet 标准与技术，如分布计算、协同计算、移动计算、主动计算、广域网技术等，采用面向组件、XML 的设计模式等。

基于 Internet 的研讨厅是一个分布式层次性的研讨体系，即可以把一个会议再分为若干个子会议或者若干个针对特定主题的讨论班，子会议和主题讨论班基于 Internet 进行。基于 Internet 的综合集成研讨厅的体系结构如图 4-1 所示，自底向上分为平台、资源、网关、综合集成、决策和人机界面层。

基于 Internet 的综合集成研讨厅具有信息技术综合利用的特点和较强的可操作性，具体表现在人机结合以人为主、面向网络、资源共享、实时跨平台协作、多媒体接口设计、严格安全管理、结合知识管理等几个方面④。可见，基于 Internet 的综合集成研讨厅为克服传统研讨厅在时间和地理方面的局限性，使分布在不同地理位置的专家或计算机采用同步或异步等不

---

① 戴汝为，操龙兵．综合集成研讨厅的研制[J]．管理科学学报，2002 (3)：10－16.

② 戴汝为，操龙兵．Internet——一个开放的复杂巨系统[J]．中国科学 E 辑，2003(4)：189－196.

③ 操龙兵，戴汝为．基于 Internet 的综合集成研讨厅系统体系结构研究[J]．计算机科学，2002 (6)：63－66.

④ 钱学森，戴汝为．论信息空间的大成智慧[M]．上海：上海交通大学出版社，2007：61.

同的协作方式参与研讨成为可能，不仅可以降低研讨的成本，而且还可以提高其效率。

<table>
<tr><td colspan="5">人机交互(HAI)服务</td><td>人机界面层</td></tr>
<tr><td colspan="5">决策目标与分析服务</td><td>决策层</td></tr>
<tr><td colspan="5">综合集成研讨服务</td><td rowspan="2">综合集成层</td></tr>
<tr><td colspan="5">综合集成支撑服务</td></tr>
<tr><td colspan="4">研讨厅协作/数据网关</td><td>资源网关</td><td>网关层</td></tr>
<tr><td rowspan="2">分研讨厅 1</td><td rowspan="2">分研讨厅 2</td><td rowspan="2">……</td><td rowspan="2">分研讨厅 N</td><td>资源管理器</td><td rowspan="2">资源层</td></tr>
<tr><td>资源服务</td></tr>
<tr><td colspan="5">基础设施与平台(Internet)</td><td>平台层</td></tr>
</table>

图 4－1　基于 Internet 的综合集成研讨厅的软件体系结构

来源：操龙兵，戴汝为. 基于 Internet 的综合集成研讨厅系统体系结构研究[J]. 计算机科学，2002(6)：63－66.

(3)基于 Internet 的综合集成研讨厅中存在的问题

从知识处理的视角看，基于 Internet 的综合集成研讨厅中存在以下问题：

- 多个专家之间、多个计算机之间、人与计算机之间缺乏对领域知识的共识。而对领域知识具有共识是基于 Internet 的综合集成研讨成功实施的前提条件。
- 计算机不理解知识的语义内容以及语义联系。目前，Internet 主要采用基于 HTML 的知识表示方法。由于 HTML 语言是为了方便人的阅读和浏览网页信息而设计，侧重于表现形式，而忽略语义标注，导致网络知识的计算机不可理解性。同时，在传统 Internet 环境中，知识之间的联系主要由超链接或主外键来实现，不能表示知识之间的语义层次关联标注，计算机并不理解知识之间的联系。
- 缺少计算机可理解的规则系统。知识和规则是在计算机知识处理中不可缺少的两个重要因素。除了面向计算机可理解的知识表示之外，规则系统的计算机可理解性是计算机自动进行逻辑推理、验证、抽取和集成的重要前提。
- 知识处理单位的非原子性。在传统 Internet 环境中，知识以标记字段、段落或语句为单位进行处理，导致计算机知识处理的复杂性。知识处理单位的原子性是计算机自动完成知识计算的前提条件之一。

- 缺少前端控制。目前，由于人们对 Internet 信息处理流程的前端，尤其是信息的输入、分类和组织环节的失控，导致大量垃圾信息进入 Internet 中，影响着计算机知识处理的可靠性①。

4.2.2.3 基于语义 Web 的综合集成研讨厅

从上述分析可以看出，采用语义 Web 可以实现解决基于传统 Web 的综合集成研讨厅体系中存在的五个问题，进而提高综合集成研讨厅体系的知识处理效率。

(1)基于语义 Web 的综合集成研讨厅的基本思路：

- 通过语义 Web 中的领域本体的建设实现专家之间、机器之间、专家与计算机之间对领域知识的共识。
- 采用 OWL 语言或基于 XML 的 RDF(S)模型实现知识的语义内容、语义联系的计算机可理解性。
- 采用 RuleML 和 SWRL 实现规则系统的计算机可理解性。
- 采用由“对象—属性—值”组成的三元组陈述对知识原子进行规范表示，实现知识处理单位的原子性。
- 通过人机合作方式的改变加强前端控制，强调知识处理前端控制的重要性，领域专家采用 PDCA 的方法以计算机可理解的方式表示知识，避免垃圾信息的流入。

(2)基于语义 Web 的综合集成研讨厅体系结构，如图 4 - 2 所示。与基于传统 Internet 的综合集成研讨厅体系结构不同的是，本系统的设计遵循上述基本思路，各层次的含义及其相互联系如下：

- 平台层，与“基于 Internet 的综合集成研讨厅的软件体系结构”类似，主要由传统的 Internet/Intranet 构成，为其他层次提供基础技术平台。基于语义 Web 的综合集成研讨厅体系并不是要建立脱离于传统 Internet 的另一种新网络，而是对传统 Internet 的知识处理模式进行扩展和改进。具体的扩展和改进体现在处于平台层之上的四个层次，即语义层、主体层、研讨层和社会智能层之中。
- 语义层，采用语义 Web 技术对图 4 - 1 中的资源层进行改进，要求研讨厅的知识必须采用 OWL 语言或基于 XML 语言的 RDF 方式表示，实现知识的语义内容和语义关联的计算机可理解性；采用 RuleML 或 SWRL 描述知识处理规则系统，保证规则系统的计

① 朝乐门. 基于语义 Web 的综合集成研讨厅研究[J]. 图书情报工作，2010(4)：41 - 45.

算机可理解性。语义层的知识主要由其上一层的专家和计算机负责维护。

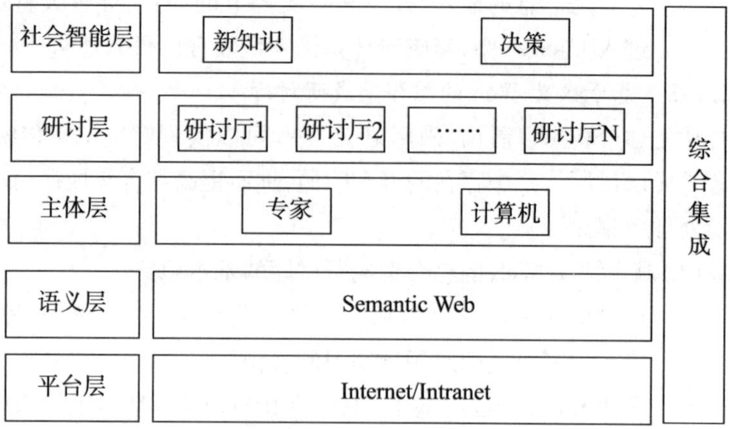

图4－2　基于语义 Web 的综合集成研讨厅框架

来源:朝乐门. 基于语义 Web 的综合集成研讨厅研究[J]. 图书情报工作, 2010(4):41－45.

- 主体层,主要由构成综合集成研讨厅体系的专家、计算机或智能体组成。专家、计算机或智能体的主要作用有两个,一是参与研讨,在研讨过程中,在多个专家之间、计算机之间、计算机与专家之间通过语义本体实现对领域知识的共识;二是负责监控和维护领域本体、知识处理规则等语义层的知识,为基于语义 Web 的综合集成研讨厅的持续改进提供支持。
- 研讨层,研讨层建立在主体层之上,主要由主体层中的专家或计算机进行逻辑分组后形成多个研讨厅组成。同一专家或计算机可以参与多个研讨厅的活动;研讨厅可以分为多个层次或多个方向的子研讨厅;研讨活动可以同步或异步等多种方式进行。研讨过程中主要采用大规模协同知识管理技术,实现参与者之间的共识和知识的计算机可理解的目的。
- 社会智能层,建立在研讨层之上,是主体层中的多个专家、计算机和智能体通过研讨层中的不同研讨厅中的"研讨"活动体现出来的区别于个体系统、一般的自然系统或社会系统的另一种系统,即"人工社会智能"。人工社会系统的特殊性在于[①]:系统构成包括机器、软件、网络系统、人与群体用户;存在社会交互性,个体之

① 操龙兵,戴汝为. 开放复杂智能系统[M]. 北京:人民邮电出版社,2008:243.

间通过机器系统在相关领域中进行交互;存在社会思维,系统中用户个体之间进行交互,实质是个体思维之间的交互以及人工智能与机器智能之间的交互作用,思维与智能交互的表现与结果是社会性思维;社会性交互能够涌现出群体智能、行为与问题求解能力,展现社会智能。社会智能层中不断涌现的新知识或新决策,可以通过综合集成的方法存入语义层,推动基于语义 Web 的综合集成研讨厅的持续发展。

- 综合集成方法论贯穿于上述四个层次,是各层内部以及相邻层次之间互动的重要方法论。

(3)基于语义 Web 的综合集成研讨厅的研讨模式——"集成语义 Web 与 Web2.0 的研讨模式"。在基于语义 Web 的综合集成研讨厅中采用的"集成语义 Web 与 Web2.0 的研讨模式"的原因主要有三个:

- 基于语义 Web 的综合集成研讨厅具有开放性;
- 语义 Web 技术与 Web2.0 结合是今后的发展趋势①②③④;
- 充分发挥专家体系和机器体系在知识处理中的不同优劣势。

"集成语义 Web 与 Web2.0 的研讨模式"的基本思想是:

- 从知识体系看,集成语义 Web 与 Web2.0 的知识处理对象为 Web 知识,即通过 Web 连接起来的知识,包括存储在计算机中的显性知识和存储在人脑中的隐性知识;
- 在研讨方法的选择上,集成语义 Web 与 Web2.0 的知识处理模式采用语义 Web 技术作为数据层的研讨技术,采取 Web2.0 理论作为应用层的研讨方式;
- 在研讨内容的粒度看,采用具有原子性的知识元作为研讨内容的最小单位,知识元之间通过语义或语法关联,可以产生更大的研讨内容单位;
- 从研讨手段看,主要采用人机协同知识处理,充分发挥二者的优

① Ora Lassila, James Hendler. Embracing Web 3.0 [J]. IEEE Internet Computing, 2007(3): 90-93.

② James Hendler, Jennifer Golbeck. Metcalfe's law, Web 2.0, and the Semantic Web [J]. Journal of Web Semantics, 2008(6):14-20.

③ Uldis Bojars, John G. Breslin, Aidan Finn, et al. Using the Semantic Web for Linking and Reusing Data Across Web 2.0 Communities [J]. Journal of Web Semantics, 2008(6): 21-28.

④ Anupriya Ankolekar, Markus Krotzsch, Thanh Tran, et al. The Two Cultures: Mashing Up Web 2.0 and the Semantic Web [J]. Journal of Web Semantics, 2008(6):70-75.

势,从而克服各自的缺点,提高知识处理的整体效率①。

4.2.3 知识生态系统理论

2005年,澳大利亚标准协会公布澳大利亚知识管理标准(代号AS 5037—2005)②,为组织深入理解知识管理的基本思想、最佳实践及其具体实施提供依据。相对于该标准的前一版本(AS 5037—2003),AS 5037—2005在四个方面进行改进:

- 为判断组织引进或扩展知识管理活动的前提条件提供更具体的方法;
- 提出"组织是一种知识生态系统"的理念;
- 为组织实施该标准提供更详尽的指导;
- 充分体现知识管理的新挑战及新趋势。

相对于英国知识管理标准体系、欧洲制式管理框架草案等知识管理最佳实践标准,AS 5037—2005的特殊性体现是在知识管理领域首次系统提出知识视角(Knowledge Lens)、知识生态系统(Knowledge Ecosystem)、知识生命周期(Knowledge Life Cycle)、知识生态系统的连续体(The Continuum of the Knowledge Ecosystem)等重要概念及其相互关系。AS 5037—2005加深人们对组织知识管理活动的认识,为组织知识管理活动提供新的思路。

4.2.3.1 知识生态系统的内涵

AS 5037—2005提出组织知识管理的新视角——"知识视角",强调组织知识管理实践活动中从"知识视角"分析问题的重要性,并进一步指出:"知识视角"下的现代组织是一种由人员、流程、技术和内容之间的错综复杂关系组成的知识生态系统。

基于"知识视角"和"知识生态系统"的认识,该标准进一步指出:组织作为一种知识生态系统,从内到外分为五种生态圈,依次为组织目标(Outcomes)、背景(Context)、要素(Elements)、动力(Drivers)和工具(Enablers),如图4-3所示。

(1)"目标"是整个生态系统的中心,知识生态系统的建设必须在充分认识组织知识管理目标和知识管理切入点的前提下进行。组织实施知识管理的目标是积累组织知识。组织应以建设创新型、自适应型组织为核心

① 朝乐门.基于语义Web的综合集成研讨厅研究[J].图书情报工作,2010(4):41-45.

② AS 5037—2005. Knowledge Management-A Guide[S]. Australia: Standards Australia,2005:1-77.

目标。

(2)“背景”位于组织目标的外围。知识管理活动不仅需要充分了解组织所处的背景，而且还需要与组织战略目标保持一致。同时，知识管理活动也应有助于推动背景建设和战略目标的不断完善。

(3)“要素”是知识生态系统的组成部分。组织知识管理中具有四种重要“要素”，即人员、流程、技术和内容，过分强调某一种或几种要素，而忽略其他要素均不利于组织知识管理活动的成功。

(4)“动力”是推动组织生态系统的改变和演化的影响因素，包括竞争压力、客户服务、法律要求、运营效率、风险管理和其他。

(5)“工具”是用于知识管理实施的各种活动、工具和技术，可以组合使用不同的手段，该标准提供34种工具，包括：反思、业务流程的设计和再造、榜样的力量、变更管理、内容管理、实践团体、应急处理、文件管理、环境监测、信息审计、知识审计、知识能力、知识规划、领导力、学习和发展、信息资产的利用、会议、辅导和培训、回忆录管理、网络与通讯、物理环境、博弈论、奖惩制度、社会网路分析、情景描述、战略对话、语料库、技术集成、知识共享技术、知识发现或创造技术、知识资产管理技术等。

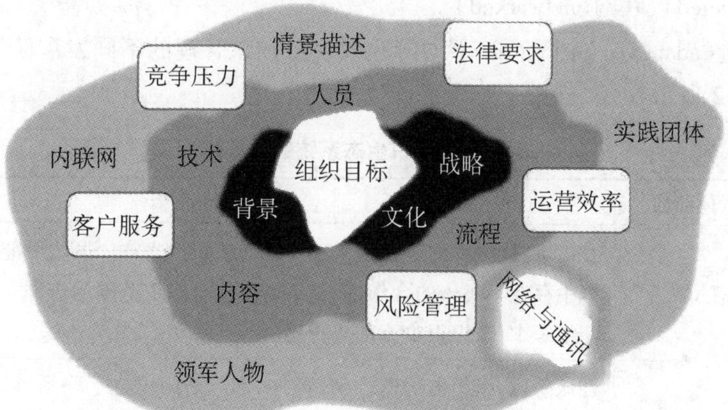

图4-3　知识生态系统生态圈

来源：AS 5037—2005. Knowledge Management—A Guide[S]. Australia：Standards Australia，2005.

4.2.3.2　知识生态系统建设框架

为了指导组织知识管理实践活动，AS 5037—2005还提供知识生态系统的建设框架结构——分析/设计/实施周期(Map/Build/Operationalize Cycle)，如图4-4所示。该框架结构具有三个重要特点：

- 一是分为分析、设计引进、实施推广三个阶段；

- 二是非线性循环,即三个阶段并不是线性关系;
- 三是以知识管理工具为中心,工具是知识生态系统的推动力,知识生态的每个阶段均受所选用工具的影响。

(1)分析阶段:该阶段的主要任务是对组织知识管理的现状和发展目标进行对比分析,发现知识生态系统的现状与发展目标之间的差距,并确定每一个知识活动的优先级。为了准确定位组织知识管理现状和发展目标,该标准还提供通过评估组织知识管理四要素之间的联系来确定组织现有知识管理水平的方法——“知识生态系统的连续体”。知识生态系统的连续体分为孤立(standalone)、连接(connected)、联网(networked)、自适应(adaptive)四个阶段,不同阶段代表着知识管理的不同发展阶段,如表4-2所示。

图4-4 知识生态系统建设框架

来源:AS 5037—2005. Knowledge Management—A Guide[S]. Australia: Standards Australia,2005.

表4-2 知识生态系统的连续体

连续体阶段	特征
孤立	在该阶段,组织的员工通常独自工作或很少来往。虽然可能在组织中存在小集体的合作,但并不需要整个组织范围的合作。在整个组织中,知识很少流动或转移
内联	在该阶段,组织内部的团队、群体、部门之间建立了联系,而且这种联系能够支持知识的共享。但是,能够超越组织内外边界的业务较少。绝大多数的知识传播发生在自顶向下的关系中,但是组织可能已建立了个别的项目团队
外联	在该阶段,组织内部的特定知识领域或职业兴趣领域中已形成了丰富多彩的社会网络。这种社会网络简化了经验的共享,调研新出现的问题和推动新知识的产生。网络已超出了组织的边界,可能连接到组织的供应商、客户和相关组织

续表

连续体阶段	特征
自适应	在该阶段,组织已具备知识意识。组织的结构将变得灵活多样性,使组织更加容易地适应外部环境。通过与外部专家的交往,组织加强了自身的内部能力(Internal Capability)。根据社会网络的生命周期,人们可以形成、撤销或修改它。组织成员将负责各自的工作,并寻找用于完成自己工作时所需的知识。组织将认为工作和知识同等重要

(2)设计引进阶段:该阶段的主要任务是考查如何在组织中实施知识管理活动、克服知识管理的障碍以及如何让员工接受知识管理活动。该标准认为影响组织的知识管理设计引进阶段的主要因素有领军人物、流程再造、结构调整和文化建设。

(3)实施推广阶段:该阶段的主要任务是将设计引进阶段的成果推广到整个组织范围之内。在组织知识管理实施推广阶段可采用的方法有:改进现有的知识管理工具、协调知识管理活动、知识产品的商品化以及加强知识管理的认同程度。

从以上分析可以看出,组织是一种由人员、流程、技术和内容之间的错综复杂关系组成的知识生态系统,而这种知识生态系统的建设框架具有非线性、周期性、工具推动性等特点。

4.2.3.3　知识生态系统基本特征

通过对澳大利亚知识管理标准进一步分析,本书发现知识生态系统具有以下特点:

- 多样性:知识生态系统由主体、知识、方法、技术、理论、环境和业务等多个元素组成,而且在这些元素之间存在多种错综复杂的相互关系。
- 非线性:知识生态系统中包含非线性的关系和作用,即其原因和结果并非是线性关系,小原因可能导致大结果。
- 非对称:知识生态系统的任何组成部分都不能提供充分的信息来实际地或统计地预言其他部分的性质。
- 层次性:知识生态系统具有层次性,不同层次的结构和规律有所不同,跨越层次时可能出现"涌现"现象。知识生态系统的管理过程中,需要承认知识管理过程中整体和个体之间存在博弈关系,即组织层次的知识管理与个人知识管理之间存在一定的博弈关系。

- 智能性：知识生态系统的组成要素，尤其是人与计算机具有智能性。人与计算机不仅能够自动适应所处的环境，而且可以按预定目标采取行动的能力。
- 动态性：知识生态系统是一种不断变化的动态系统。
- 开放性：知识生态系统不是一种封闭的系统，与外界进行着信息、物质、能量的交换。

上述特点是复杂性的具体表现①②③。因此，复杂性是知识生态系统的最主要特点。针对知识生态系统的复杂性这一根本特征，需要进一步研究以复杂性论为基础的知识生态系统的复杂性方法论。

4.2.3.4 组织知识生态系统建设模型

根据组织知识管理的三个主要任务和 Web2.0 理论的七个基本原则，将基于 Web2.0 的组织知识管理方法定义为由知识链管理、知识库管理和知识生态系统管理三个不同层次的、相互依赖、相互制约的要素组成的整体性系统方法④。这三个层次分别对应组织知识管理的三个目标——组织新知识的创造和积累、组织已有知识的深度挖掘和充分利用、知识生态系统的建设。

- 知识链管理是基于 Web2.0 的组织知识库管理的基础，为知识库建设提供动力，而知识库管理反过来可以推动知识链管理的进一步发展；
- 知识库管理是知识生态系统建设的前提条件；
- 知识生态系统的建设可以推动知识库建设。

组织知识管理活动必须依次完成知识链、知识库和知识生态系统的建设，不能跨越或忽略某一层次的建设，要保证三者的协同发展（见图 4-5）。

（1）知识链管理：知识链管理为“组织新知识的创造和积累”提供新的思路。在推动非组织知识（包括员工知识和外部知识）向组织知识的转化过程中，知识管理应借鉴 Web2.0 理论中的“以 Web 作为平台原则”和“充分利用集体智慧原则”，将组织知识管理范围延伸至知识链的“长尾”，而不是仅仅停留在其“头部”，进而充分发挥由知识链连接的集体智慧。

---

① James Gleick. Chaos: Making a New Science [M]. London: Abacus, 1987:1-350.

② 颜泽贤，范冬萍，张华夏．系统科学导论—复杂性探索[M]．北京：人民出版社，2006：202-209.

③ 陈禹，钟佳桂．系统科学与方法概论[M]．北京：中国人民大学出版社，2006：2.

④ 朝乐门．Web2.0 在组织知识管理中的应用研究[J]．情报资料工作，2010(2)：49-52.

传统组织知识管理的范围仅限于组织内部的知识型员工,尤其是仅仅强调少数知识型员工(头部分)的知识共享和创新行为,而忽略组织内部的普通员工(长尾部分)或组织外部(如来自客户、供应链、志愿者等)的知识管理。但是,知识共享和创新的难易程度往往由知识对员工本身的重要性以及知识员工之间的博弈关系决定。对于知识型员工,越是对自己重要的知识,越不愿意共享,导致这类个人知识转化为组织知识的难度增大。在特定组织内部,由于利益冲突的存在,很难对知识型员工的核心知识进行管理。

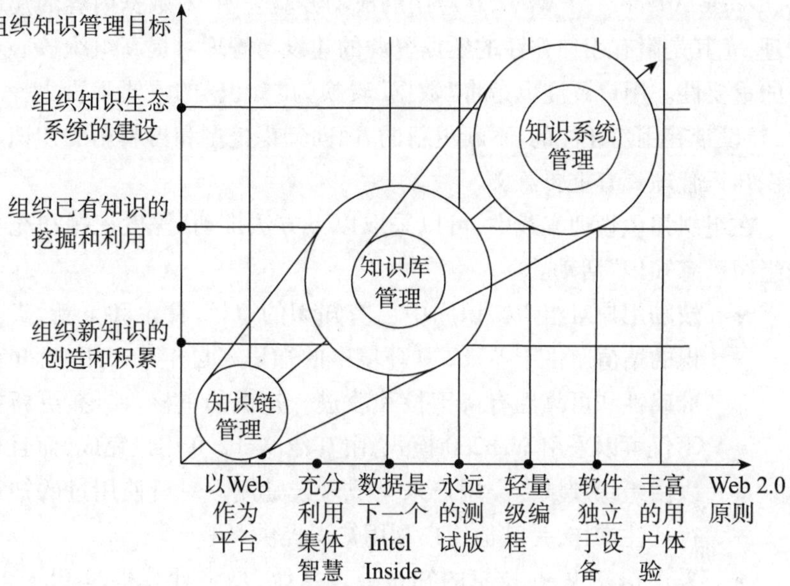

图4-5 基于Web2.0的组织知识生态建设模型

来源:朝乐门. Web2.0在组织知识管理中的应用研究[J]. 情报资料工作,2010(2):49-52.

因此,"头部"导向的传统知识管理的效率较低,并没有足够重视组织知识链的"长尾"部分,包括组织非核心知识员工、客户、志愿者以及供应链知识的重要性。

为了推动组织知识转化和创新活动,具体可采取以下几种对策与方法:

- 改变传统的"80/20方法论"指导下的知识管理理念,将长尾主体纳入组织知识管理的范围之内。
- 开发或引进组织知识处理开放平台,并对其加以适当的宣传和推广,使更多的人员参与组织知识管理活动。
- 采用适当的激励机制,如计分机制等,鼓励处于"长尾"位置的人员共享自己的知识和积极参与组织知识创新活动。

(2)知识库管理。知识库管理为“深度挖掘和充分利用组织已有知识”提供新的思路。在深度挖掘和充分利用组织知识的过程中,应遵循和借鉴 Web2.0 中的“数据是下一个 Intel Inside”“永远的测试版”和“轻量级编程”原则,重视基于知识库管理和挖掘的核心竞争能力,推动组织知识库的持续更新,鼓励用户参与知识库的建设和维护活动。

传统知识管理过分重视知识管理基础设施的建设和组织知识库系统的建设,而忽略知识内容的管理、挖掘和再利用的重要性。亚马逊网上书店、Google AdSense 等 Web2.0 应用的成功经验表明,对数据内容的建设与管理,尤其是附有用户评注的数据资源的建设与管理对提高组织核心竞争力的重要性。用户评注也是将“数据”转换为“知识”的重要手段之一。因此,建设带有用户评注的、不断更新的、面向知识挖掘和再利用的知识库对组织知识管理具有重要意义。

在组织知识管理实践中,可以采取以下方法推动“深度挖掘和充分利用组织已有知识”活动:

- 鼓励用户对组织知识库中已有知识的审核、评论和更新,实现知识的增值。由于 Web2.0 环境中的知识来自于草根用户,知识的准确性和可靠性有待审核和改进。知识的审核、评论、更新操作不仅可以采用 Web2.0 模式,由其他 Web2.0 用户完成,而且也可以由组织领域专家用户来完成。鼓励用户对所使用过的知识进行评注操作,为其他用户利用知识提供参考。
- 采用语义 Web 技术的知识处理系统,增强计算机对 Blog、RSS、Wiki、Tag、SNS、P2P 和 IM 等 Web2.0 系统中的知识库自动处理能力。语义 Web 是传统 Web 的一种延伸,其所有数据均被赋予规范的含义,以便于人机合作完成数据处理任务①。因此,语义 Web 技术的采用不仅可以提高计算机知识挖掘和推理的效率,而且可以充分发挥人与计算机在知识处理中的不同优势,实现人机协同知识管理。
- 综合运用计算机日志分析、社会网络分析等技术,自动跟踪和记录用户的访问操作,并对其进行深度分析和挖掘,而发现的新知识又能为进一步的知识深度挖掘和充分利用提供依据。

① Tim Berners-Lee, James Hendler, Ora Lassila. The Semantic Web [OL]. (2001-05-15) [2008-10-05]. http://www.ryerson.ca/~dgrimsha/courses/cps720_02/resources/Scientific%20American%20The%20Semantic%20Web.htm.

(3)知识生态系统管理。在建设组织知识生态系统中应借鉴 Web2.0 中的“软件独立与设备原则”和“丰富的用户体验原则”,实现组织知识管理的“普适计算性”和“自组织性”。

一方面,通过知识生态系统建设,用户无论何时何地,只要需要,就可以通过某种设备访问组织知识,进行知识的增加、删除、修改和评论工作,保证组织知识管理的“普适计算性”。

另一方面,在创建有创新的组织知识生态环境时,必须强调知识管理中的平等、协同与合作、自组织,而不是强制、统治、控制与高度集中式的管理,保证组织知识管理的“自组织性”。以 Web2.0 中的“微内容”为例,一般由草根网民提供,其最重要的特征是不仅可以被互联网中的用户所添加,同时还可以被其他草根用户编辑和审核,而且这种编辑、审核过程具有透明性和可回溯性。因此,基于平等、协同和合作模式建立的知识处理新模式对于面向开放环境的知识管理尤为重要。

在组织知识管理实践中,可以使用如下方法推动组织知识生态系统建设活动:

- 提高组织知识处理软件系统的跨平台性,将更多的设备连接到组织知识管理系统中,实现组织知识管理的“普适计算性”;
- 建立平等、协同与合作、自组织的人性化管理制度体系,尊重员工的知识共享和创新活动,创造良好的知识场,使组织知识管理活动处于混沌边缘状态;
- 在非利益冲突的虚拟团队之内大力推动知识共享和创新活动,降低人员在知识共享和创新中的顾虑;
- 知识处理以“知识元”为单位,并对知识连续体全生命期操作进行跟踪和记录,防止组织知识的失控、失信或失用①。

4.3 框架设计

在基于语义 Web 的综合集成研讨厅体系和组织知识生态系统建设模型研究的基础上,借鉴语义 Web 的分层结构(见图 1-2)、Web2.0 体系结构(见图 1-3)、基于语义 Web 的综合集成研讨厅体系(见图 4-2)和基于 Web2.0 的组织知识生态系统建设模型(见图 4-5),可以进一步构建“大

① 朝乐门. Web2.0 在组织知识管理中的应用研究[J]. 情报资料工作,2010(2):49-52.

规模协同知识管理方法的实现框架”。

“大规模协同知识管理方法的实现框架”分为两个子框架,共七个层次。

- “大规模协同知识管理软件框架”,处于整个框架的下半部分,由网络层、语义知识层、计算层和应用层等四个层次组成。
- “大规模协同知识生态系统框架”,处于整个框架的上半部分,自底向上包括应用层、主体层、研讨层和社会智能层。
- 应用层是两种子框架的结合之处,是两种子框架的交叉接口层。

“大规模协同知识管理方法的实现框架”的不同层次之间遵循两个基本原则:

- 相对独立性,每个层次负责完成相对独立的功能;
- 每个层使用其下层提供的服务并向其上层提供服务,即上层功能的实现需要下层功能的支持,如图4-6所示。

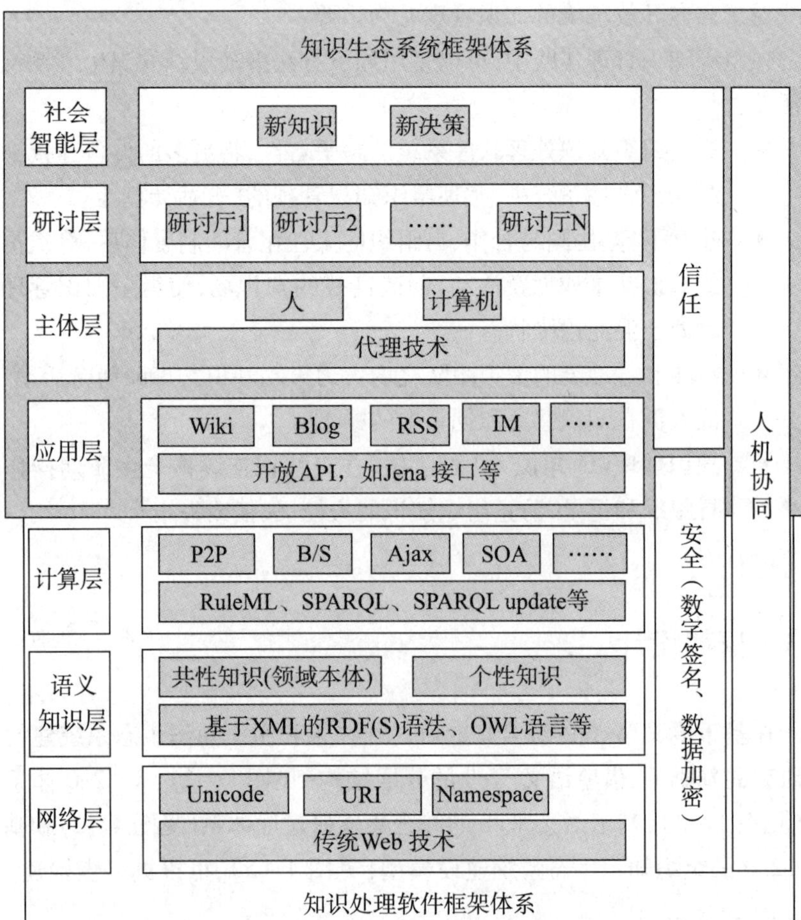

图4-6　大规模协同知识管理方法的实现框架

从安全保障角度看,"大规模协同知识管理软件框架"需要数字签名、数据加密等安全认证技术的支持,而"大规模协同知识生态系统框架"需要主体之间的信任。

从知识处理模式角度看,整个框架中采用人机协同知识处理模式,从而达到充分发挥人与计算机在知识处理中的互补性优势,实现"人脑知识处理模式"和"计算机知识处理模式"的集成与优化。

4.3.1 知识处理软件框架

4.3.1.1 网络层

根据本书第三章对基于语义 Web 知识处理技术的研究成果,大规模协同知识管理方法的实现框架建立在传统 Web 技术之上,并且网络层为知识层提供网络连接和数据交换功能。该子框架是对传统 Web 技术的一种扩展,而并非是独立于传统 Web 的另一种全新网络体系。传统 Web 技术,尤其是统一字符编码、统一资源定位器、命名空间等,将会为知识层的建设提供基础,是语义 Web 与 Web2.0 集成的知识处理的重要组成部分。

(1)统一字符编码:为各种自然语言的每个字符设定唯一的、统一的二进制编码,满足基于语义 Web 的跨平台、跨语言进行知识映射、转换和推理的需要。根据本书第一章的研究,Unicode 标准可成为基于语义 Web 的统一字符编码标准。

(2)统一资源定位器:为语义 Web 环境中的每一个知识单位,包括知识原子提供逻辑名称和访问地址,以便实现知识之间的联通性。根据本书第一章的研究,相对于传统 URI 机制,哈希 URI 和 303URI 更适合语义 Web 环境中的知识统一标识和唯一定位。

(3)命名空间:命名空间是 XML、RDF、OWL 等语义知识表示方法中用于区别和分类知识资源的逻辑命名方法的基本机制。因此,命名空间是大规模协同知识管理方法的实现框架的重要组成部分。

从以上分析可以看出,大规模协同知识管理方法的实现框架并不是建立在独立于传统 Internet 的另一种新网络,而是对传统 Internet 的知识处理方法及其实现框架进行扩展和改进。

4.3.1.2 知识层

知识层建立在网络层之上,主要为计算层提供计算机可理解的知识资源,是解决知识表示的计算机不可理解性的关键层次。根据本书第三章提出的大规模协同知识管理方法论,知识层的知识包括领域知识和非领域知识两种,如表 4-3 所示。

表 4-3 领域语义知识和非领域语义知识的比较

	领域语义知识	非领域语义知识
定义	是特定领域的共同理解,包括领域专业术语、原理、方法、原则、技术、工具、规则系统等	非领域语义知识,包括一次决策、一次问题描述、一次推理过程、当前基础数据等
特点	相对稳定性 通用性 可重复利用性 基础知识性	相对动态性 差异性 不可重复利用性 高级智慧性
管理原则	共享原则	保护原则
知识表示技术	RDF Schema、OWL 等本体知识表示技术	RDF、OWL 等语义知识表示技术
创建者	知识链的“头部主体”	知识链的“长尾主体”
维护者	知识链的“长尾主体”	知识链的“头部主体”

(1)领域知识是创建、检索、推理非领域知识的主要依据,一般由领域专家负责建设。常见的领域知识有领域专业术语、原理、方法、原则、技术、工具、规则系统等。相对于非领域知识,领域知识具有稳定性、通用性、可重复性、基础知识性等特征。本框架认为领域知识应由知识链的“头部主体”,即领域专家负责创建,并且由知识链的“长尾主体”,即草根用户负责监督、修改和评价,并将修改意见和评价结果交给领域专家,由领域专家负责统一更新领域知识。

共享领域知识是实现基于语义 Web 知识处理框架的大规模协同知识管理的重要前提。从领域知识的管理角度看,本框架知识管理理念发生了重要变化:

- 改变传统组织知识管理中的保护组织一切重要知识的做法,鼓励组织对外共享领域性知识,方便更多用户的学习和参考;
- 鼓励组织知识链长尾主体学习和利用领域知识并参与组织知识共享和创造活动中,强调组织知识管理的群体智慧性和自组织性;
- 组织在对外共享领域知识的前提下,可以对外公布需要大规模人机协同完成的重要课题,充分挖掘长尾主体的共享。

(2)非领域知识是指因被描述对象及其环境的不同而发生变化的知识,例如一次决策,一次问题描述、一次推理过程或当前的实时数据等。因此，相对于领域知识，非领域知识具有动态性、差异性、不可重复利用性和高度智慧性。本框架认为非领域知识应由组织知识链的“长尾主体”，即草根用户负责创建和维护，而由“头部主体”，即领域专家负责必要的监督、引导、服务和咨询工作。与领域知识的共享策略不同的是，非领域知识的管理应以保护策略为主。非领域知识的创造和积累是提高组织核心竞争力的重要来源。

大规模协同知识管理方法的实现框架将知识分为两大类——领域知识和非领域知识，并分别采用不同的管理目的、保护策略、创建主体和监督主体。另外，本框架的其他组成部分的描述中进一步探讨了上述两种知识的处理细节。

4.3.1.3 计算层

计算层建立在知识层之上，主要负责对知识层中的知识进行检索、推理、抽取、挖掘等具体操作，是知识层和应用层之间的桥梁。因此，计算层可选择的计算技术和模式由知识层采用的知识表示技术和应用层所提供的服务决定。

(1)语义 Web 计算。由于知识层的知识表示采用语义 Web 知识表示技术，因此，计算层一般采用 RuleML、SPARQL、SPARQL update 等语义 Web 技术，实现知识层的推理、查询和更新操作。本书第一章分析归纳了语义 Web 知识处理的七个基本特征，并证明语义 Web 技术能够克服知识表示的计算机不可理解性，为克服计算机知识处理模式的主要瓶颈提供了新的平台。

(2)Web2.0 计算。为了更好地支持应用层 Web2.0 知识处理活动，计算层应采用 Web2.0 计算模式，如 P2P、B/S、Ajax、SOA 等。本书第三章中提出的“大规模协同知识管理方法论”和第四章中设计的“基于 Web2.0 的组织知识生态系统建设模型”分别为 Web2.0 理论在知识处理领域的应用提供方法论指导和实现方案。Web2.0 计算模式作为大规模协同知识管理方法的实现框架的主要计算模式之一，能够将知识链长尾主体纳入知识处理范围之内，为组织知识管理活动提供具有群体智慧性、自组织性和综合集成性的知识生态环境，为克服人脑知识处理模式的主要瓶颈提供新的思路。

因此，在大规模协同知识管理方法的实现框架中应采用语义 Web 与 Web2.0 集成的知识处理新模式。根据本书第四章中提出的“与 Web2.0 集成的语义 Web 的知识处理模式”，计算层应综合运用面向计算机可理解的语义 Web 知识表示技术和面向知识生态建设的大规模协同知识管理方法论，保证知识处理单位的原子性，从根本上改进现有的两种知识处理模式。

4.3.2 知识生态系统框架

4.3.2.1 主体层

主体层主要由专家、计算机或智能体组成。它们的主要作用有两个：

- 参与研讨，在研讨过程中，在多个专家之间、计算机之间、计算机与专家之间，通过语义本体实现对领域知识的共识；
- 负责监控和维护领域本体、知识处理规则等语义层的知识，为基于语义 Web 的综合集成研讨厅的持续改进提供支持。

根据本书第三章中提出的"大规模协同知识管理方法论"和第四章中设计的"基于 Web2.0 的组织知识生态系统建设模型"，在大规模协同知识管理方法的实现框架中的专家、计算机或智能体可以分为"长尾主体"和"头部主体"两种。前者是指处于组织知识链的长尾部分的专家、计算机或智能体，一般由组织客户、供应链、志愿者、兴趣爱好者、组织外部的计算机系统组成；后者是指企业内部主体，主要包括企业内部的具备核心知识的知识型员工和存放核心知识的计算机系统。

4.3.2.2 研讨层

研讨层建立在主体层之上，主要由主体层中的专家或计算机进行逻辑分组后形成多个研讨厅组成。根据本书提出的基于语义 Web 的综合集成研讨厅体系，"大规模协同知识管理方法的实现框架"中的研讨层应遵循如下原则：

(1)针对组织知识处理任务设计各个研讨厅，根据所完成的知识处理任务的复杂程度，每个研讨厅可以分为多个层次或多个方向的子研讨厅；

(2)同一专家或计算机可以参与多个研讨厅的活动；

(3)研讨活动可以同步或异步等多种方式进行；

(4)研讨过程中主要采用语义 Web 与 Web2.0 集成的知识管理模式，实现人与计算机的优势互补；

(5)研讨主题、过程和结论需要存入组织知识库之中，以便为其他研讨活动或异步研讨活动提供服务。

4.3.2.3 社会智能层

社会智能层建立在研讨层之上，是主体层中的多个专家、计算机和智能体通过研讨层不同研讨厅中的"研讨"活动体现出区别于个体系统、一般的自然系统或社会系统的另一种系统，即"人工社会智能"。人工社会系统的特殊性在于①：

(1)系统构成包括机器、软件、网络系统、人与群体用户；

(2)存在社会交互性，个体之间通过机器系统在相关领域中进行交互；

(3)存在社会思维，系统中用户个体之间进行交互，实质是个体思维之间的交互以及人工智能于机器智能之间的交互作用，思维与智能交互的表现与结果是社会性思维；

(4)社会交互能够涌现出群体性智能、行为与问题求解能力，展现社会智能。

社会智能层中不断涌现的新知识或新决策，可以通过综合集成的方法存入语义层，推动基于语义 Web 的综合集成研讨厅的持续发展。

4.3.3 子框架接口

从图 4-6 可以看出，应用层，即 Web2.0 接口层是“大规模协同知识管理软件框架”和“基于语义 Web 的知识生态系统建设框架”的结合之处，属于两种框架的接口层。从整个框架看，该层处于计算层与用户层之间，主要为用户层提供 Web2.0 应用环境。

“大规模协同知识管理方法的实现框架”中的接口层具有两个重要特征：

(1)建立在计算层的语义 Web 技术基础之上，继承语义 Web 较强的知识处理能力，知识处理效果高于传统 Web 知识处理活动；

(2)由 Wiki、Blog、RSS(Really Simple Syndication，聚合内容)、IM(Instant Messaging，即时通讯)等 Web2.0 应用组成，继承 Web2.0 的知识处理模式，支持知识处理的群众智慧、自组织和综合集成特征，可以推动开放环境中的知识共享和创新活动。

4.3.4 安全与信任

“大规模协同知识管理方法的实现框架”中的两个子框架分别采用不同的运行保障机制。“大规模协同知识管理软件框架”主要依靠数字认证和数据加密技术实现数据安全；“大规模协同的知识生态系统框架”主要依靠参与者之间的信任实现知识安全。

① 操龙兵，戴汝为. 开放复杂智能系统——基础、概念、分析、设计与实施[M]. 北京：人民邮电出版社，2008：243.

(1)安全,是"大规模协同知识管理软件框架"的主要运行保障机制。根据本书第三章的研究可以看出,大规模协同知识管理软件框架在继续使用传统网络安全技术的基础上,可以使用基于语义的安全认证技术,进而扩展传统安全性技术。因此,"大规模协同知识管理方法的实现框架"中的安全技术可以分为两大类。

- 在传统网络安全技术方面,可以采用加密技术、认证技术和安全标准。常见的网络加密技术有 RSA 算法、AES 算法、MD5 算法等;常用的认证技术有口令技术、数字签名技术、安全握手协议等;常用的安全标准有 Kerberos 标准、PKI(Public Key Infrastructure,公钥基础设施)标准、IPSec 标准、SSL(Secure Socket Layer,安全套接层)/TLS(Transport Layer Security,安全传输协议)标准等。
- 在基于语义 Web 的安全技术方面,不仅可以采用 XML 数字签名等语法层次的安全认证技术,而且还可以利用语义 Web 本体及其规则推理功能,实现语义层次的安全性验证。基于语义 Web 的安全技术是语义 Web 环境中特有的安全认证技术,可以在语义层次解决知识安全保护和验证的问题,进一步推动传统安全技术的发展。

(2)信任,是大规模协同的知识生态系统框架的主要运行保障机制。与目前的知识处理环境不同,大规模协同知识管理中的参与者之间的信任来自于贡献、透明和对等关系。

- "贡献"是指每个参与者在知识共享、创新和评价方面,对基于语义 Web 知识处理研讨厅所做出的贡献。一般情况下,贡献越大,其信任程度越高。
- "透明"是指知识处理过程是否透明、是否可以跟踪和回溯。在透明的知识处理过程中,很容易判断每个参与者的信任程度的高低。
- "对等"是指参与者的信任程度由草根用户决定,而不是由上级、下级、同级和服务对象等决定的传统评价体系决定。

在目前的知识处理环境中,计算参与者信任程度的高低主要采用目标管理和 360 度评价方法,主要由与评价对象具有直接"业务接触"的主体进行评定,受到利益冲突、职位高低、首因效应、光环效应的影响,具有一定的主观性。但是,在语义 Web 知识处理环境中,参与者的信任程度由相对自组织的、开放平等的、"间接协同"的主体进行评定,不仅可以一定程度上避免传统信任评价方法的主观性,而且还可以提高相互评价的积极性和真实性。

总之,语义 Web 与 Web2.0 集成的知识处理安全性并不依赖整个体系某一层次,而不同层次需要从不同角度进行安全控制。用户层和应用层安全性主要由多 Agent 之间的信任关系实现,而其他层次主要采用加密技术和数字签名技术。

4.3.5 人机协同

人机协同知识处理是"大规模协同知识管理方法的实现框架"的主要知识处理手段,必须贯穿于整个框架的所有层次,而不仅仅停留在主体层次中。与传统人机协同的概念不同,本书提出的人机协同知识处理具有三个重要特色。

(1)框架每个层次的设计和实现均需要遵循人机协同知识处理方法论。"大规模协同知识管理软件系统"采用人机协同知识处理模式是基于语义 Web 的知识生态系统中实现人机协同的重要前提。

(2)人机协同知识处理模式分为小规模人际协同、小规模机器协同和小规模人机协同、大规模人际协同、大规模机器协同和大规模人机协同,如表 2-1 所示。本书所指的"大规模知识处理模式"与"小规模知识处理模式"之间的区别在于:

- 协同范围是否在开放环境中进行,是否延伸至知识链的长尾来决定。如果协同知识处理范围仅限于封闭式环境中,或仅限于知识链的头部,那么称之为"小规模协同处理",反之称为"大规模协同知识管理"。
- 相对于"小规模协同处理","大规模协同知识管理"容易出现"知识涌现"现象,具有开放性、自组织性、不确定性、演化性、涌现性的特点,可以更好地支持知识生态系统。文献①通过大量的案例研究证明:我们正在进入一个前所未有的大众共同参与经济活动的新时代,大规模协作的形式正在全球范围内改变着发明、生产、销售和分配商品和服务的方式。

可见,大规模人际协同、大规模计算机协同和大规模人机协同将成为大规模协同知识管理主要模式。

---

① Don Tapscott, Anthoney D Williams. Wikinomics: How Mass Collabration Changes Everything [M]. Penguin Group (USA) Inc., 2006:10-33.

(3)大规模协同知识管理是基于语义 Web 知识处理框架的主要知识处理方式。“大规模协同知识管理方法的实现框架”中每个层次在知识处理方法和技术选择上均需要充分考虑人与计算机的不同优势,需要由人与计算机共同完成。

- 在用户层,人或计算机均可以发起知识处理活动或对知识处理活动进行评价;
- 在应用层,计算机为用户提供操作平台和工具,人类主体提供知识;
- 在计算层,计算策略、规则系统、算法的设计需要由人完成,而具体的计算可由计算机自动完成;
- 在知识层,领域本体需要由领域专家负责建设,而个性知识既可以由计算机提供,也可以由人提供。

基于以上分析,本书提出的“大规模协同知识管理方法的实现框架”与目前的知识处理框架的区别,汇总于表 4-4。

表 4-4 大规模协同知识管理方法实现框架的特点

	目前的知识处理	大规模协同知识管理
知识处理的范围	仅限于组织知识链的头部——组织内部的部分“重要人物”及其“核心知识”	延长至组织知识链的尾部——不仅包括组织内部员工的知识,而且还要管理客户、供应链、志愿者、兴趣爱好者、相关领域的学术研究者及其知识
知识共享和创新的驱动力	头部主体的动力:绩效考核	长尾主体的动力:个人的被关注度、兴趣爱好 头部主体的动力:来自长尾主体的压力
组织知识是否对外保密	对外保密	提倡组织内部知识的适度公开,而不是绝对保密
知识处理主体	专业人才	专业余
参与者之间的关系	层级管理	对等、自组织
知识组织技术	非语义 Web 技术	语义 Web 技术
知识处理方式	小规模人际协同	大规模人机协同
知识管理的关注点	组织特定知识处理活动的结果	组织知识处理过程的成熟度

(1)从知识处理的范围看,大规模协同知识管理方法的实现框架扩展了目前的知识处理范围,将处于组织知识链的长尾部分的客户、供应链、志愿者、相关领域专家纳入知识处理的范围,重视长尾主体的作用和贡献,从而降低仅靠组织内部知识型员工共享自己的核心知识和调动他们参与组织知识创新活动时的高成本和高风险,不仅降低组织知识管理活动对个别知识型员工的依赖性,而且为组织知识管理提供持续改进的知识生态系统,保证组织知识管理活动的低成本和低风险。

(2)从知识共享和创新的驱动力看,大规模协同知识管理方法的实现框架区分知识链长尾主体和头部主体知识共享和创新的不同驱动力。

- 知识链长尾主体的知识共享和创新的主要驱动力是个人的被关注度和兴趣爱好;
- 知识链头部主体,即企业内部“核心员工”的知识共享和创新的主要驱动力的改变——来自长尾主体知识共享和创新的压力。

(3)从组织知识是否对外保密的角度看,大规模协同知识管理方法的实现框架突破传统知识管理的理念,提倡组织向长尾主体开放部分知识,尤其是领域性知识,供长尾主体学习、了解、评价和更新,以便更好地参与组织知识处理活动。

(4)从知识处理的主体看,大规模协同知识管理方法的实现框架依靠的是专业余的力量,而不仅仅是专业人才,降低目前知识管理由于过分依赖组织内部少数知识型员工而导致的高成本和高风险。

(5)从参与者之间的关系看,大规模协同知识管理方法的实现框架强调的是参与者之间的对等和自组织,而不是控制和管理。在大规模协同知识管理方法的实现框架中,主体根据自己的兴趣爱好创建知识研讨厅,推举所在研讨厅的主持人,重视参与者之间的对等与自组织。

(6)从知识组织技术看,大规模协同知识管理方法的实现框架采用语义 Web 技术,保证知识表示的计算机可理解性,提高计算机知识处理的效率。

(7)从知识处理方式看,大规模协同知识管理方法的实现框架采用大规模协同知识管理方式(包括大规模人际协同、大规模人际协同、大规模机器协同),克服知识型员工在组织内部共享自己的核心知识的瓶颈,降低知识处理的成本和风险。

(8)从知识处理关注点看,大规模协同知识管理方法的实现框架不再强调特定知识处理活动的结果,而更加重视组织知识处理活动的成熟度。大规模协同知识管理将采用规范化、标准化和工程化的知识处理手段,将知识处理活动与组织业务活动进行无缝集成,实现知识处理活动的常态化和可持续性。

总之,语义 Web 与 Web2.0 集成的知识处理框架采用分层的方法解决知识处理所面临的两大问题——提高知识表示的计算机可理解性和构建有助于知识共享和创新的知识生态环境。应用层体现 Web2.0 理论的核心思想,为用户提供 Web2.0 模式的知识生态环境;知识层采用语义 Web 技术实现知识的计算机可理解性;计算层在应用层与知识层之间建立连接,形成集成语义 Web 与 Web2.0 技术的新知识处理框架结构。

4.4 小结

本章主要以充分发挥人与计算机在知识处理中的不同优势、为大规模协同知识处理软件系统的研发活动和基于语义 Web 的组织知识生态系统建设提供依据为三个基本目的,深入分析人与计算机在知识处理流程中的不同优劣势,借鉴综合集成研讨厅,尤其是基于 Internet 的综合集成研讨厅方法论和组织生态系统理论,提出"基于语义 Web 的综合集成研讨厅体系"和"基于语义 Web 的组织知识生态系统建设模型",并在此基础上,进一步构建"大规模协同知识管理方法的实现框架"。

大规模协同知识处理软件系统需要具有可复用性、半成品性和充分考虑基于语义 Web 知识处理的特征和流程的顶层框架;基于语义 Web 的组织知识生态系统的建设需要充分利用集体智慧、实现知识处理的自组织性和体现知识处理的综合集成性框架。基于 Internet 的综合集成研讨厅方法论和组织知识生态系统论为满足上述两种需求的框架设计提供方法论基础。基于语义 Web 的综合集成研讨厅体系的提出,不仅较好地满足基于语义 Web 知识处理框架设计的两种不同要求,而且为大规模协同知识管理方法的实现框架的静态结构特征设计提供基础;基于语义 Web 的组织知识生态系统建设模型的提出,不仅为基于语义 Web 的知识生态系统的建设提供依据,而且为大规模协同知识管理方法的实现框架的动态行为特征设计提供基础,为知识处理的可持续发展提供支持。

本章在基于语义 Web 的综合集成研讨厅体系和大规模协同知识管理方法论的基础上,提出了大规模协同知识管理方法的实现框架。该框架可以分为两大部分、七个层次:

- 位于框架底层的部分称为"大规模协同知识处理软件系统框

架”，包括网络层、语义知识层、计算层和应用层；

- 位于框架顶层的部分称为“大规模协同知识生态系统框架”，自底向上依次为应用层、主体层、研讨层和社会智能层；
- 位于“大规模协同知识处理软件系统框架”和“大规模协同知识生态系统框架”之间的接口层是应用层。

“大规模协同知识处理软件系统框架”需要数字签名、数据加密等安全认证技术的支持，而“大规模协同知识生态系统框架”需要主体之间的信任；整个框架设计中体现了人机协同知识处理模式，从而充分发挥人与计算机在知识处理中的优势互补，实现“人脑知识处理模式”和“计算机知识处理模式”集成与优化的目的。

5 案例分析——KiWi

本章以大规模协同知识管理方法及其实现框架为解释模型,重点分析两种典型的基于语义 Web 的知识处理项目,论证本书主要观点的可行性,并进一步探讨案例中存在的问题及其对策。本章选择 KiWi 项目为案例,讨论大规模协同知识管理方法论的实现方法。KiWi 项目采用的是 Web2.0 与语义 Web 的同步集成模式,即使用语义 Web 技术实现了 Wiki 应用,侧重于知识的前端控制,保证知识的获取和形式化描述之间的同步性。

语义维基(Semantic WiKi)是使用语义 Web 技术,如 RDF、OWL 和主体图或概念图对传统维基系统进行扩展,以实现对传统维基的改进。因此,语义维基是一种结合语义 Web 技术和 Web2.0 理念的典型知识处理系统。为了进一步探讨本书研究结论的合理性,本章以基于语义 Web 的知识处理开源项目——KiWi(Knowledge in WiKi)项目为案例研究对象,分析该项目的设计理念、知识处理方法及其实现框架,探讨本书提出的大规模协同知识管理方法及其实现框架的合理性。在此基础上,对本书研究结论与 KiWi 项目进行比较研究,提出 KiWi 项目中存在的问题及其改进建议。

KiWi 项目[①]由欧盟第七框架计划(EU 7th Framework)资助,萨尔茨堡研究中心(Salzburg Research)负责牵头,丹麦奥尔堡大学(Aalborg University)、波兰奥波莱工业大学(Brno University of Technology)、德国慕尼黑大学(Ludwig Maximilians Universität)三所大学和乐家(Logica)公司、语义 Web 公司(Semantic Web Company)、SUN(布拉格)公司[Sun Microsystems (Prague)]三家企业参与完成,以综合应用“维基理念”和“语义 Web 技术”为未来合作型知识管理提供基础平台为主要研发目标的开源项目(项目编号:211932;项目时间:2008/03/01—2011/02/28)。KiWi 软件系统正处于不断更新和升级阶段。本书所探讨的 KiWi 软件系统的最新版本是 2009

① KiWi. About KiWi [OL]. (2008-10-05) [2013-11-19]. http://www.kiwi-project.eu/index.php/about.

年12月23日公开发布KiWi0.7①。

5.1 KiWi设计理念

KiWi项目以SUN(布拉格)公司的NetBeans IDE软件开发和Logica(丹麦)ERP项目管理中的知识管理需求为背景,遵循三种设计理念②:

- 知识管理、维基和语义Web的集成;
- 突破系统与信息的边界;
- 以用户为中心的知识管理模式。

5.1.1 知识管理、维基和语义Web的集成

KiWi软件系统的设计采用集成知识管理、维基和语义Web的知识处理模式,如图5-1所示。

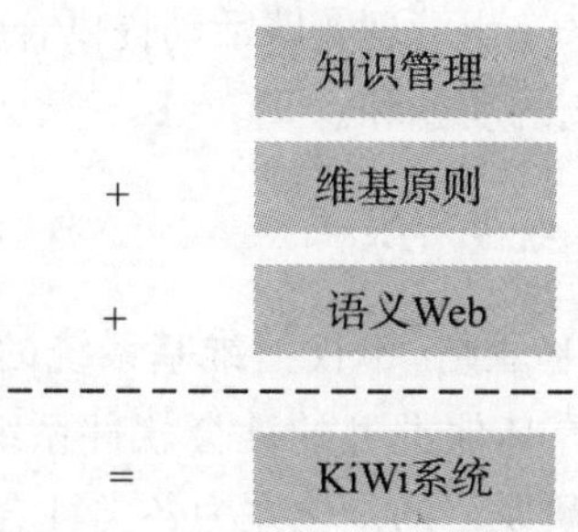

图5-1 KiWi系统的知识处理模式

来源:Sebastain Schafffert, Francois Bry, Peter Dolog, et al. KiWi Vision [OL]. [2014-01-15]. http://wiki.kiwi-project.eu/multimedia/kiwi-pub:KiWi_D8.5_final.pdf.

KiWi项目认为③:

(1)在知识管理活动中,维基不仅是一种新的技术工具,而且更重要的

① Sebastian Schaffert. KiWi Prototype Release 0.7 [OL]. (2009-12-23) [2013-12-25]. http://www.schaffert.eu/2009/12/23/kiwi-prototype-release-0-7-milestone-3/.

② Sebastain Schafffert, Francois Bry, Peter Dolog, et al. KiWi Vision [OL]. (2008-08-28) [2013-10-19]. http://wiki.kiwi-project.eu/multimedia/kiwi-pub:KiWi_D8.5_final.pdf.

③ Sebastian Schaffert, Julia Eder, Szaby Grunwald, et al. KiWi—A Platform for Semantic Social Software [OL]. (2009-06-01) [2013-10-19]. http://ceur-ws.org/Vol-464/paper-17.pdf.

是为传统知识管理提供具有革命性变化的新理念,即“维基原则(WiKi Principle)”:平等编辑、操作方便、内容互联、版本可回溯、支持多种媒体格式。

- 平等编辑、操作方便、内容互联等特征,不仅使长尾主体参与知识处理活动成为可能,而且使长尾主体在维基环境中的知识共享和创新的动机转变为取得社会关注和认可。
- 版本可回溯性的特征,有助于保证知识处理流程中的可回溯性,降低知识处理中的失真现象,建立用户信任和知识验证。
- 支持多种媒体格式的特征,使维基系统以更加灵活的方式适用于不同的应用领域。

(2)语义 Web 技术的出现能够弥补传统维基在灵活结构和语义互联方面的局限性。KiWi 系统采用半结构化的信息组织方式,比传统关系数据库更具有灵活性,更符合进一步扩展的需求。

因此,KiWi 项目采用一种集成知识管理、维基原则和语义 Web 技术的知识处理理念,不仅能够管理知识内容,而且可以深入挖掘用户之间、知识之间的内在关系,为未来知识管理实践活动提供合作型知识管理环境和方法论,超越传统维基系统的功能和意义。

5.1.2 突破不同软件系统的界限

KiWi 项目认为“维基原则”不仅是维基系统的基本原则,而且也可以是博客、图片共享网站等其他类型的社会软件系统均需要遵循的共性原则。因此,KiWi 项目的研发目的定位在为各类社会软件提供基础平台,而不仅仅是开发一种单一的维基系统①。可见,KiWi 系统研发的最终目的是为不同的社会软件提供共同的基础平台,实现不同社会软件在功能层次和数据层次上的集成。

KiWi 系统为其他社会软件系统提供可复用的组件,突破信息系统的界限,实现不同社会软件系统在功能层次上的集成。其他社会软件的开发过程中可以直接调用 KiWi 系统提供的组件或接口,减少开发的工作量。KiWi 为其他社会软件提供的基本功能接口有:不同内容格式的显示、内容要素之间的方便连接、内容要素的版本控制及跟踪记录、标注内容要素的元数据、不同内容要素的合并、用户管理、个性化服务、信息抽取、信息推理和信息推送。

---

① Sebastian Schaffert, Julia Eder, Szaby Grunwald, et al. KiWi—A Platform for Semantic Social Software [OL]. (2009 - 06 - 01) [2013 - 10 - 19]. http://ceur-ws. org/Vol-464/paper-17. pdf.

KiWi 系统采用“内容通用性(Content Versatility)原则”实现不同社会软件系统在数据层次上的集成。KiWi 系统的“内容通用性原则”是指同一个内容具有多种表现形式①。在 KiWi 系统中,知识内容的最小处理单位称为内容要素(Content Item)。每一项内容要素配有 URI,并以面向人类用户和面向各类社会软件系统两大类不同格式存储。

- 面向人类用户的内容元素主要采用 XHTML 表示,其元数据以基于 XML 的 RDF 方式存储;
- 面向计算机用户的内容要素采用基于 XML 的 RDF 方式,实现内容与显示方式的独立性,支持多种不同社会软件系统,如维基、博客、社会标记等的不同显示方式,以便同一个内容在不同系统中均可以产生不同显示效果。

5.1.3　以人为中心的知识管理

在人机协同知识处理问题的认识方面,KiWi 项目认为以人及其协同为中心的知识管理是成功知识管理活动的基本原则,计算机信息技术必须为人及其协同管理知识提供服务②。KiWi 项目采用以人及其协同为中心的知识管理理念——用户可以根据自己的信息需求和兴趣爱好任意定制系统的功能和显示界面,使系统满足不同用户的个性化知识处理需求(见图 5-2)。

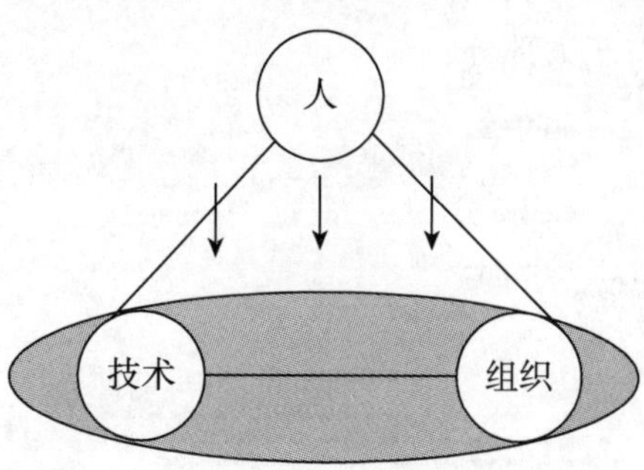

图 5-2　以人为中心的知识处理

来源:Sebastain Schafffert, Francois Bry, Peter Dolog, et al. KiWi Vision [OL]. [2014-01-15]. http://wiki. kiwi-project. eu/multimedia/kiwi-pub : KiWi_D8. 5_final. pdf.

① Sebastian Schaffert, Julia Eder, Szaby Grunwald, et al. KiWi—A Platform for Semantic Social Software [OL]. (2009-06-01) [2013-10-19]. http://ceur-ws. org/Vol-464/paper-17. pdf.

② KiWi. Rules of Good Knowledge Management: People and Collaboration First [OL]. (2008-03-01) [2013-10-19]. http://www. kiwi-project. eu/index. php/kiwi-vision/20-rules-of-knowledge-management.

以人为中心的知识管理在 KiWi 系统中具体体现可从如下三个层次进行分析：

（1）在设计理念层次上，KiWi 项目根据用户的角色、领域、背景、经验和偏好等信息，提供个性化界面、功能定制和自动推送等个性化知识处理服务。

（2）在实现技术层次上，KiWi 项目采用轻量级编程模式，使用户不仅是系统的使用者，而且成为系统的轻量级开发者。用户可以 KiWi 核心系统提供的 Widgets 进行轻量级编程，使系统更符合自己的需求。另外，KiWi 通过用户兴趣建模和系统自动监测用户习惯的方法为用户提供个性化的信息服务。KiWi 系统的用户界面具有一定的"自动适应性"，即根据用户浏览行为习惯，自动定制界面或自动推送个性化信息的功能。

以 KiWi 系统提供的监测器（Inspector）为例，KiWi 系统为高级用户和程序开发人员提供不同的监测器，满足用户的不同需要。用户可以通过 KiWi 系统提供的内容要素监测器（Content Item Inspector）采用基于 XML 的 RDF 格式显示与当前内容要素相关的数据；通过 KiWi 系统提供的标记监测器（Tag Inspector）查看与当前内容要素相关的标记操作列表；通过用户监测器（User Inspector）访问与当前访问用户相关的 RDF 数据。

（3）在用户界面层次上，KiWi 系统的用户界面设计遵循以人为中心的知识管理理念，简洁大方，操作方便。KiWi 系统的典型界面如图 5－3 所示，可分为左、中、右三大部分：

图 5－3　KiWi 系统的典型界面

来源：Sebastian Schaffert. KiWi WiKi［OL］.［2014－01－15］. http://wiki. kiwi-project. eu/index. jsp.

- 左侧是用户信息、功能导航和检索入口；
- 中间部分以用户友好方式，显示当前内容要素及其操作命令；
- 右侧是当前内容要素相关的附加信息。

5.2 KiWi 知识处理模式

根据上一节的分析可以看出，KiWi 项目采用“集成维基和语义 Web 的知识处理模式”，如图 5-1 所示。维基系统是 Web2.0 的典型应用之一。因此，从知识处理模式看，KiWi 项目的知识处理模式属于本书第四章提出的集成语义 Web 和 Web2.0 的知识处理模式的一种特殊形式。KiWi 系统的知识处理中充分体现维基知识处理模式的五大特征，即平等编辑、使用方便、内容互联、版本可回溯、支持多种格式。

为了进一步深入研究 KiWi 系统的知识处理模式，我们可以从用户界面和技术实现两个层次分析 KiWi 的知识处理流程。

(1)从用户界面看，KiWi 知识处理模式与传统维基类似，主要区别在于重视知识处理前端控制——知识表示的计算机可理解性和知识表示的质量控制，不仅方便传统维基用户的使用，而且提高所存储知识的真实性和可靠性。

(2)从技术实现层面看，KiWi 系统的知识处理模式发生了根本性的变化——采用语义 Web 的知识处理技术，而传统维基主要采用非语义 Web 的关系数据库技术。

5.2.1 知识表示

从用户界面层次看，KiWi 系统的知识表示可以分为两类，一是新知识的表示，二是已有知识的修改。在新建知识时，用户可以在界面左下侧的“编辑”栏目中以对话框的方式新建资源、类、属性、多媒体、模板、关联等，系统将根据用户的输入信息，如图 5-4 所示，自动转换为 RDF 三元组，并存入 RDF 库中；在修改已有知识时，用户选中被修改的信息后，在对话框中输入更新后的信息，如图 5-5 所示，系统将自动存入更新信息到 RDF 库或关系数据库之中。

从知识表示的技术实现层次看，KiWi 主要采用类似于本书第三章中强调的知识元(Knowledge Item)的知识处理单位——内容元素(Content-Item)为最小单位的知识表示方法。

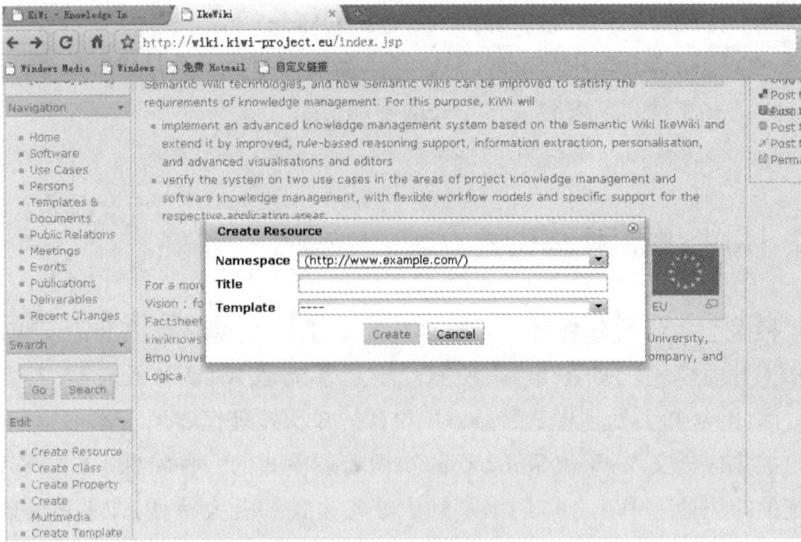

图 5－4　KiWi 系统中新增知识

来源：Sebastian Schaffert. KiWi WiKi［OL］.［2013－10－15］. http://wiki. kiwi-project. eu/index. jsp.

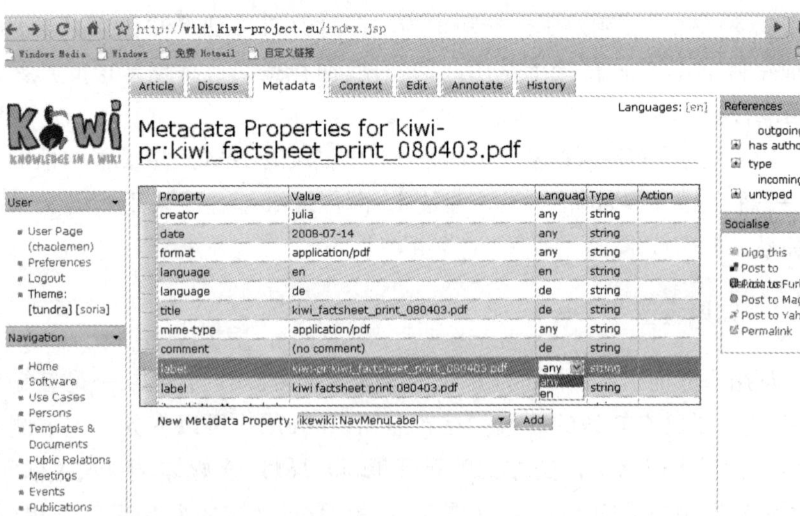

图 5－5　KiWi 系统的知识更新

来源：Sebastian Schaffert. KiWi WiKi［OL］.［2013－10－15］. http://wiki. kiwi-project. eu/index. jsp.

与前文谈到的“知识元”不同的是，KiWi 的内容元素不具备原子性。每个内容要素配有唯一标记的 URI 并且采用两种不同的表示方法进行描述：

- 采用 XHMTL 表示面向人类用户可理解的内容;采用 RDF 表示面向计算机可理解的内容。
- 内容要素的核心属性,如内容、作者、创造时间等采用 XML 语法表示,并存储在关系型数据库之中;内容要素的其他非核心属性则采用 RDF 语法进行表示,存放在 RDF 库之中。

Sesame2 技术支持基于 XML 的 RDF 语言的各种操作。因此,KiWi 系统的 RDF 三元组的存储和访问主要采用 Sesame2 技术。

5.2.2 知识联网

顺利完成知识表示操作,即向系统增加新知识或更新已有知识操作之后, KiWi 系统在知识之间自动建立联网关系。正如本书第四章的分析, KiWi 中的知识联网关系可以分为知识互通、互联和互操作三种。为了实现知识互通,KiWi 目前主要采用集中式关系数据库和 RDF 库,并通过关系数据库中的主/外键之间的对应关系和 RDF/OWL 语义关系,实现语义互联关系。在此基础上,KiWi 对其他系统提供各种 Web 服务、API 函数等互操作访问接口,较好地支持互通、互联、互操作三个不同层次的知识联网需求。以图 5-6[①] 为例,在 References 栏目中列出与当前内容要素相互关联的其他内容要素。目前,KiWi 系统尚未支持分布式协同知识存储的需求,该系统的知识联网功能有待进一步加强。

5.2.3 知识发现

本书第四章对基于语义 Web 的知识发现操作分为知识查询、推理和发现三个层次。目前 KiWi 的知识发现功能侧重于知识查询的处理,在知识推理和发现方面有待进一步改进。

(1)从应用层次看,KiWi 提供两种知识查询方式,一种是导航浏览,另一种是关键词检索。KiWi 界面的左侧提供导航栏,包括首页、软件、用例、人物、模板与文档、公共关系、会议、事件、出版物、最新工作等,如图 5-7 所示。用户通过导航栏可以找到所需的信息。同时,KiWi 也提供关键词检索功能,用户可以通过输入关键词查找目标信息,如图 5-8 所示。

(2)从技术层次看,导航功能的实现主要采用 JSF(Java Server Faces),通过在 pages.xml 中设置导航规则以及 Action Bean 及其返回值的判断来

---

① Sebastain Schafffert, Rolf Sint, Szaby Grunwald, et al. The KiWi Architecture [OL]. (2008-10-31) [2013-11-19]. http://www.kiwi-project.eu/images/stories/deliverables/d3.1_kiwi_architecture_final.pdf.

管理导航内容；KiWi 主要采用两种语义查询技术，即 SerQL(Sesame RDF Qurey Language)和 SPARQL 语言进行语义查询功能。

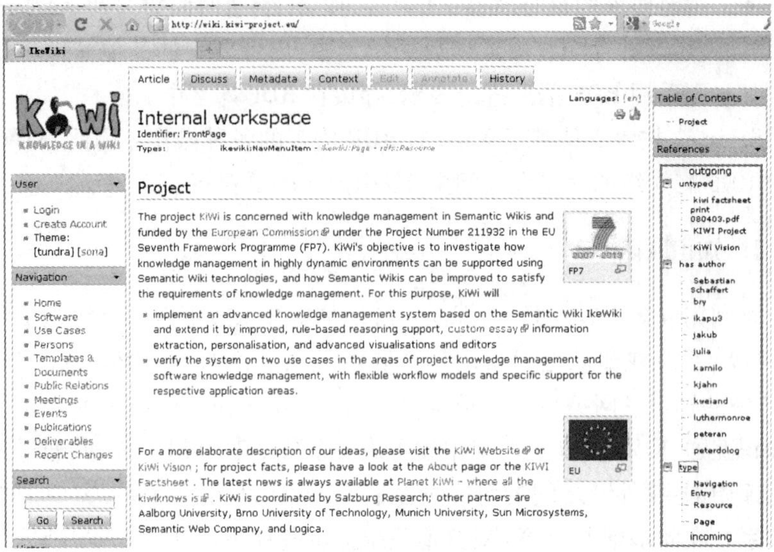

图 5-6　KiWi 系统的知识互连

来源：Sebastian Schaffert. KiWi WiKi[OL]. [2013-10-15]. http://wiki.kiwi-project.eu/index.jsp.

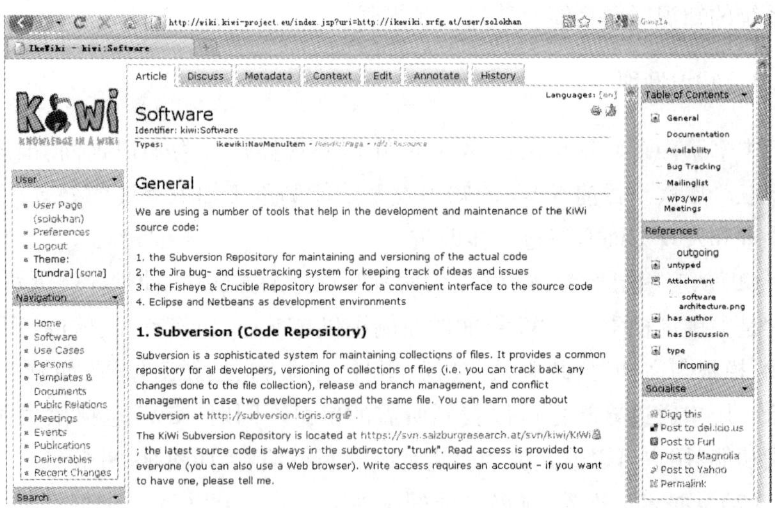

图 5-7　KiWi 系统的知识导航

来源：Sebastian Schaffert. KiWi WiKi[OL]. [2013-10-15]. http://wiki.kiwi-project.eu/index.jsp.

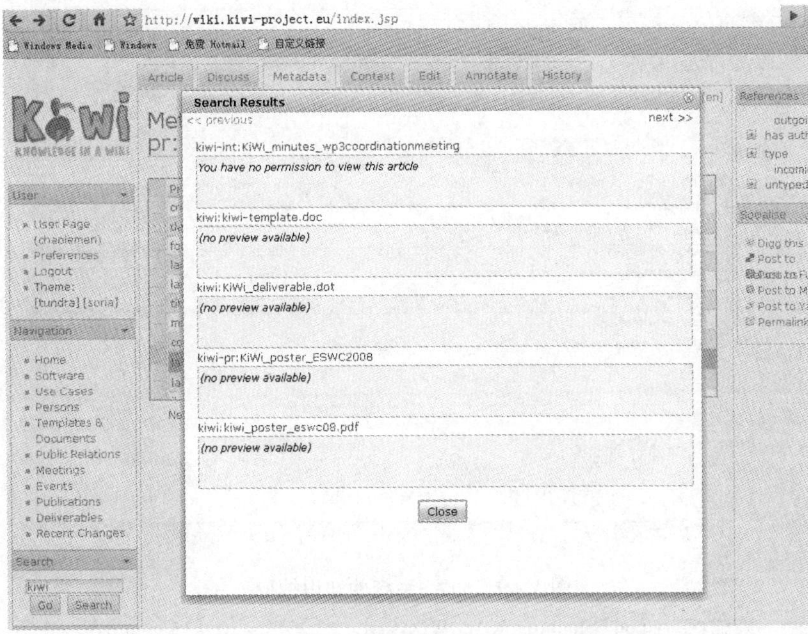

图 5－8　KiWi 系统的知识检索

来源：Sebastian Schaffert. KiWi WiKi［OL］.［2013－10－15］. http://wiki.kiwi-project.eu/index.jsp.

为了更好地实现语义检索功能，KiWi0.7 版本开始新增 KWQL 组件，强化系统的检索能力；KiWi 系统的知识发现功能仍处于初级阶段，需要进一步改进。自 KiWi0.7 版本开始，新增基于规则的推理功能，根据 RDF 库中已存储的三元组进行一定的推理功能和发现新知识的功能。

5.2.4　知识获取

用户在 KiWi 中发现所需的知识时，可以采用系统提供的知识导出方法获取目标知识。从用户界面层次看，KiWi 提供多种知识获取方式（见图 5－9），既可以资源为单位进行抽取，也可以更大、更复杂的处理单位，如命名空间、知识库，作为单位导出数据。知识获取中的导出格式采用基于 XML 的 RDF 知识表示方法。

从技术实现角度看，KiWi 系统的知识获取功能中主要采用基于 GATE（General Architecture for Text Engineering）和语义容器（Semantic Vectors）的信息抽取技术。以 KiWi0.7 版本为例，知识获取技术开始应用于英文和德文表达的内容要素的标记推荐和相关知识的推荐功能之中。

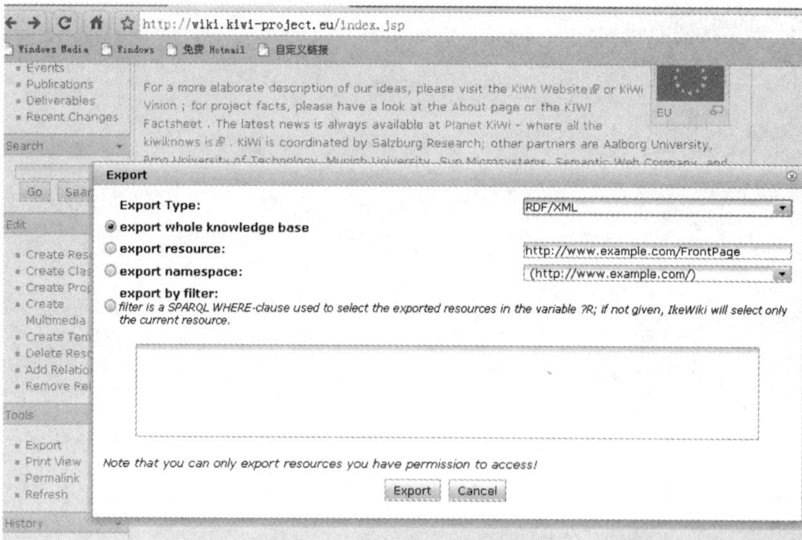

图 5－9　KiWi 系统的知识抽取

来源:Sebastian Schaffert. KiWi WiKi[OL]. [2013－10－15]. http://wiki.kiwi-project.eu/index.jsp.

5.2.5　知识集成

根据本书第四章的分析,基于语义 Web 的知识集成可以分为与显性知识的集成、隐性知识的集成以及与应用集成三个层次。KiWi 系统的知识集成具体表现在如下三个方面:

- 与显性知识的集成方面,主要采用三元组关联、超链接等方式。
- 与其他隐性知识的集成方面,KiWi 提供个性化显示方法,如图 5－10 所示。
- 与其他应用的集成,KiWi 提供多种 Web 服务接口和 API 函数。

5.3　KiWi 知识处理框架

从技术实现角度看,KiWi 系统采用基于 Java EE 5(Java Enterprise Edition 5) 和 JBoss Seam 的面向组件框架,如图 5－11 所示。JBoss Seam 是通过综合集成 AJAX (Asynchronous JavaScript and XML), JSF (Java Server Faces), EJB (Enterprise Java Beans), Java Portlets 和 BPM (Business Process Management)等不同技术构建下一代 Web2.0 应用的具有强大功能

的应用框架①。

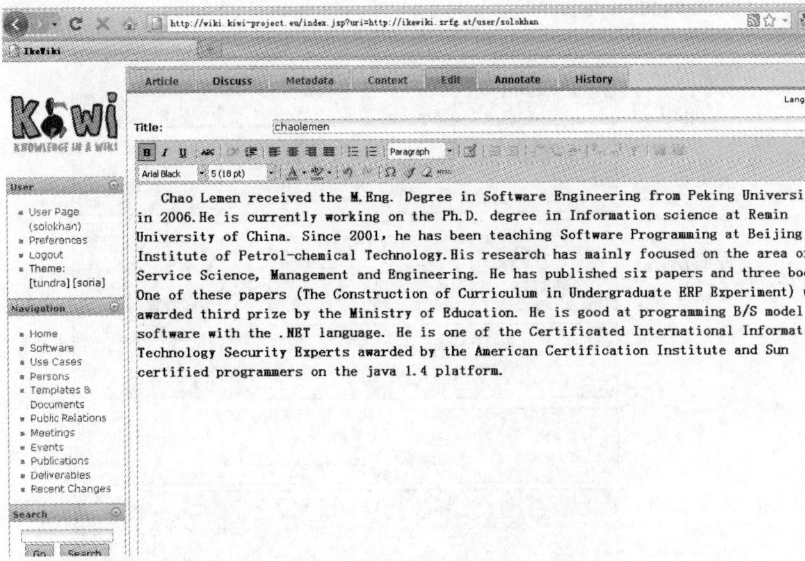

图 5-10　KiWi 系统的个性化显示

来源:Sebastian Schaffert. KiWi WiKi[OL]. [2013-10-15]. http://wiki.kiwi-project.eu/index.jsp? uri=http://ikewiki.srfg.at/user/solokhan.

由于 JBoss Seam 遵循 Java Web 应用开发的经典框架——MVC(Model-View-Controller)的基本思想,KiWi 系统的框架自底向上依次为序列化层、系统数据模型层、控制(API)层和应用(视图)层。

5.3.1 序列化层

从图 5-11 可以看出,KiWi 系统的序列化层主要由关系数据库和 RDF 库两部分组成。关系数据库中主要存放系统全生命期有关的数据,如用户账户、密码等用于系统全生命期的信息;RDF 库中主要存放与“配置”有关的信息,如用户之间的“认识”社会关系信息等。

考虑到 RDF 库管理技术尚未成熟,不能满足 KiWi 项目在元数据、版本控制等方面的特殊需求,KiWi 系统的关系数据库和 RDF 库的序列化技术均采用关系型数据库管理系统。关系数据库的编程采用 Hibernate 框架。目前,KiWi 系统主要采用 HSQL 数据库管理系统,而最终产品可支持 MySQL 和 PostgreSQL 等多种关系型数据库管理系统(RDBMS)。除了关系

① Red Hat Middleware, LLC. JBoss Seam[OL]. (2008-08-28) [2013-12-19]. http://www.jboss.com/products/seam/.

数据库和 RDF 库,KiWi 序列化层还包含采用 Hibernate Search 生成的全文索引,以便提高检索速度①。

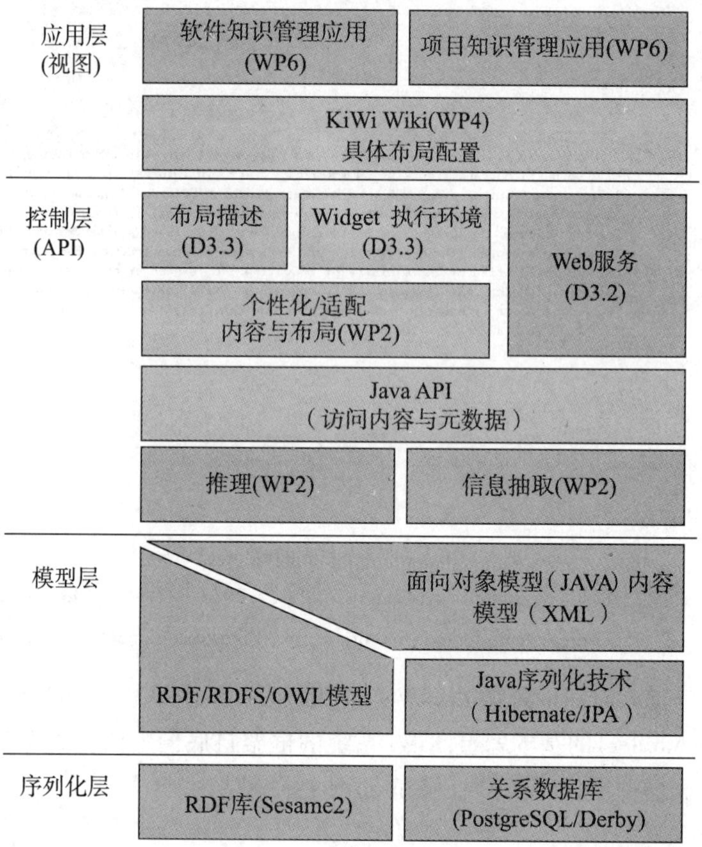

图 5 – 11　KiWi 系统的框架

来源:Sebastain Schafffert, Rolf Sint, Szaby Grunwald, et al. The KiWi Architecture [OL]. [2013 – 10 – 15]. http://www.kiwi-project.eu/images/stories/deliverables/d3.1_kiwi_architecture_final.pdf.

5.3.2　模型层

从图 5 – 11 可以看出,KiWi 系统的模型层主要由 RDF/RDFS/OWL 模型、面向对象模型/内容模型以及 Java 序列化(Hibernate/JPA)三大部分组成。根据数据模型技术的成熟度、安全性、可靠性、稳定性的不同,RDF/

① Sebastian Schaffert, Julia Eder, Szaby Grunwald, et al. KiWi—A Platform for Semantic Social Software [OL]. (2009 – 06 – 01) [2013 – 10 – 19]. http://ceur-ws.org/Vol-464/paper-17.pdf.

RDFS/OWL 模型主要用于面向计算机可理解信息或个人的无需登录即可浏览的信息等安全性要求比较低的信息的管理;面向对象模型用于面向人可理解信息或个人隐私等安全要求比较高的信息,如需要登录后才能看到信息的管理。

KiWi 分别采用 Sesame2 技术和 Hibernate Entity Manger 技术实现 RDF 三元组语义数据模型和关系数据模型的序列化和访问操作。为了统一处理内容要素,KiWi 系统在 Java EE EntityManager 的基础上开发出 KiWiEntityManager,更好地支持了内容要素的查询、序列化、执行查询等操作。

5.3.3 控制层

控制层主要实现该系统的逻辑处理功能,并为模型层的访问提供统一的访问接口,对高层开发人员封装 KiWi 内容要素管理的具体技术细节。控制层的技术实现采用 EJB(Enterprice Java Beans)和 Seam 组件技术,分为推理、抽取、Java API、个性化/适配、显示配置、Widget 执行环境以及 Web 服务七大部分(见图 5 - 11),较好地支持分布式知识处理的需求。

- Web Services 为其他语义 Web 系统提供接口,包括 KiWi 基本功能的调用、RDF/OWL 的导入导出、数据交换、SPARQL 查询等。
- Widget 执行环境为 JSF、Groovy 和 JavaScript 等多种 Widget 语言提供访问 KiWi 系统的接口。
- 个性化和适配器主要采用用户建模、布局选择、内容可视化等技术,以 API 的形式为高层应用程序提供个性化服务。
- 信息抽取组件主要用于分析存储在 KiWi 系统中的数据,并从文本和媒体中抽取元数据。
- 推理组件提供基于规则的、简单灵活的、既可以访问元数据,又可以访问内容的、对用户和程序员透明的逻辑推理功能。

5.3.4 应用层

应用层(含视图层)通过 Widget 和布局配置实现用户界面服务。KiWi 视图层主要采用 JSF 技术产生用户界面的 html 代码。控制层在 JSF 页面与 action 组件之间建立连接。KiWi 为用户提供多种显示布局,其中默认的布局是 IkeWiKi 的布局。KiWi 核心系统中提供的主要 Widget 有:查看/编辑内容项、历史、投票、标注、登录/注册/布局、用户信息、检索、导航、布局配置、Widget 编辑器和管理接口。

从以上分析可以看出,KiWi 体系结构有如下特征:

- 序列化层和模型层处于 KiWi 体系结构的底层，采用两种不同的数据模型，即面向计算机可理解的 RDF/RDFS/OWL 模型和面向对象的数据模型。考虑到模型层中的两种不同的数据模型，KiWi 体系结构的序列化层分别采用了 RDF 库和关系数据库两种不同的持续化技术。
- 控制层位于模型层之上，向应用层提供访问数据模型的接口服务。控制层所提供的主要接口服务有 API、Web 服务、组件、Widget 和个性化配置等。
- 模型层和控制层是整个体系框架的核心，可以为不同社会软件系统提供共同的基础平台，实现 KiWi 项目的“突破不同系统的界限”的设计理念。
- 应用层处于 KiWi 体系结构的最高层，主要满足软件知识管理和项目知识管理中的知识处理需求。

5.4 KiWi 知识处理效果评价与改进方案

5.4.1 KiWi 知识处理效果评价

在分析 KiWi 系统的设计理念、知识处理流程和技术框架的基础上，下文结合本书研究结论，从设计理念、知识处理方法及其实现框架等三个角度比较研究现有知识处理系统、维基知识处理、KiWi0.7 知识处理，论证本书研究结论的合理性，并对 KiWi 项目提出改进建议，如图 5 – 12 所示。

(1) 在理论层次上，借鉴语义 Web 技术和维基原则，超越当前知识管理的基本理念，不仅提出合作型知识管理模式，而且克服计算机知识处理的复杂性。维基理念的成功应用，在知识处理主体间建立合作型知识处理模式。语义 Web 技术的采用，有效降低计算机知识处理的复杂性。KiWi 系统在设计理念层次上的改进成为 KiWi 系统的知识处理效率和效果高于其他知识处理系统的根本保障。

(2) 在实践层次上，借鉴注意力经济的研究结论，不仅重视物质奖励对促进组织员工知识创新和共享的重要性，而且还认识到人们为提高自己的被关注度和社会影响力而驱动的知识处理现象。

5.4.2 KiWi 知识处理改进方案

根据本书前几章的研究，应从四个方面对 KiWi 项目进行改进。

(1)知识处理理念:从本书研究结论看出,应从 Web2.0 理论和综合集成的方法论角度进一步扩展和完善设计理念。从图 5－12 可以看出,KiWi 系统较好地结合了语义 Web 技术、维基和知识管理理论,但是存在一些不足之处:

- 从知识处理模式看,仅仅采用了 Web2.0 的一种应用,即维基模式。通过本书研究发现,基于语义 Web 的知识处理中应综合应用 Web2.0 的不同应用,从而充分发挥知识共享和创新的积极性,形成知识生态系统。
- KiWi 系统强调的是计算机的知识处理能力,而不是人机协同知识处理能力。该系统尚未充分考虑人与计算机在知识处理中的不同优劣势,其人机协同知识处理关系的设计有待进一步完善。例如,在知识输入过程中,计算机应自动判断输入数据的合理性以及与其他相关知识的相互联系。

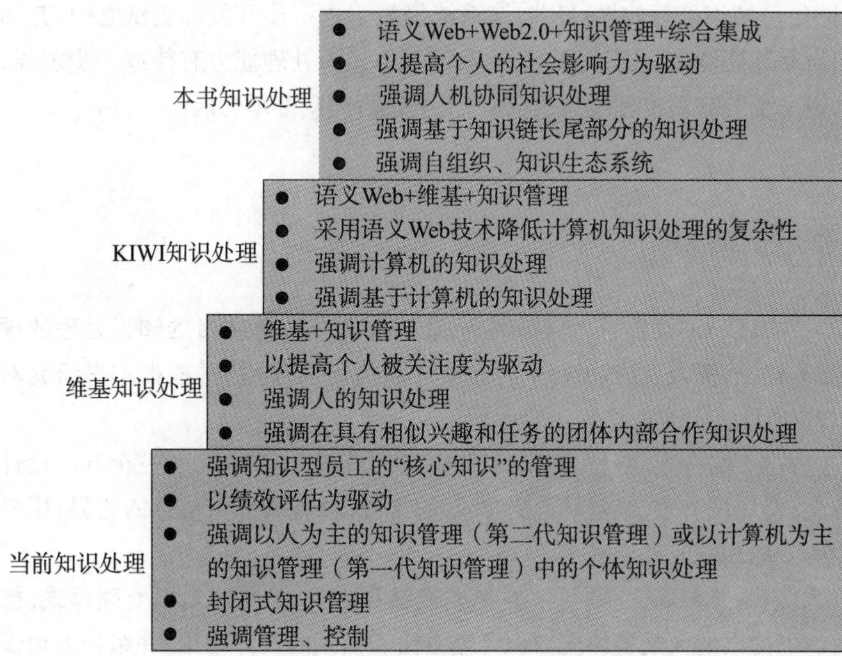

图 5－12　KiWi 知识处理效果评价

(2)知识处理模式:从知识处理模式角度看,考虑到集成语义 Web 和维基系统的重要性,以及其知识处理流程不具备完整性。该系统主要实现知识表示、联网、检索、抽取和传递的基本功能,知识推理、验证、信任和集成功能有待增加或进一步完善。

(3)知识处理框架:通过对图 5 - 11 所示的 KiWi 框架与本书提出的“大规模协同知识管理方法的实现框架”(见图 4 - 6)比较分析发现,KiWi 系统的框架基本符合大规模协同知识管理方法的实现框架,但是存在如下局限性:

- 从“大规模协同知识处理软件系统框架”看,仅提供一种基于语义 Web 的维基系统的框架,尚未考虑其他类型的 Web2.0 知识处理系统的设计需要。
- 从“大规模协同知识生态系统框架”看,KiWi 系统尚未提供基于语义 Web 的知识生态系框架,不能很好地支持知识生态系统建设的需要。同时,KiWi 框架中并没有提供两种框架之间的接口层——Web2.0 应用层。
- 尚未表现人机协同知识处理的重要性,没有将人纳入知识处理框架。

(4)知识处理效果:目前,该系统仍处于进一步开发和测试之中,其知识自动处理能力,尤其是基于语义 Web 的知识处理能力有待进一步加强,如该系统的知识推理能力比较弱,无法进行规则推理功能。

5.5 小结

本书以 KiWi 项目为典型案例,通过深入分析此项目的知识处理的理念、流程、框架及其成功应用,论证本书研究的科学性,并根据本书研究对 KiWi 项目提出改进建议。

首先,结合大规模协同知识管理思想,分析 KiWi 项目的三个基本设计理念,即知识管理、维基和语义 Web 的集成;突破系统与信息的边界;用户为中心的知识管理模式。

接着,分析 KiWi 项目中的集成维基和语义 Web 的知识处理模式,探讨本书提出的大规模协同知识管理方法和模式的具体应用,并结合大规模协同知识管理流程探讨 KiWi 项目中的知识表示、知识联网、知识发现、知识获取和知识集成。

再次,结合本书提出的大规模协同知识管理方法的实现框架,尤其是知识处理软件系统的实现子框架,分析 KiWi 系统的框架设计,探讨大规模协同知识管理的 IT 实现中的知识的序列化、建模、逻辑处理、应用服务等关键问题。

最后,借鉴大规模协同知识管理理论,评价和分析 KiWi 项目中的知识处理优势和劣势,并提出相应的改进方案。KiWi 项目借鉴语义 Web 技术和维基原则,超越当前知识管理的基本理念,不仅提出合作型知识管理模式,而且克服计算机知识处理的复杂性。维基理念的成功应用,在于知识处理主体间建立合作型知识处理模式。因此,KiWi 项目的成功证明大规模协同知识管理方法及其实现框架的可行性。

但是,本书提出的改进方案尚未全部应用于 KiWi 项目的升级改造之中。KiWi 项目作为一种开源项目,鼓励其他用户共同参与该项目的研发活动。在未来的研究中,作者将重视本书研究成果在组织知识管理活动和知识处理软件系统的研发活动中的实际应用,进一步完善和调整本书研究成果。在此基础上,继续提炼出大规模协同知识管理方法实现框架应用的最佳实践指南,并设计具体的绩效评估方案,推动组织知识生态系统的快速发展和提高软件系统的知识处理能力。

6 案例分析——DBPedia

本章主要以 DBPedia 为案例，从大规模协同知识管理角度，探讨其知识处理特征与方法。DBPedia① 是基于 Wikipedia、语义 Web 和互联数据技术的创新型知识库，是文档网向数据网过渡的标志性成果之一。从文档网到数据网的过渡是当今 Web 技术的重要发展趋势之一。数据网的出现需要数据发布、互联、共享和服务方法与技术的创新。在这种需求驱动下，涌现出许多新的理念、方法和技术，比较典型是互联数据（Linked Data）、语义 Web（Semantic Web）、微格（Microformats）、Web 服务（Web Services）、数据空间（Dataspace）等，其中互联数据和语义 Web 逐渐成为数据网的主流方法与技术。下文以本书提出的大规模协同知识管理方法及其实现框架为依据，探讨 DBPedia 的知识处理特征和基于 DBPedia 的典型应用。

目前，DBPedia 的知识库已初具规模。以英文版本知识库为例，DBPedia 已含有超过 400 万个实体的描述数据。其中，超过 322 万个实体已采用本体方法进行分类。从所涉及内容看，DBpedia Data Set (3.9) 知识库包括了 832000 多名人物、639000 多个地点（其中 427000 是热门地点）、372000 项创意作品（如音乐、电影和视频游戏等）、209000 个组织（含 49000 个企业和 45000 个教育机构）、226000 个物种和 5600 种疾病信息②。

基于 Wikipedia 的 DBPedia 的数据集也具备多语言知识库特性。目前，DBPedia 可支持多达 119 种语言的标记和摘要。表 6 – 1 列出 Wikipedia 所支持的主要语言及其摘要个数。

① dbpedia. org. The DBpedia Data Set [OL]. [2013 – 12 – 05]. http://wiki. dbpedia. org/Datasets.

② Christopher Sahnwaldt, et al. The DBpedia Data Set (3.9) [OL]. [2013 – 12 – 13]. http://wiki. dbpedia. org/Datasets.

表 6 - 1　DBPedia 的跨语言摘要

序号	语言	摘要个数	序号	语言	摘要个数
1	英语	4004000	7	波兰语	961000
2	荷兰语	1405000	8	瑞典语	957000
3	德语	1368000	9	俄语	954000
4	法国语	1315000	10	日语	825000
5	意大利语	980000	11	葡萄牙语	736000
6	西班牙语	965000	12	汉语	653000

来源：Christopher Sahnwaldt, et al. The DBpedia Data Set (3.9)[OL].[2013 - 12 - 13]. http://wiki.dbpedia.org/Datasets.

DBPedia 采用属性@ lang 标识知识的语言类型。因此，在跨语言知识库的查询中，通过 SPARQL 查询语言的 Filter 语句即可限定检索数据的语言范围。

6.1　支持开放、长尾与自组织

DBPedia 在知识库建设和维护方面最显著的特征是，集成 Wikipedia 的开放性、长尾性与自组织性。DBPedia 数据源自于 Web2.0 的典型应用——Wikipedia，即来自于知识链长尾的众多草根用户，而不是位于头部的少数专家用户，充分体现大规模协同知识管理。因此，DBPedia 间接地表现出大规模协同知识管理理论中的以下基本原则：

- 开放原则。DBPedia 知识处理流程的前端，即其数据提供和获取活动间接地表现出开放性。由于实现与 Wikipedia 无缝集成和实时同步，DBPedia 也具备一定的开放性。
- 长尾原则。DBPedia 中的知识处理具有长尾性，是因为 Wikipedia 知识处理范围不仅限于 Wikipedia 的内部员工，而是延长到其知识链的长尾，充分利用长尾主体来创建、维护和管理 Wikipedia 知识。
- 自组织原则。Wikipedia 中的知识条目的创建、维护和管理工作具有自组织性，而不完全是自顶向下的他组织知识处理过程。

6.2 支持人机协同与专业余

Wikipedia 的知识处理采用人机协同的知识处理模式,实现人与计算机的优势互补。在 DBPedia 知识库建设与维护中,数据的一致性验证、内容抽取、快速查询、统计处理、精确计算等重复性处理工作采用计算机自动处理技术,而知识创新、知识发现、本体建设等创新性工作采用人工处理方法,较好地发挥计算机与人在知识处理中互补性优势,体现人机协同知识处理思想。

- DBPedia 数据来源于 Wikipedia,主要利用人在知识创造中的不可替代作用。为提高 DBPedia 数据集的语义处理能力,以人工方式建立 DBPedia 本体,避免了计算机自动创建本体的局限性;支持用户对 DBPedia 数据进行反馈和修改操作,增强了计算机语义处理能力。
- DBPedia 通过自己的知识抽取框架(DBPedia Knowledge Extraction Framework),自动抽取 Wikipedia 的标签、摘要、语言链接、图片等数据项,并进行一定的语义处理,以多元组的形式存放到 DBPedia 知识库之中,发挥计算机对结构化程度较高的数据的重复操作能力。DBPedia 支持定时抽取和实时抽取两种不同的抽取模式,定时抽取一般以一个月为周期,而实时抽取可以动态监测 Wikipedia 中的数据变化,进而保证 DBPedia 与 Wikipedia 之间的同步性。从运行现状看,DBPedia 定时抽取模式的可用性高于实时抽取模式,实时抽取技术需要进一步完善。
- DBPedia 中的人机协同表现出参与知识处理活动主体的专业余性。Wikipedia 中的知识提供者和维护者并非是所属学科领域的专业人才,而往往是专业余性人才。因此,从整体流程上看,DBPedia 的知识处理也具备一定的专业余性。

在 DBPedia 知识库中,通过采用大规模协同知识管理模式,较好地解决目前知识库建设中普遍存在的规模小和数据内容的静态性。但是,就目前而言,DBPedia 数据中仍然存在结构化程度低、数据不一致性以及数据质量不高等问题。为了克服此类问题,需要进一步研究大规模协同知识管理问题,应从 Wikipedia 和 DBPedia 两个层面进行技术创新,更好地发挥人与计算机的互补性优势,实现大规模协同知识生态系统,保证 DBPedia 数据的持续改进。

6.3 支持知识工程与语义 Web

从知识表示与组织角度看,DBPedia 主要采用了基于语义 Web 的知识工程技术,具体体现在四个方面:

(1)与 Wikipedia 的集成与同步。DBPedia 采用软件工程的方法,较好地实现与 Wikipedia 的集成与同步功能。因此,DBPedia 有点像 Wikipedia 的镜像数据库,区别在于改变 Wikipedia 的知识表示方法,而采用语义 Web 形式的知识表示。DBPedia 与 Wikipedia 的集成主要通过 DBpedia Live 来实现的,图 6-1 给出 DBPedia Live 的主要组成部分。从图 6-1 可以看出,DBPedia 通过实时抽取框架(DBPedia-Live Extraction Manager)从本地 Wikipedia 和映射 Wiki(Mapping Wiki)中抽取知识,并进行一定的处理(如 RDF 三元组表示等)后,存入知识库 N-Triple Dumps 和 Virtuoso Triplestore 之中。其中,本地 Wikipedia 的数据来自于 Wikipedia。在 Wikipedia 与本地 Wikipedia、本地 Wikipedia 与实时抽取框架之间、映射 Wiki 与实时抽取框架之间的数据流采用 OAI-PMH 协议(Open Archives Initiative Protocol for Metadata Harvesting)①。

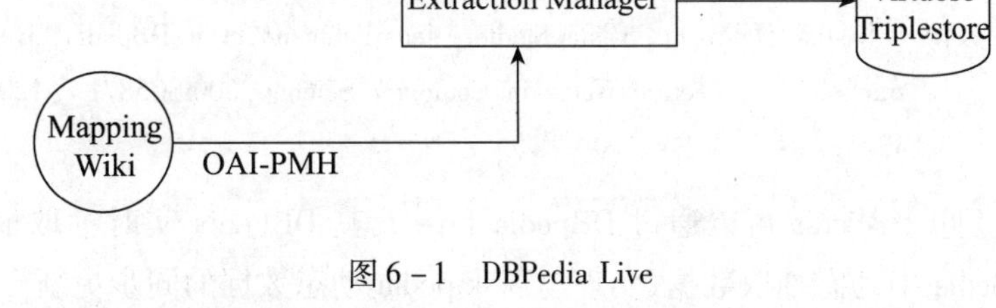

图 6-1 DBPedia Live

来源:Morsey M, Lehmann J, Auer S, et al. Dbpedia and the live extraction of structured data from wikipedia[J]. Program: electronic library and information systems, 2012, 46(2): 157-181.

① Ted Thibodeau Jr, et al. DBpedia Live[OL]. [2013-12-10]. http://wiki.dbpedia.org/DBpediaLive.

因此,DBPedia 实时抽取框架(DBPedia - Live Extraction Manager)是 DBpedia Live 的核心。DBPedia 实时抽取框架主要由原始数据集、目标数据集、提取构件、分析构件、提取管理器、更新构件等构件组成,其中 SPARQL 更新构件负责完成向 DBPedia 插入或替换新提交的三元组工作,如图 6-2所示。根据文献①的研究,在 Wikipedia 中,数据更新的平均速度为 1.4 篇文章/秒。因此,DBPedia 实时抽取框架至少以 0.71 秒/篇的速度进行抽取。但是,现有 DBPedia 实时抽取框架设计很难实现这样的实时处理要求,相关研究者正在从事技术创新工作。

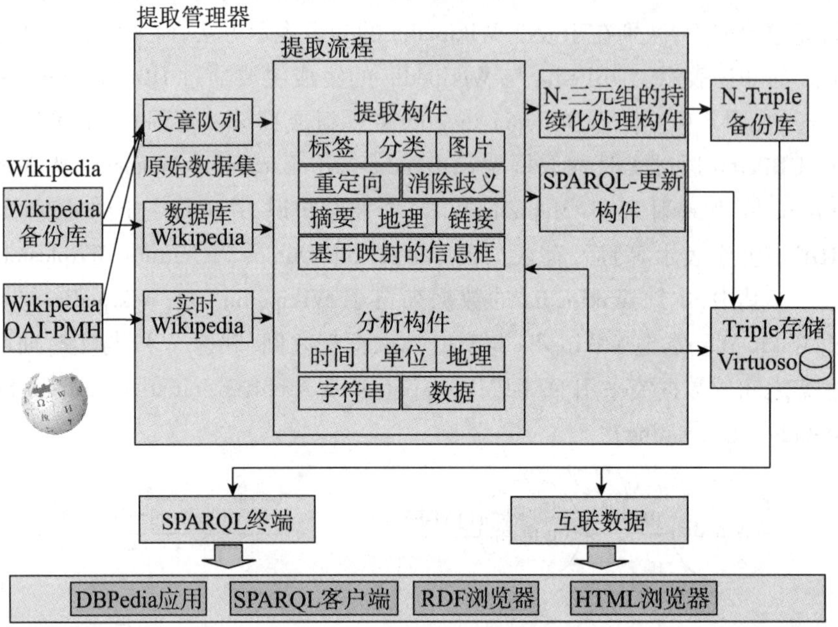

图 6-2 DBPedia 实时抽取框架

来源:Sebastian Hellmann, Claus Stadler, Jens Lehmann, et al. DBpedia Live Extraction [J]. Lecture Notes in Computer Science, 2009 (5871): 1209 - 1223.

可见,DBPedia 可以通过 DBpedia Live 及其 DBPedia 实时抽取框架从 Wikipedia 中动态抽取数据,实现与 Wikipedia 动态数据的同步更新。

(2)RDF 数据库的建设。DBPedia 采用 RDF 语法表示和组织知识,并构建自己的语义知识库。目前,DBPedia 知识库已包含超过 10.3 亿的

① Sebastian Hellmann, Claus Stadler, Jens Lehmann, et al. DBpedia Live Extraction [J]. Lecture Notes in Computer Science,2009(5871):1209 - 1223.

RDF 三元组[①]。DBPedia 中采用不同的属性表示资源的不同信息,表 6-2 中列出一些常用的属性 URI 及其所代表的含义。

表 6-2 DBPedia 常用属性

序号	属性(或属性集)	含义
1	http://DBPedia.org/resource/*	资源的名称信息
2	http://www.w3.org/2000/01/rdf-schema#label	资源的标签信息
3	http://www.w3.org/2000/01/rdf-schema#comment	资源的简短摘要
4	http://DBPedia.org/ontology/abstract	资源的详细摘要
5	http://DBPedia.org/ontology/thumbnail	资源所对应的图片
6	http://www.w3.org/1999/02/22-rdf-syntax-ns#type	对应 Wikipedia 资源的所属类型
7	http://DBPedia.org/ontology/	对应 Wikipedia 信息框属性
8	http://xmlns.com/foaf/0.1/*	指向 Wikipedia 的属性
9	http://www.w3.org/2004/02/skos/core#subject	资源的 SKOS 分类
10	http://DBPedia.org/property/reference	相关外部资源链接地址
11	http://xmlns.com/foaf/0.1/homepage	资源的主要地址
12	http://DBPedia.org/property/wikilink	指向对应的 Wikipedia 文章
13	http://xmlns.com/foaf/0.1/*	指向对应的 foaf 属性
14	http://DBPedia.org/property/redirect	Wikipedia 重定向信息
15	http://DBPedia.org/property/disambiguates	消除歧义属性
16	http://DBPedia.org/property/pageId	Wikipedia 中的页面唯一标识符

(3)本体工程。为了对数据集进行语义分类,提高分类效果,采用 OWL 语言创建 DBPedia 本体,更好地支持基于语义 Web 的知识组织活动。

在 Wikipedia 中,元数据以信息框(InfoBox)的形式记录和保存,不同的信息框应用频度可能不同。Wikipedia 从这些 infobox 中找出一些最常用的数据项,分析相互关系,用手工方式创建 DBPedia 数据集的本体库。目前,该本体库包括 170 类和 720 个属性。在 DBPedia 本体中采用元素

① Sören Auer, Christian Bizer, Georgi Kobilarov, et al. DBpedia: A Nucleus for a Web of Open Data [C]. The Semantic Web, 6th International Semantic Web Conference, 2nd Asian Semantic Web Conference, Busan, Korea, November 11-15, 2007:722-735.

<owl:Class> <rdfs:label> <rdfs:subClassOf> <owl:ObjectProperty> <owl:DatatypeProperty> <rdfs:domain> <rdfs:range>和<owl:unionOf>分别代表类、类的标签、父类、对象属性、数据属性、属性的定义域、属性的值域和类间的合并操作。图 6－3 是 DBPedia 本体的示意图。

(4)知识分类。DBPedia 支持多种知识分类方法：

- Wikipedia 分类方法。一种采用 SKOS 词汇和都柏林核心元数据(Dublin Core Metadata Initiative,DCMI)的分类方法。
- YAGO 分类方法。一种基于 Word Net 的 Wikipedia 分类系统的分类方法。
- UMBEL(The Upper Mapping and Binding Exchange Layer)分类方法。一种基于 UMBEL(The Upper Mapping and Binding Exchange Layer)的分类方法。
- DBPedia 本体分类法。一种基于 DBPedia 自己创建的专用本体的分类方法。

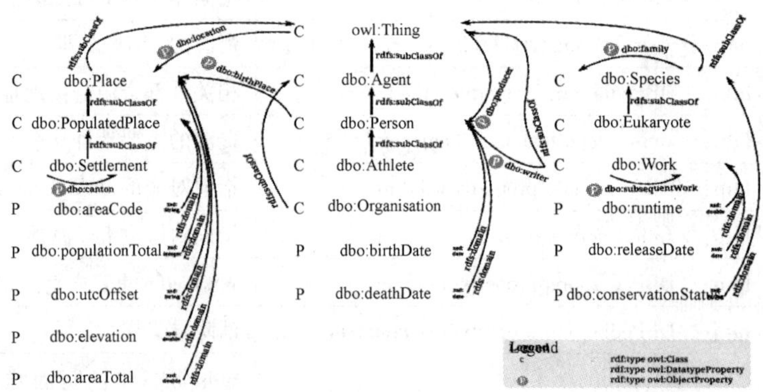

图 6－3　DBPedia 本体示意图

来源：Lehmann J, Isele R, Jakob M, et al. Dbpedia-a large-scale, multilingual knowledge base extracted from wikipedia[J]. Semantic Web Journal, 2014(4):1－29.

表 6－3　DBPedia 不同分类方案

序号	分类方法	简介	规模
1	Wikipedia 分类方法	基于 SKOS(Simple Knowledge Organization System)词汇的 Wikipedia 数据分类方法	多达 41.5 万个不同类型
2	YAGO 分类方法	一种集成 Wikipedia 分类方法和 WordNet 分类方法的新分类方法	多达 28.6 万个不同类型

续表

序号	分类方法	简介	规模
3	UMBEL 分类方法	一种面向 Web 内容连接的基于 OpenCyc 的轻量级本体	多达 2 万个不同类型
4	DBPedia 本体	一种根据英文版 Wikipedia 中的信息框(InfoBox)的应用频率后手工建立的本体	170 个大类和 720 个属性

数据来源:dbpedia. org. The DBpedia Data Set[OL].[2013 - 11 - 29]. http://wiki. dbpedia. org/Datasets? v = wv5#h18 - 7.

目前,DBPedia 还支持更多的分类方法,如 Word Net Synset Links 方法。相对于上述四种方法,Word Net Synset Links 方法主要由人工方式完成,其分类过程的准确性更高①。

6.4 支持跨域共享

DBPedia 从 Wikipedia 抽取和转换数据后,遵循互联数据建设的四项基本原则②,对资源进行语义描述,并在互联数据网空间中进行发布、互联和共享,方便了其他用户的访问和使用。具体表现在如下几个方面③:

(1)为每个实体分配具有唯一标识作用的 URI 标识符,并且可以通过 URI 访问更多的详细信息。Wikipedia URI 可以分为两部分:前半部分是资源路径,一般为 http://en. Wikipedia. org/wiki;后半部分为资源的名称,一般为一个字符串。以资源“北京大学(Peking University)”为例,其 Wikipedia URI 为“http://en. Wikipedia. org/wiki/Peking_University”,其中“http://en. Wikipedia. org/wiki/”为资源路径,“Peking_University”为北京大学在 Wikipedia 中的名称。

DBPedia URI 对 WikipediaURI 的继承主要体现在两个方面:

- DBPedia URI 由两部分组成,前者为 DBPedia 资源路径,一般为 http://DBPedia. org/resource/,后者为该资源在 DBPedia 中的

① Christopher Sahnwaldt, et al. The DBpedia Data Set (3.9)[OL].[2013 - 12 - 13]. http://wiki. dbpedia. org/Datasets.

② Tim Berners - Lee. Linked Data[R/OL].(2006 - 07 - 27)[2013 - 10 - 15]. http://www. w3. org/Design Issues/LinkedData. html.

③ 朝乐门,张勇,邢春晓. DBpedia 及其典型应用[J]. 现代图书情报技术,2011(3):80 - 87.

名称。

- DBPedia 中的资源名称直接采用该资源在 Wikipedia 中的名称。例如,资源"北京大学(Peking University)"的 DBPedia URI 为 http://DBPedia. org/resource/Peking_University,其中后后半部分,即"Peking_University"与该资源在 Wikipedia 中的名称相同。

DBPedia 继承 Wikipedia URI 机制的优点在于①可以覆盖百科全书的更多主题,充分反映用户共识,有助于规范管理以及易于灵活扩展。

(2)通过 DBPedia 可连接到其他的开放互联数据集。近年来,LOD(Linked Open Data)项目在海量数据和语义本体的连接方面进行大量的探索性工作。根据 Richard Cyganiak 和 Anja Jentzsch 的发布的 LOD 云(见图 6-4)看,DBPedia 中含有超过 49 万个指向外部数据的 RDF 链接,可以直接或间接连接包括 FreeBase,Flicker,WordNet,Geonames,Music Brainz 在内的 202 个不同的数据集,表 6-4 中列出 DBPedia 与几个重要的数据集之间的 RDF 链接情况。

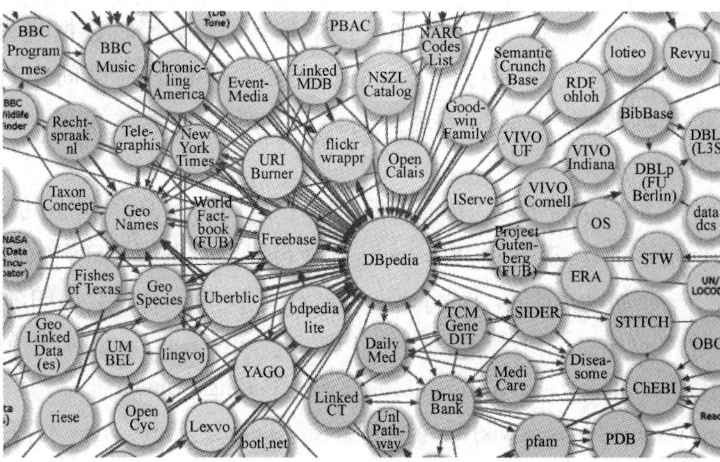

图 6-4 DBPedia 互联数据中枢

来源:Richard Cyganiak, Anja Jentzsch. The Linking Open Data cloud diagram[OL]. [2013-10-15]. http://richard. cyganiak. de/2007/10/lod/.

---

① Christian Bizer, Jens Lehmann, Georgi Kobilarov, et al. DBpedia—A crystallization point for the Web of Data[J]. Web Semantics: Science, Services and Agents on the World Wide Web, 2009(7): 154-165.

表 6－4 DBPedia 中的 RDF 链接

序号	数据源	RDF 链接数	序号	数据源	RDF 链接数
1	Freebase	2400000	8	WikiCompany	25000
2	Flicker Wrapper	1950000	9	MusicBrainz	23000
3	WordNet	330000	10	Book Mashup	7000
4	GeoNames	85000	11	Project Gutenberg	2500
5	OpenCyc	60000	12	DBLP Bibliograghy	200
6	UMBEL	20000	13	CIA World Factbook	200
7	Bio2RDF	25000	14	EuroStat	200

来源：Christian Bizer，Jens Lehmann，Georgi Kobilarov，et al. DBPedia—A crystallization point for the Web of Data[J]. Web Semantics：Science，Services and Agents on the World Wide Web，2009(7)：154－165.

为了提高语义知识处理的效率，可以综合运用 DBPedia 数据集及其他手工创建的结构化程度较高的本体，例如 Open Cyc，SUMO 或 WordNet 等①。此类应用是跨域共享与服务的另一种类型，即 DBPedia 与其他数据集的集成，而不是通过 DBPedia 数据集实现对其他数据集的跨域共享与服务。

6.5 支持增值利用

DBPedia 十分重视通过"利用增值"的方式实现其知识库和知识系统的增值。DBPedia 和 Wikipedia 的核心竞争能力来自于其不断积累的数据库，尤其是用户提供的内容和进行评注过的数据，而不是其软件本身。因此，基于 DBPedia 的应用系统越来越多，大致可以归为四类，即 UI(User Interface)应用、语义标注、数据挖掘和跨域共享与服务，如表 6－5 所示。

表 6－5 DBPedia 的典型应用

序号	应用类型	主要功能	所依赖的 DBPedia 特征	典型应用系统
1	UI 应用	对 DBPedia 知识集的浏览、查询和评价提供了用户界面	语义 Web 知识组织 跨领域知识库 多语言知识库 实时动态知识库	DBPedia Qury Builder、DBPedia Navigator

① wiki. dbpedia. org. Use Cases[OL]. [2013－12－06]. http://wiki. dbpedia. org/UseCases.

续表

序号	应用类型	主要功能	所依赖的 DBPedia 特征	典型应用系统
2	语义标注	采用 DBPedia 知识库中的数据作为语义标注数据，提高其他数据的语义表达能力和开放互连能力	语义 Web 知识组织 跨领域知识库 多语言知识库 实时动态知识库 互连数据中枢	DBPedia Mobile、Muddy Boots、Open Calais、Faviki、Zemanta、LoDr
3	数据挖掘	针对 DBPedia 数据集进行基于数据库的知识发现和基于开放互联数据的知识发现	语义 Web 知识组织 跨领域知识库 多语言知识库 实时动态知识库 互联数据中枢	DBPedia Relationship Finder
4	跨域共享与服务	利用 DBPedia 的互联数据中枢作用，实现对不同开放互联数据的跨域访问与共享	互联数据中枢	RevYu， BBC Programmes 与 BBC Music①

6.5.1 调用类应用

目前，调用类应用是 DBPedia 的最常见的应用类型。DBPedia 为程序员提供了 SPARQL 接口，以便用户在自己的应用中可通过 Ajax 技术和 SPARQL 语句嵌入 DBPedia 数据。通过调用类应用，用户不仅可以检索、浏览、可视化 DBPedia 提供的知识集，而且还可以将 DBPedia 集成到自己的应用系统之中。

调用类应用的表现形式之一是检索或浏览 DBPedia 知识库或 Wikipeia 数据集，如 DBPedia Navigator、Faceted Wikipedia Search 、spacetime 、OpenLink Virtuoso、gFacet、The Graphity Browser 、OOBIAN 、LodLive 等。以 DB-

① Georgi Kobilarov，Tom Scott，Yves Raimond，et al. Media Meets Semantic Web—How the BBC Uses DBpedia and Linked Data to Make Connections[C]. Proceedings of the 6th European Semantic Web Conference on The Semantic Web：Research and Applications. Springer-Verlag，Berlin，Heidelberg，2009：723－737.

Pedia Navigator[①] 为例，它是典型的专门用于浏览和检索 DBPedia 的客户端系统，该系统采用机器学习算法和导航提示方法提高了用户浏览和检索 DBPedia 数据集的效率。

检索请求与 SPARQL 语句的转换是调用类应用的研究热点之一。DBPedia Query Builder[②] 是一种访问 DBPedia 数据集的简单 UI 应用之一。该系统的主要功能是将用户在图形界面中输入的查询请求转换为 SPARQL 语句，并在 DBPedia 数据集上进行查询，降低用户直接写 SPARQL 语句的复杂性。

6.5.2 标注类应用

语义标注是 DBPedia 的典型应用类型之一。在应用系统的开发过程中可作为语义标注的数据来源对数据资源进行语义标注，提高数据的语义处理能力和开放互连能力。DBPedia 的标注和抽取类应用案例有：DBpedia Spotlight、WordPress PoolParty Plugin、Vague Places extractor 和 ImageSnippets 等多种。

以 DBPedia Mobile 为例，其最基本的语义标注信息主要来自于 DBPedia 知识库。为了提高 DBPedia Mobile 的可用性，该系统不仅支持普通浏览器、手机等不同的终端，而且还支持用户发布与特定地理位置相关的语义标注信息。以检索“人民大会堂”为例，用户可以在 DBPedia Mobile 地图中检索到人民大会堂的具体位置，而且选中地名即可进一步查看该地名在 DBPedia 中的详细信息以及其他数据源的 RDF 链接信息，如图6－5所示。

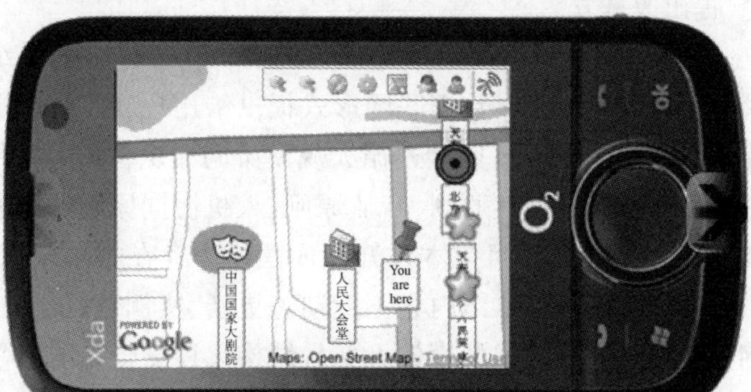

图 6－5 DBPedia Mobile

来源：Christian Becker, et al. DBpedia Mobile[OL].[2013－12－13]. http://wiki.dbpedia.org/DBpediaMobile.

① Jens Lehmann, Sebastian Knappe. DBpedia Navigator[OL].(2008－10－01)[2013－05－06]. http://www.cs.vu.nl/~pmika/swc-2008/DBpedia%20Navigator-DBpediaNavigator.pdf.

② dbpedia.org. DBpedia Query Builder[OL].[2013－12－16]. http://querybuilder.dbpedia.org/.

6.5.3 挖掘类应用

与 UI 应用不同的是,数据挖掘型应用对 DBPedia 数据及以 DBPedia 为中心的开放互联数据进行深入挖掘,发现新的知识,而不是仅仅停留在简单查询操作上。可见,数据挖掘型应用主要利用了 DBPedia 的语义 Web 知识组织、跨领域知识库、多语言知识库、实时动态知识库和互联数据中枢特征。

以 DBPedia Relationship Finder 为例,它是一个典型的基于 DBPedia 的数据挖掘与知识发现系统。通过 DBPedia 系统可以计算在英文 Wikipedia 中描述的两个事物之间的语义距离①。

随着语义 Web 和开放互联数据应用系统的研发实践的深入,DBPedia 的应用类型出现多样化趋势。除了上述主要应用类型之外,目前还出现一些更新的应用方式,如查询结果的可视化、URI 查询、浏览器功能增强、信息提取和自然语言处理等②。

6.6 小结

总之,本章主要深入调研集成语义 Web 和维基理念的知识处理项目—— DBPedia 的知识处理特征、模式、方法和实现框架,并结合前五章的研究结论,提出改进方案。

DBPedia 主要完成了三项基本功能,即从 Wikipedia 中抽取结构化数据、描述数据的语义信息、以数据联网形式提供给用户。在完成上述三项基本功能的过程中,DBPedia 间接遵循大规模协同知识管理中的部分基本原则,如开放性原则、长尾性原则、专业原则、人机协同原则等。通过上述原则的遵循,DBPedia 克服目前本体知识库建设中存在的领域限制、知识规模小、结构化程度不够、本体内容不能动态更新、实例数据不够等局限,为数据网建设提供一种知识规模较大并且结构化程度较高的跨领域动态知识库建设方案,并积累大量的实例数据,是目前最大的跨领域动态语义知识库之一。因此,DBPedia 对语义知识库和开放互联数据的建设与维护

---

① Jens Lehmann, Jog Schüppel, Soren Auer. Discovering Unknown Connections - the DBpedia Relationship Finder[C]. Proceedings of 1st Conference on Social Semantic Web, CSSW2007, Leipzig, 2007:24 - 28.

② Christian Becker, et al. DBpedia Applications[OL]. [2013 - 12 - 13]. http://wiki.dbpedia.org/Applications.

具有重要借鉴价值①。

但是,大规模协同处理特征并不是 DBPedia 直接具备的本质特征,而得益于集成 Wikipedia 数据集以及与 Wikipedia 实现同步更新。从大规模协同知识管理理论看,我们还可以通过对 DBPedia 的二次开发和再利用,实现 DBPedia 中的 RDF 知识及其管理活动的增值利用、自组织和工程化开发。可见,DBPedia 并非是大规模协同知识管理理论的直接应用,而是其部分基本原则的局部应用。可见,大规模协同知识管理理论可以解释 DBPedia、Wikipedia 等新兴知识管理实践的内在规律,而且也可以对其提出一整套理论指导和改进建议。

① 朝乐门,张勇,邢春晓. DBpedia 及其典型应用[J]. 现代图书情报技术,2011(3):80-87.

参考文献

1. Aaron Weiss. The Power of Collective Intelligence [J]. NetWorker, 2005, 9(3):16 - 23.

2. Ahmed P K, Lim K K, Loh A Y E. Learning Through Knowledge Management[M]. New York: Routledge, 2013.

3. Alexander Kubias, Simon Schenk, Steffen Staab, et al. OWL SAIQL —An OWL DL Query Language for Ontology Extraction[OL]. (2007 - 05 - 03) [2013 - 03 - 19]. http://www. uni-koblenz. de/ ~ kubias /publications/saiql. pdf.

4. Amazon Web Services LLC or Its Affiliates. Amazon Mechanical Turk FAQs[OL]. [2012 - 04 - 20]. http://aws. amazon. com/mturk/faqs/.

5. Amazon Web Services LLC or Its Affiliates. Amazon Mechanical Turk[OL]. [2012 - 04 - 20]. http://aws. amazon. com/mturk/.

6. Amazon Web Services LLC or Its Affiliates. Overview of Mechanical Turk[OL]. [2012 - 04 - 20]. http://docs. amazonwebservices. com/AWSMechTurk/ latest/ RequesterUI/OverviewofMturk. html.

7. Amy Shuen. Web2. 0: A Strategy Guide[M]. Sebastopol:O'Reilly Media, Inc,2008.

8. Andy Seaborne, Geetha Manjunath. SPARQL Update, A Language for Updating RDF Graphssep[OL]. (2008 - 07 - 15) [2013 - 03 - 19]. http://www. w3. org/Submission/2008/SUBM-SPARQL-Update - 20080715/.

9. Anhai Doan, Raghu Ramakrishnan, Alon Y. Halevy. Crowdsourcing Systems on the World-Wide Web [J]. Communications of the ACM,2011,54(4): 86 - 96.

10. Anupriya Ankolekar, Markus Krotzsch, Thanh Tran, et al. The Two Cultures: Mashing Up Web 2. 0 and the Semantic Web [J]. Journal of Web Semantics, 2008(6):70 - 75.

11. AS 5037—2005. Knowledge Management—A Guide[S]. Australia: Standards Australia,2005.

12. Bo Leuf. The Semantic Web Crafting Infrastructure for Agency [M]. New Delhi: John Wiley & Sons Ltd., 2006.

13. Boy E, Burdet E, Teo C, et al. The learning of Cobot. Proceeding of IMECE'02 International Mechanical Engineering Conference and Exposition [C]. New Orleans,2002: 17 - 22.

14. BS PAS2001—2001. Knowledge Management: A Guide to Good practice [S]. British Standards Institution, 2001.

15. Chao Lemen, An Xiaomi, Ye Liuqi. Knowledge Life Cycle on Semantic Web [C]. Proceedings of 2009 International Forum on Information Technology and Applications. IEEE Computer Society, 2009: 369 – 372.

16. Charles Leadbeater, Paul Miller. The Pro-Am Revolution: How Enthusiasts Are Changing Our Economy and Society [OL]. [2013 – 04 – 05]. http://www.demos.co.uk/publications/proameconomy/.

17. Chesbrough, Henry, Wim Vanhaverbeke, et al. Open Innovation: Researching a New Paradigm [M]. Oxford University Press, 2006.

18. Christian Bizer, Jens Lehmann, Georgi Kobilarov, et al. DBpedia—A crystallization point for the Web of Data [J]. Web Semantics: Science, Services and Agents on the World Wide Web, 2009 (7): 154 – 165.

19. Christian Becker, et al. DBpedia Mobile [OL]. [2013 – 12 – 13]. http://wiki.dbpedia.org/DBpediaMobile.

20. Christopher Sahnwaldt, et al. The DBpedia Data Set (3.9) [OL]. [2013 – 12 – 13]. http://wiki.dbpedia.org/Datasets.

21. Colin White. The Impact of Web 2.0 [J]. DM Review, 2007 (8): 14.

22. CWA 14924—2004. European Guide to Good Practice in Knowledge Management [S]. The European Committee for Standardization, 2004.

23. Dalkir K. Knowledge Management in Theory and Practice [M]. Oxford: Routledge, 2013.

24. Dan Brickley, Libby Miller. FOAF Vocabulary Specification 0.91 Namespace Document 2 November 2007 – OpenID Edition [OL]. (2007 – 11 – 02) [2013 – 04 – 05]. http://xmlns.com/foaf/spec/2007.

25. Dave Snowden. Innovation As an Objective of Knowledge Management. Part I: The landscape of management [J]. Knowledge Management Research & Practice, 2003: 113 – 119.

26. Dave Snowden. Complex Acts of Knowing: Paradox and Descriptive Self-awareness [J]. Bulletin of the American Society for Information Science and Technology, 2003: 23 – 28.

27. David Martin, John Domingue, Michael L Brodie, et al. Semantic Web Services, Part 1 [J]. IEEE Intelligent Systems, 2007 (5): 12 – 17.

28. DBPedia.org. The DBpedia Data Set [OL]. [2013 – 12 – 05]. http://wiki.dbpedia.org/Datasets.

29. DBPedia.org. DBpedia Query Builder [OL]. [2013 – 12 – 16]. http://querybuilder.dbpedia.org/.

30. DBPedia.org. Interlinking DBpedia with Other Data Sets [OL]. [2013 – 12 – 06]. http://wiki.dbpedia.org/Interlinking.

31. DBPedia. org. The DBpedia Knowledge Base[OL]. [2013 - 11 - 29]. http://wiki. dbpedia. org/About.

32. Denise Lustri, Irene Miura, Sérgio Takahashi. Knowledge Management Model: Practical Application for Competency Development [J]. The Learning Organization, 2007 (14):186 - 202.

33. Dieter Fensel, Mick Kerrigan, Michal Zaremba. Implementing Semantic Web Services The SESA Framework [M]. Berlin: Springer, 2008.

34. Don Tapscott, Anthoney D Williams. Wikinomics: How Mass Collabration Changes Everything [M]. New York: Penguin Group (USA) Inc. , 2006.

35. Donate M J, Guadamillas F. Organizational Factors to Support Knowledge Management and Innovation[J]. Journal of Knowledge Management, 2011, 15(6): 890 - 914.

36. drugbank. ca. DrugBank[OL]. [2013 - 11 - 19]. http://www. drugbank. ca/.

37. Duane Nickull, Dion Hinchcliffe, James Governor. Web 2. 0 Architectures[M]. Sebastopol: Adobe Developer Library, 2009.

38. Durst S, Edvardsson I R. Knowledge Management in SMEs: a literature review[J]. Journal of Knowledge Management, 2012, 16(6): 879 - 903.

39. Edd Dumbill. XML Watch: Finding Friends with XML and RDF[OL]. (2002 - 06 - 01) [2013 - 04 - 05]. http://www. ibm. com/developerworks/xml/library/x-foaf. html.

40. El-Sayed Abou-Zeid. A Knowledge Management Reference Model [J]. Journal of Knowledge Management, 2002(6):486 - 499.

41. Enrico Motta, Marta Sabou. Next Generation Semantic Web Applications [OL]. (2006 - 06 - 26) [2013 - 10 - 24]. http://people. kmi. open. ac. uk/marta/papers/aswc2006. pdf.

42. Fabian M Suchanek, Gjergji Kasneci, GerhardWeikum. YAGO: A Large Ontology from Wikipedia and WordNet [J]. Web Semantics: Science, Services and Agents on the WorldWideWeb, 2008 (6): 203 - 217.

43. Firestone J M, McElroy M W. Key Issues in the New Knowledge Management[M]. New York: Butter worth - Heinemann, 2003.

44. FOAF Project. FOAF Project Homepage [OL]. (2009 - 04 - 25) [2013 - 10 - 25]. http://rdfweb. org/foaf/.

45. Fuller S. Knowledge Management Foundations[M]. Woburn: Butter worth—Heine mann, 2012.

46. Geonames. org. About GeoNames[OL]. [2013 - 11 - 19]. http://www. geonames. org /about. html.

47. George Pór. Nurturing Systemic Wisdom Through Knowledge Ecology [J]. The Systems Thin-ker, 2000(11):1 - 5.

48. George Pór. The Ecology of Knowledge: A Field of Theory and Practice, Key to Re-

search & Technology Development[OL]. (2000 – 05 – 23) [2013 – 06 – 19]. http://www.community-intelligence.com/files/ Por%20-%20Spivak%20-%20The%20Ecology%20of%20Knowledge.pdf.

49. Georgi Kobilarov , Tom Scott, Yves Raimond, et al. Media Meets Semantic Web—How the BBC Uses DBpedia and Linked Data to Make Connections[C]. Proceedings of the 6th European Semantic Web Conference on The Semantic Web: Research and Applications. Springer-Verlag, Berlin, Heidelberg, 2009:723 – 737.

50. Grigoris Antoniou , Frank van Harmelen. A Semantic Web Primer (Second Edition) [M]. London:The MIT Press, 2008.

51. Harold Boley, Benjamin Grosof, Said Tabet. RuleML Tutorial[OL]. (2005 – 05 – 13) [2013 – 03 – 19]. http://www.ruleml.org/papers/tutorial-ruleml – 20050513.html.

52. Hislop D. Knowledge Management in Organizations: A Critical Introduction[M]. Oxford: Oxford University Press, 2013.

53. Holger Lausen, Ying Ding, Michael Stollberg, et al. Semantic Web Portals: State-of-the-art Survey[J]. Journal of Knowledge Management, 2005(9):40 – 49.

54. Ian Horrocks, Peter F Patel-Schneider, Harold Boley, et al. SWRL: A Semantic Web Rule Language Combining OWL and RuleML[OL]. (2003 – 11 – 19) [2013 – 03 – 19]. http://www.w3.org/ Submission/SWRL/.

55. INRIA, W3C. Welcome to Amaya[OL]. [2013 – 10 – 23]. http://www.w3.org/Amaya/.

56. Ioannis E Diakoulakis, Nikolaos B Georgopoulos, Dimitrious E Koulouriotis, et al. Towards a Holistic Knowledge Management Model [J]. Journal of Knowledge Management, 2004(8):32 – 46.

57. Jaehun Joo, Sang M. Lee. Adoption of the Semantic Web for Overcoming Technical limitations of Knowledge Management Systems[J]. Expert Systems with Applications, 2009 (9):7318 – 7327.

58. James Gleick. Chaos: Making a New Science[M]. London:Abacus, 1987.

59. James Governor, Dion Hinchcliffe, Dunane Nikull. Web 2.0 Architecures[M]. Sebastopol:Adobe Developer Library, 2009.

60. James Hendler, Jennifer Golbeck. Metcalfe's Law, Web 2.0, and the Semantic Web [J]. Journal of Web Semantics, 2008(6):14 – 20.

61. Jens Lehmann, Jog Schüppel, Soren Auer. Discovering Unknown Connections—the DBpedia Relationship Finder[C]. Proceedings of 1st Conference on Social Semantic Web, CSSW2007. Leipzig, 2007:24 – 28.

62. Jens Lehmann, Sebastian Knappe. DBpedia Navigator [OL]. (2008 – 10 – 01) [2013 – 05 – 06]. http://www.cs.vu.nl/ ~ pmika/swc-2008/DBpedia%20 Navigator-DBpediaNavigator.pdf.

63. John Davies, Dieter Fensel, Frank van Harmelen. Towards the Semantic Web Ontology-driven Knowledge Management [M]. Hoboken:John Wiley & Sons Ltd. ,2003.

64. John Davies, Rudi Studer, Paul Warren. Semantic Web Technologies Trends and Research in Ontology-based Systems[M]. Hoboken:John Wiley & Sons Ltd. ,2006.

65. Jorge Cardoso. The Semantic Web Vision: Where are We [J]. IEEE Intelligent Systems, 2006 (10):22 -26.

66. Joseph M Firestone. The New Knowledge Management: A Paradigm and Its Problems [OL]. [2013 -12 -30]. http://www.kmci.org/media/Firestone-tnkmparadigm.pdf.

67. Karl M Wiig. What Future Knowledge Management Users May Expect[J]. Journal of Knowledge management,1999,3(2):155 -165.

68. Karl M Wiig. People-focussed Knowledge Management: How Effective Decision Making leads to Corporate Success [M]. New York: Butterworth-Heinemann, 2004.

69. Keith Baillinger. . NET Web Services: Architecture and Implementation [M]. Pearson Education, Inc. , 2004.

70. KiWi. Rules of Good Knowledge Management: People and Collaboration First [OL]. (2008 -03 -01) [2013 -10 -19]. http://www.kiwi-project.eu/index.php/ kiwivision/20-rules-of-knowledge-management.

71. KiWi. About KiWi [OL]. (2008 -10 -05) [2013 -11 -19]. http://www.kiwi-project.eu/index.php/about.

72. Knowledge Based Systems, Inc. IDEF5 Overview[OL]. [2013 -10 -23]. http://www.idef.com/IDEF5.html.

73. Knowledge Media Institute. Projects[OL]. (2009 -10 -10)[2013 -10 -19]. http://kmi.open.ac.uk/projects /theme/semantic-web-and-knowledge-services.

74. Lassila O, Hendler J. Embracing Web 3.0 [J]. IEEE Internet Computing, 2007 (3):90 -93.

75. Lehmann J, Isele R, Jakob M, et al. Dbpedia—a Large-scale, Multilingual Knowledge Base Extracted from Wikipedia[J]. Semantic Web Journal, 2014(4):1 -29.

76. Leo Sauermann,Richard Cyganiak. Cool URIs for the Semantic Web[OL]. (2008 -12 -03) [2013 -10 -20]. http://www.w3.org/TR/cooluris/#solutions.

77. Luger G F. Artificial intelligence: Structures and Strategies for Complex Problem Solving[M]. Boston:Pearson education, 2008.

78. M Begoña Lloria. A Review of the Main Approaches to Knowledge Management [J]. Knowledge Management Research & Practice,2008(3):77 -89.

79. Mark W McElroy. Second-Generation KM A White Paper [OL]. (2000 -05 -11) [2013 -03 -30]. http://www. macroinnovation.com/images/Second-Generation%20KM.pdf.

80. Mark W McElroy. The New Knowledge Management: Complexity Learning and Sustainable Innovation [M]. Boston:Butterworth-Heinemann,2002.

81. Mark W McElroy. The Second Generation of Knowledge Management[OL]. [2013 - 10 - 20]. http: //www. learning-org. com/docs/ McElroy2ndGenKM. pdf.

82. Mayer-Schönberger V, Cukier K. Big data: A Revolution That Will Transform How We Live, Work, and Think[M]. New York:Houghton Mifflin Harcourt, 2013.

83. McElroy M. The New Knowledge Management: Complexity, Learning, and Sustainable Innovation[M]. New York:Butterworth—Heinemann, 2003.

84. Meier M. Knowledge Management in Strategic Alliances: A Review of Empirical Evidence[J]. International Journal of Management Reviews, 2011, 13(1): 1 -23.

85. Meliha Handzic, Amila Lagumdzija, Amer Celjo. Auditing Knowledge Management Practices: Model and Application[J]. Knowledge Management Research & Practice, 2008 (3):90 -99.

86. Michael Ley. The DBLP Computer Science Bibliography[OL]. (2010 - 10 - 20) [2013 -10 -22]. http://www. informatik. uni-trier. de/ ~ ley/db/welcome. html.

87. Miller, Eric. The W3C's Semantic Web Activity: An Update[J]. IEEE Intelligent Systems,2004(5):95 -97.

88. Mindswap. SMORE-Create OWL Markup for HTML Web Pages[OL]. (2005 -08 - 04) [2013 -10 -23]. http://www. mindswap. org/2005/SMORE/.

89. Moore C, Peshkin M, Colgate E. Design of 3R Cobot Using Continuous Variable Transmissions [C]. IEEE International Conference on Robotics and Automation, Detriot. Michigan, 1999: 3249 -3254.

90. Morsey M, Lehmann J, Auer S, et al. Dbpedia and the Live Extraction of Structured Data from Wikipedia[J]. Program: Electronic Library and Information Systems, 2012, 46(2): 157 -181.

91. Musicbrainz. org. About MusicBrainz[OL]. [2013 - 11 - 19]. http://musicbrainz. org/doc/About_MusicBrainz.

92. MyGrid. Projects [OL]. (2009 - 10 - 05) [2013 - 10 - 05]. http://www. mygrid. org. uk/projects/.

93. Natalya F. Noy and Deborah L. McGuinness. Ontology Development 101: A Guide to Creating Your First Ontology[OL]. (2007 -05 -08) [2013 -10 -23]. http://protege. stanford. edu/publications/ontology_development/ontology 101-noy-mcguinness. html.

94. NEPOMUK. Networked Environment for Personalized, Ontology-based Management of Unified Knowledge[OL]. [2013 - 10 - 05]. http://nepomuk. semanticdesktop. org/xwiki/bin/view/Main1/.

95. Nonaka I, Takeuchi H. The Knowledge Creating Company: How Japanese Companies Create the Dynamics of Innovation[M]. Oxford:Oxford University Press, 1995.

96. Nonaka I, Toyama R, Konno N. SECI, Ba and Leadership,a Unified Model of Dynamic Knowledge Creation [J]. Long Range Planning, 2000,33(1): 5 -34.

97. Nonaka Ikjurio. The Concept of "Ba": Building a Foundation for Knowledge Creation[J]. California Management Review,1998,40(3): 40 -54.

98. Ontotext AD. The KIM Platform: Knowledge & Information Management[OL]. [2013 -10 -23]. http://www. ontotext. com/kim/index. html.

99. Ora Lassila, James Hendler. Embracing Web 3. 0 [J]. IEEE Internet Computing, 2007(3):90 -93.

100. O'Reilly Media, Inc. , TechWeb. Web 2. 0 Summit 2009 [OL]. (2013 -02 -19) [2013 -11 -20]. http://www. web2summit. com/web2009.

101. Pandia. Top 5 Semantic Search Engines[OL]. (2008 -12 -01) [2013 -10 -23]. http://www. pandia. com/sew/ 1262-top-5-semantic-search-engines. html.

102. Parallel Understanding Systems Group. The SHOE Knowledge Annotator[OL]. [2013 -10 -23]. http://www. cs. umd. edu/projects/plus/SHOE/KnowledgeAnnotator. html.

103. Paul Arnold. The World's First Crowdsourced Military Vehicle[OL]. [2011 -11 -23]. http://www. ideaconnection. com/open-innovation-success/The-World-s-First-Crowdsourced-Military-Vehicle-00305. html.

104. Peter Mika. Social Networks and the Semantic Web [M]. New York: Springer, LLC,2007.

105. Project10X. Project10X's Semantic Wave 2008 Report: Industry Roadmap to Web 3.0 & Multibillion Dollar Market Opportunities[OL]. (2008 -09 -01) [2013 -10 -15]. http://project10x. com/prods/xdvpusx/exsum_ sw2008. pdf.

106. Project10X. Semantic Wave 2008 Report: Industry Roadmap to Web 3. 0 and Multibillion Dollar Market Opportunities[OL]. (2008 -09 -01)[2013 -03 -19]. http://www. project10x. com/.

107. Rao M. Knowledge Management Tools and Techniques[M]. Routledge, 2012.

108. Red Hat Middleware, LLC. JBoss Seam[OL]. (2008 -08 -28) [2013 -12 -19]. http://www. jboss. com/ products/seam/.

109. Revyu. com. What is Revyu. com[OL]. [2013 -10 -22]. http://revyu. com/.

110. Richard Cyganiak, Anja Jentzsch. The Linking Open Data Cloud Diagram[R/OL]. (2010 -09 -22) [2013 -10 -15]. http://richard. cyganiak. de/ 2007/10/lod/.

111. Richard Fikes, Patrick Hayes, Ian Horrocks. OWL-QL—A Language for Deductive Query Answering on the Semantic Web [J]. Journal of Web Semantics, 2005, 2(1):19 -29.

112. Richard MacManus. Top 10 Semantic Web Products of 2008[OL]. (2008 -12 -02)[2013 -03 -19]. http://www. readwriteweb. com/archives/ top_10_semantic_web_products_2008. php.

113. Richard MacManus. Top 10 Semantic Web Products of 2010[R/OL]. (2010 -12 -29) [2013 -03 -19]. http://readwrite. com/2010/12/29/top_10_semantic_web_products_

of_2010.

114. RQL v2. 1 User Manual[OL]. (2003 - 07 - 17) [2013 - 03 - 19]. http://139. 91. 183. 30:9090/ RDF/RQL/Manual. html.

115. Sebastain Schafffert, Francois Bry, Peter Dolog, et al. KiWi Vision [OL]. (2008 - 08 - 28) [2013 - 10 - 19]. http://wiki. kiwi-project. eu/multimedia/ kiwi-pub:KiWi_D8. 5_final. pdf.

116. Sebastain Schafffert, Rolf Sint, Szaby Grunwald, et al. The KiWi Architecture [OL]. (2008 - 10 - 31) [2013 - 11 - 19]. http://www. kiwi-project. eu/ images/stories/ deliverables/d3. 1_kiwi_architecture_final. pdf.

117. Sebastian Hellmann, Claus Stadler, Jens Lehmann, et al. DBpedia Live Extraction [J]. Lecture Notes in Computer Science, 2009 (5871): 1209 - 1223.

118. Sebastian Schaffert, Julia Eder, Szaby Grunwald, et al. KiWi—A Platform for Semantic Social Software [OL]. (2009 - 06 - 01) [2013 - 10 - 19]. http://ceur-ws. org/Vol - 464/paper - 17. pdf.

119. Sebastian Schaffert. KiWi Prototype Release 0. 7 [OL]. (2009 - 12 - 23) [2013 - 12 - 25]. http://www. schaffert. eu/2009/12/23/kiwi-prototype-release-0-7-milestone-3/.

120. Simac, MusicSurfer. Foating the Music[OL]. (2006 - 01 - 08) [2013 - 04 - 25]. http://foafing-the-music. iua. upf. edu/.

121. Sören Auer, Christian Bizer, Georgi Kobilarov, et al. DBpedia: A Nucleus for a Web of Open Data [C]. The Semantic Web, 6th International Semantic Web Conference, 2nd Asian Semantic Web Conference, Busan, Korea, November 11 - 15, 2007:722 - 735.

122. SPARQL Query Language for RDF[OL]. (2008 - 01 - 15) [2013 - 03 - 19]. http://www. w3. org/TR/rdf-sparql-query/.

123. Steffen Staab, Heiner Stuckenschmidt. Semantic Web and Peer-to-Peer Decentralized Management and Exchange of Knowledge and Information [M]. New York: Springer, 2006.

124. Tatiana Sotirakou, Mary Zeppou. The " MATE" Model: A Strategic Knowledge Management Technique on the Chessboard of Public-sector Modernization [J]. Management Decision, 2004(42):69 - 88.

125. TechWeb and O' Reilly Media, Inc. Web 2. 0 Expo[OL]. (2009 - 09 - 18) [2013 - 11 - 20]. http://www. we b2expo. com/.

126. Ted Thibodeau Jr, et al. DBpedia Live[OL]. [2013 - 12 - 10]. http://wiki. dbpedia. org/ DBpediaLive.

127. The Freebase Wiki. What is Freebase[OL]. (2010 - 09 - 13) [2013 - 10 - 02]. http://wiki. free base. com/wiki/What_is_Freebase%3F.

128. The Rule Markup Initiative. News-Events[OL]. (2009 - 03 - 10) [2013 - 03 - 19]. http://www. ruleml. org/.

129. The Rule Markup Initiative. The Rule Markup Initiative [OL]. [2014 - 01 - 15]. http://ruleml. org/.

130. The Trustees of Princeton University. About WordNet[OL]. (2010 - 09 - 20) [2013 - 10 - 22]. http://wordnet. princeton. edu/.

131. The Unicode Consortium, Unicode 5. 2. 0[OL]. (2009 - 10 - 22)[2013 - 11 - 10]. http://www. unicode. org/ versions/Unicode5. 2. 0/.

132. Thomas B Passin. Explorer's Guide to the Semantic Web [M]. Greenwich: Manning Publications Co. , 2004.

133. Tim Berners-Lee, James Hendler, Ora Lassila. The Semantic Web [OL]. [2013 - 10 - 05]. http://www. ryerson. ca/ ~ dgrimsha/courses/cps720_02/resources/Scientific%20American%20The%20Semantic%20Web. htm.

134. Tim Berners-Lee, James Hendler, Ora Lassila. The Semantic Web [J]. Scientific American, 2001(5):34 - 43.

135. Tim Berners-Lee, Lalana Kagal. The Fractal Nature of the Semantic Web[J]. AI Magazine,2008(29):29 - 34.

136. Tim Berners-Lee. Linked Data[OL]. (2006 - 07 - 27)[2013 - 10 - 15]. http://www. w3. org/Design Issues/LinkedData. html.

137. Tim O'Reilly. What Is Web 2. 0, Design Patterns and Business Models for the Next Generation of Software[OL]. (2005 - 09 - 30) [2013 - 08 - 11]. http://oreilly. com/web2/archive/what-is-web-20. html.

138. Tryon C A. Managing Organizational Knowledge: 3rd Generation Knowledge Management and Beyond[M]. CRC Press, 2012.

139. U Bojars, J G Breslin, A Finn, et al. Using the Semantic Web for Linking and Reusing Data Across Web 2.0 Communities [J]. Journal of Web Semantics, 2008(6): 21 - 28.

140. Uldis Bojars, John G Breslin, Aidan Finn, et al. Using the Semantic Web for Linking and Reusing Data Across Web 2. 0 Communities [J]. Journal of Web Semantics, 2008(6): 21 - 28.

141. Victoria Uren, Philipp Cimiano, Jose Iria, et al. Semantic Annotation for Knowledge Management: Requirements and a Survey of the State of the Art[J]. Web Semantics: Science, Services and Agents on the World Wide Web,2006(4):14 - 28.

142. Vipul Kashyap, Christoph Bussler. The Semantic Web: Semantics for Data and Services on Web [M]. New York:Springer Press,2008.

143. Von Ahn L, Blum M, Langford J. Telling Humans and Computers Apart Automatically[J]. Communications of the ACM, 2004, 47(2): 56 - 60.

144. Von Ahn L, Maurer B, McMillen C, et al. Recaptcha: Human-based Character Recognition Via Web Security Measures[J]. Science, 2008, 321(5895): 1465 - 1468.

145. W3C. Namespaces in XML 1. 0 (Second Edition) [OL]. (2006 - 08 - 16)[2013 -

10 - 10]. http://www.w3.org/ TR/REC-xml-names/.

146. W3C. OWL Web Ontology Language Guide[OL]. (2004 - 02 - 10) [2013 - 02 - 19]. http://www.w3.org/TR/ 2004/REC-owl-guide-20040210/.

147. W3C. OWL Web Ontology Language Overview [OL]. (2004 - 02 - 10)[2013 - 03 - 19]. http://www.w3.org/TR /2004/REC-owl-features-20040210/.

148. W3C. Resource Description Framework (RDF) [OL]. (2009 - 08 - 29)[2013 - 10 - 10]. http://www.w3.org/RDF/.

149. W3C. Resource Description Framework (RDF): Concepts and Abstract Syntax [OL]. (2004 - 02 - 10) [2013 - 02 - 19]. http://www.w3.org/TR/2004/REC-rdf-concepts-20040210/.

150. W3C. W3C Process Document[OL]. (2005 - 10 - 14) [2013 - 10 - 15]. http://www.w3.org/2005/10/ Process - 20051014/tr.html#maturity-levels.

151. W3C. Web Ontology Language (OWL) [OL]. (2007 - 09 - 06) [2013 - 03 - 19]. http://www.w3.org/2004/OWL/.

152. W3C. XML Linking Language (XLink) Version 1.0 [OL]. (2001 - 06 - 27) [2013 - 03 - 19]. http://www.w3.org/ TR/2001/REC-xlink-20010627/.

153. W3C. XML Path Language (XPath) 2.0[OL]. (2007 - 01 - 23)[2013 - 03 - 19]. http://www.w3.org/TR/2007/REC-xpath20-20070123/.

154. W3C. XPointer Framework[OL]. (2003 - 03 - 25)[2013 - 03 - 19]. http://www.w3.org/TR/2003/REC-xptr-framework - 20030325/.

155. W3C. DAML + OIL (March 2001) Reference Description[OL]. (2001 - 10 - 18) [2013 - 03 - 19]. http://www. w3.org/TR/daml + oil-reference.

156. W3C. Extensible Markup Language (XML) 1.1 (Second Edition) [OL]. (2006 - 08 - 16) [2013 - 02 - 19]. http://www.w3.org/TR/2006/REC-xml11 - 20060816/.

157. W3C. Semantic Web[OL]. (2009 - 10 - 02)[2013 - 10 - 23]. http://www.w3.org/standards/semanticweb/.

158. W3C. SPARQL Query Language for RDF[OL]. (2008 - 01 - 15)[2013 - 03 - 19]. http://www.w3.org/TR/rdf-sparql-query/.

159. W3C. SWRL: A Semantic Web Rule Language Combining OWL and RuleML [OL]. (2012 - 10 - 20) [2014 - 01 - 15]. http://www.w3.org/Submission/SWRL/.

160. W3C. W3C Semantic Web Activity[OL]. (2009 - 09 - 10) [2013 - 02 - 19]. http://www.w3.org/2001/sw/.

161. W3C. W3C Technical Reports and Publications[OL]. (2009 - 09 - 10)[2013 - 09 - 11]. http://www.w3.org/TR/.

162. W3C. XML Core Working Group Public Page[OL]. (2009 - 10 - 20)[2013 - 10 - 22]. http://www.w3.org/ XML/Core/#Publications.

163. W3C. XML Signature Current Status[OL]. (2009 - 10 - 10)[2013 - 10 - 13].

http://www.w3.org/standards/ techs/xmlsig.

164. Wiig K. People-focused Knowledge Management[M]. New York:Routledge, 2012.

165. Wiig Karl. Knowledge Management Foundations (Vol 1) [M]. Texas: Schema Press,1993.

166. Wiki.dbpedia.org. Use Cases[OL].[2013 - 12 - 06]. http://wiki.dbpedia.org/UseCases.

167. XQuery 1.0: An XML Query Language[OL].(2007 - 01 - 23) [2013 - 03 - 19]. http://www.w3.org/TR/2007/ REC-xquery - 20070123/.

168. Yahoo! Inc. Welcome to the Flickr Tour[OL].[2013 - 11 - 19]. http://www.flickr.com/tour/.

169. Zack M H. Rethinking the Knowledge Based Organization[J]. MIT Sloan Management Review, 2012.

170. GB/T23703. 知识管理[S]. 中国国家质量监督检验检疫总局,中国国家标准化管理委员会,2011.

171. 安德鲁. P. 赛奇. 系统工程导论[M]. 胡保生,译. 西安:西安交通大学出版社,2006.

172. 安小米. 知识管理方法研究概述[J]. 情报资料工作,2004 (S1):43 - 44.

173. 蔡自兴,徐光祐. 人工智能及其应用[M]. 北京:清华大学出版社,2004.

174. 蔡自兴. 人工智能基础[M]. 北京:高等教育出版社,2005.

175. 操龙兵,戴汝为. 基于 Internet 的综合集成研讨厅系统体系结构研究[J]. 计算机科学,2002 (6):63 - 66.

176. 操龙兵,戴汝为. 开放复杂智能系统[M]. 北京:人民邮电出版社,2008.

177. 操龙兵,戴汝为. 开放复杂智能系统——基础、概念、分析、设计与实施[M]. 北京:人民邮电出版社, 2008.

178. 操龙兵. 基于 Internet 的综合集成研讨厅系统体系结构研究[J]. 计算机科学,2002(6):63 - 66.

179. 曾民族. 知识技术及其应用[M]. 北京:科学技术文献出版社,2006.

180. 朝乐门,张勇,邢春晓. DBpedia 及其典型应用[J]. 现代图书情报技术,2011(3):80 - 87.

181. 朝乐门. Web2.0 在组织知识管理中的应用研究[J]. 情报资料工作,2010(2):49 - 52.

182. 朝乐门. 大规模人机协同知识管理研究[J]. 中国图书馆学报,2011(5):101 - 114.

183. 朝乐门. 基于语义 Web 的人机协同知识处理研究[J]. 图书情报工作,2009(24):115 - 119.

184. 朝乐门. 基于语义 Web 的知识处理流程及其技术框架研究[J]. 中国图书馆学报,2009(35): 54 - 64.

185. 朝乐门. 基于语义 Web 的综合集成研讨厅研究[J]. 图书情报工作,2010(4):41 - 45.

186. 朝乐门. 生态系统理论在澳大利亚知识管理标准中的应用及其启示[J]. 标准科学,2009(8):62 - 66.

187. 朝乐门. 语义 Web 知识处理技术的标准化进展[J]. 标准科学,2009(12):12 - 18.

188. 朝乐门. 知识技术的综合集成视角研究[J]. 图书情报工作,2008(10):37 - 40.

189. 陈劲. 协同创新[M]. 杭州:浙江大学出版社,2012.

190. 陈向东. 基于 FOAF 的社会网络模块的开发[J]. 华东理工大学学报(自然科学版),2007(33):145 - 148.

191. 陈禹,钟佳桂. 系统科学与方法概论[M]. 北京:中国人民大学出版社,2006.

192. 成思危. 复杂科学与系统工程[J]. 管理科学学报,1999(2):3 - 9.

193. 崔霞,戴汝为. 以人为中心的综合集成研讨厅体系——人工社会(二)[J]. 复杂系统与复杂性科学, 2006(6):9 - 20.

194. 崔霞,戴汝为. 以人为中心的综合集成研讨厅体系——人工社会(一)[J]. 复杂系统与复杂性科学, 2006(6):1 - 8.

195. 戴汝为,操龙兵. Internet——一个开放的复杂巨系统[J]. 中国科学 E 辑,2003(4):189 - 196.

196. 戴汝为,操龙兵. 综合集成研讨厅的研制[J]. 管理科学学报,2002 (3):10 - 16.

197. 戴汝为. 从工程控制论到综合集成研讨厅体系——纪念钱学森先生归国 50 周年[J]. 自然杂志,2005 (6): 366 - 370.

198. 戴汝为. 现代科学技术体系与大成智慧[J]. 中国工程科学,2008 (10):4 - 8.

199. 戴维民. 语义网信息组织技术与方法[M]. 上海:学林出版社,2008.

200. 冯惠玲. 电子文件时代新思维《拥有新记忆——电子文件管理研究》摘要之六[J]. 档案学通讯,1998 (6):45 - 49.

201. 奉继承. 知识管理理论、技术与运营[M]. 北京:中国经济出版社,2006.

202. 高志强,潘越,马力. 语义 Web 原理及应用[M]. 北京:机械工业出版社,2009.

203. 葛新权,周秀玲. 虚拟企业知识管理模型研究[J]. 工业技术经济,2007(12):99 - 102.

204. 顾基发,王浣尘,唐锡晋. 综合集成方法体系与系统学研究[M]. 北京:科学出版社,2007.

205. 顾基发,张玲玲. 知识管理[M]. 北京:科学出版社,2009.

206. 顾进广,陈莘萌. 基于语义的 XML 信息集成技术[M]. 武汉:武汉大学出版社,2007.

207. 何华,王明. 一种基于契约网络的虚拟企业知识管理模型[J]. 科技进步与对策,2005(12):117 - 119.

208. 赫建营,晏海华,刘超. 基于本体的软件测试知识管理模型研究[J]. 计算机科学,2007(10):281－289.

209. 胡华,倪顺坚,徐斌. 基于应用情景的知识管理模型[J]. 计算机工程与设计,2007(4):963－965.

210. 金海,袁平鹏. 语义网数据管理技术及应用[M]. 北京:科学出版社,2010.

211. 李涛,李敏. 知识、技术与人的互动:知识生态学的新视角[J]. 科学学与科学技术管理,2001(9):27－29.

212. 李耀东,崔霞,戴汝为. 综合集成研讨厅的理论框架、设计与实现[J]. 复杂系统与复杂性科学,2004(1): 27－32.

213. 李志国,冯永,钟将,等. 基于 Super-P2P 的分布式知识管理模型[J]. 计算机科学,2007(7):184－186,196.

214. 梁哨辉,宋鲁. 基于过程和能力的知识管理模型研究[J]. 管理世界,2007(1):162－163.

215. 林弘之. Web Services 原理与开发实务[M]. 北京:电子工业出版社, 2003.

216. 刘松博,王凤彬. 基于知识平衡计分卡的知识管理模型[J]. 科学学研究,2005(1):123－129.

217. 刘越男. 从一个新的视角审视“前端控制”思维[J]. 浙江档案,2001(7):22－24.

218. 路甬祥,陈鹰. 人机一体化系统科学体系和关键技术[J]. 机械工程学报,1995(1):1－7.

219. 路甬祥,陈鹰. 人机一体化系统与技术——21 世纪机机械科学的重要发展方向[J]. 机械工程学报,1994 (5):1－7.

220. 路甬祥,陈鹰. 人机一体化系统与技术立论[J]. 机械工程学报,1994(6):1－9.

221. 马费成. IRM-KM 范式与情报学发展研究[M]. 武汉:武汉大学出版社,2008.

222. 马少平,朱小燕. 人工智能[M]. 北京:清华大学出版社,2004.

223. 马文峰,杜小勇. 知识网格研究[J]. 图书情报工作,2007(10):64－68.

224. 毛毅. 人工智能研究热点及其发展方向[J]. 技术与市场(上半月),2008(3):4.

225. 苗东升. 复杂性研究的现状与展望[J]. 系统辩证学学报,2001(4):3－9.

226. 潘旭伟,顾新建,程耀东,等. 集成情境的知识管理模型[J]. 计算机集成制造系统-CIMS ,2006(2):225－230,263.

227. 钱学森,戴汝为. 论信息空间的大成智慧[M]. 上海:上海交通大学出版社,2007.

228. 宋炜,张铭. 语义网简明教程[M]. 北京:高等教育出版社,2004.

229. 孙振领,李后卿. 关于知识生态系统的理论研究[J]. 图书与情报,2008(5):22－27,58.

230. 田庆锋,常镇宇. 基于生态范式的知识管理架构研究[J]. 科学管理研究,2006(6):65－68,73.

231. 田晓迪,宋文. 语义门户的框架研究[J]. 情报科学,2007(1):401－701.

232. 汪社教,沈固朝.知识生态学研究进展[J]. 情报理论与实践,2007(4):572-576.

233. 汪应洛.系统工程[M].北京:机械工业出版社,2004.

234. 王瑞敏,刘险峰.基于知识价值链的知识管理模型研究[J].情报杂志,2006(8):94-96.

235. 王伟军,孙晶. Web2.0 的研究与应用综述[J].情报科学,2007(12):1907-1913.

236. 王旭坪,倪子建,胡祥培.基于 FOAF 和 RDQL 的电子商务合作伙伴查询方法[J].哈尔滨工业大学学报,2008 (4):661-665.

237. 王玉媛.语义网的信任模型与信任体系结构[J].数字图书馆论坛,2009(4):47-50.

238. 王众托. 创建知识系统工程学科[J]. 中国工程科学,2006(12):1-9.

239. 温有奎,徐国华,赖伯年,等.知识元挖掘[M].西安:西安电子科技大学出版社,2005.

240. 吴朝晖,陈华钧.语义网格:模型、方法与应用[M].杭州:浙江大学出版社,2008.

241. 吴功宜,吴英.计算机网络应用教程[M].北京:清华大学出版社,2002.

242. 吴晓伟,徐福缘,吴伟昶.基于“综合集成研讨厅”的企业竞争情报系统研究[J].情报学报,2004 (6):746-754.

243. 熊才权,李德华.综合集成研讨厅共识达成模型及其实现[J].计算机集成制造系统,2008 (10):1913-1919.

244. 颜泽贤,范冬萍,张华夏.系统科学导论——复杂性探索[M].北京:人民出版社,2006.

245. 杨灿军,陈鹰,路甬祥.人机一体化智能系统理论及应用研究探索[J].机械工程学报,2000 (6):42-47.

246. 叶培华,徐宝祥.企业知识生态系统的复杂适应性研究[J].情报杂志,2008(2):99-103.

247. 张家才.综合集成研讨厅支撑环境的设计与实现[D].北京:中国科学院自动化研究所,2004:1.

248. 张妮,徐文尚,王文文.人工智能技术发展及应用研究综述[J].煤矿机械,2009(2):4-7.

249. 张树人,方美琪. Web2.0 与信息系统复杂性变革[M].北京:科学出版社,2008.

250. 张智雄,吴振新,刘建华.当前知识抽取的主要技术方法解析[J].现代图书情报技术,2008(8):2-10.

251. 钟义信.智能科学技术导论[M].北京:北京邮电大学出版社,2006.

252. 左美云.知识转移与企业信息化[M].北京:科学出版社,2006.

术语索引

致　　谢

本书是以我博士论文中的理论探索部分为基础,进行大量拓展性研究后形成的新成果。因此,首先要衷心感谢恩师安小米教授,师恩如海,难以言尽,我将终生铭记。恩师多次为我提供参加国际合作研究项目、国际性会议和国家重大科研项目研究的机会,使我的科研能力得到提高;多次带我参加横向科学研究和社会服务项目,使我的沟通能力和社会实践能力得到锻炼;多次给我直言不讳的忠告和建议,使我慢慢成熟,学会如何做人、做事、做学问。论文从选题、拟定提纲、进入写作,直到最后定稿,都得到恩师的悉心指导,凝聚了恩师的心血。恩师广阔的国际视野、精深的学术造诣、严谨的治学态度、一丝不苟的工作作风,深深地影响了我,并成为我今后人生之旅的宝贵财富。

在博士论文写作过程中,冯惠玲教授、赵国俊教授、张斌教授、卢小宾教授、左美云教授、周晓英教授、杨健教授、王立清教授、齐虹副教授、褚俊副教授提出宝贵的建议;美国加州帕洛阿尔托 SAP Research 研究中心高级研究员 Ming Mao 在论文开题、总体设计、语义 Web 技术疑难问题解答等方面给予热心辅导;中国人民大学数据工程与知识工程教育部重点实验室提供优越的学习和实验环境,我的博士生活主要在此度过,这是我永远怀念的地方。

在后续拓展性研究过程中,清华大学计算机系、信息技术研究院邢春晓教授、张勇副教授对于本书理论体系的构建和实验环节的研究提供悉心指导。清华大学计算机系周立柱教授、李涓子教授、冯玲教授、白晓颖副教授传授给我丰富而前沿的知识,完善了我的知识结构,为本研究打下坚实基础。中国人民大学信息学院院长、数据工程与知识工程教育部重点实验室主任杜小勇教授对本研究给予大力支持。中国人民大学信息资源管理学院院长张斌教授对本项研究提供了指导与帮助。

特别感谢全国哲学社会科学规划办公室和国家社会科学基金对本项研究的资助与指导。本专著是国家社会科学基金后期资助项目《基于语义

Web 的知识处理方法研究》(项目编号 13FTQ003)的主要成果之一。还要感谢中国人民大学科研处和国家图书馆出版社的大力支持。

最后,感激我的父母,他们把我养育成人,使我在芸芸众生中,成功地做我自己,从草原到北京走出一条属于我自己的赞歌之路;感谢爱人石晶博士的理解与支持;感谢所引用文献的相关作者,他们的学术思想对我有很大的启发,他们的相关研究成果是本研究宝贵的原始数据;感谢在未来,将会与我合作,共同为推进知识管理理论和实践而努力奋斗的朋友们。

朝乐门

2013 年 8 月 18 日于中国人民大学